全国高等职业教育规划教材
工程机械类专业

工程机械检测与故障诊断

主　编　赵常复　韩　进
参　编　刘显玉　王　锦　朱克刚
　　　　闫宝森　徐晓东
主　审　汤铭奇

机 械 工 业 出 版 社

本教材以工程上常用的国内外工程机械为主体对象，介绍其动力系统、底盘系统、工作装置、控制系统和其他系统中常见故障的检测方法与诊断程序。

本教材围绕以培养技能应用型人才为主线，从人才培养目标出发，注重实际教学，以应用为目的，具有知识的应用性、可操作性和实用等特点。

本教材可作为高职高专工程机械类专业及相关专业的教学用书，亦可作为相关维修和技术人员的参考用书。

图书在版编目（CIP）数据

工程机械检测与故障诊断/赵常复，韩进主编．—北京：机械工业出版社，2011.5

全国高等职业教育规划教材．工程机械类专业

ISBN 978-7-111-34603-6

Ⅰ.①工…　Ⅱ.①赵…②韩…　Ⅲ.①工程机械-检测-高等职业教育-教材②工程机械-故障诊断-高等职业教育-教材　Ⅳ.①TU607

中国版本图书馆 CIP 数据核字（2011）第 097289 号

机械工业出版社（北京市百万庄大街 22 号　邮政编码 100037）
策划编辑：王海峰　责任编辑：王德艳
版式设计：张世琴　责任校对：任秀丽
封面设计：赵颖喆　责任印制：杨　曦
北京京丰印刷厂印刷
2011 年 7 月第 1 版·第 1 次印刷
184mm×260mm·12.75 印张·314 千字
0 001—3 000 册
标准书号：ISBN 978-7-111-34603-6
定价：24.00 元

凡购本书，如有缺页、倒页、脱页，由本社发行部调换

电话服务
社服务中心：（010）88361066
销售一部：（010）68326294
销售二部：（010）88379649
读者购书热线：（010）88379203

网络服务
门户网：http://www.cmpbook.com
教材网：http://www.cmpedu.com

前　言

为适应科学技术的不断发展，促进国民经济建设速度，基建工程机械化施工必须采用大量的工程机械与设备。而工程机械设备的好坏，将直接影响到工程施工的质量和工程的进度。由于工程机械使用环境复杂，工作条件恶劣，出现故障是难免的，这就要求工程机械设备的操作和维护修理人员能根据故障现象迅速准确地检测和判断出故障发生的原因和部位，并能尽快地排除故障。由于工程机械大多数故障从表面是很难观察到的，特别是工程机械更新换代速度加快，各种新工艺、新技术、新设备不断出现，对工程机械学科的人才培养提出了更高的要求。另外，目前我国职业教育形势发展很快，对教材的要求也越来越高，为此，我们编写了《工程机械检测与故障诊断》这本教材。

本教材共分9章，计划总学时为60学时，各学院可根据实际情况决定内容的取舍，每章附有复习思考题。

本教材由辽宁科技学院赵常复、韩进主编，参加本教材编写的有：辽宁科技学院赵常复（第1章、第2章第1、2、3、7、8节，第8章）、山东唐骏欧铃汽车制造有限公司徐晓东（第2章第4、5、6节）、辽宁科技学院韩进（第3、4章）、辽宁科技学院刘显玉（第5章）、鞍钢集团矿业公司弓长岭选矿厂王锦（第6章）、辽宁科技学院闫宝森（第7章）、辽宁科技学院朱克刚（第9章）。全书由赵常复统稿、修改并定稿。

本教材在编写过程中，得到了许多同行的大力支持，并从中获得了许多参考资料和实践经验，此外，还参阅了国内外相关书刊和文献，在此，对相关作者表示最真诚的谢意。

本教材由汤铭奇教授担任主审，主审人仔细、认真地审阅了全部书稿，提出了许多宝贵的意见和建议，在此表示衷心的感谢。

由于编者水平有限，书中难免存在缺点和错误，敬请读者批评指正。

编　者

目　录

第1章　概　　论

1.1　工程机械检测与故障诊断技术概述

工程机械泛指基本建设工程施工所用各类机械设备的统称，广泛用于建筑工程、道路交通、矿山等行业，也称为建设机械。随着我国国民经济的快速发展，工程机械种类繁多，结构复杂，应用越来越广，新技术、新工艺应用也越来越多。这些现实状况，都给工程机械行业的维修、使用带来了相当的困难，同时，也带来了无限的商机。

现代工程机械设备运行的安全性与可靠性，取决于两个方面，一是工程机械设备设计与制造的各项技术指标的实现；二是工程机械设备安装、运行、管理、维修和检测诊断措施的实施。现代工程机械设备的检测诊断技术、修复技术和润滑技术已成为推进设备管理现代化，保证设备安全可靠运行的重要手段。

工程机械故障检测与诊断技术能为运营企业带来重大的经济效益，这方面无论在国外还是国内都已得到证实。

1）工程机械运营企业，配置故障检测与诊断系统能减少事故停机率，具有很高的收益/投资比。据日本资料统计，实施故障检测诊断后，事故率可减少75%，维修费用可降低25%～50%。

2）工程机械运营企业，配置故障检测诊断系统能延长设备维修周期，缩短维修时间，为制订合理的维修制度提供基础信息，可极大地提高经济效益。

3）从社会宏观角度上看，设备维修费用是一笔巨大的数目，而实施故障诊断带来的经济效益是巨大的。

4）我国的公交运营企业每年用于设备大修、小修及处理故障的费用一般占固定资产原值的30%～50%。采用检测诊断技术改善设备维修方式和方法后，一年取得的经济效益可达数百亿元。

从上述分析可以看出，工程机械设备检测诊断技术在保证设备的安全可靠运行，以及获取很大的经济效益和社会效益方面，效果是非常明显的。本教材所指的检测技术主要是针对工程机械使用性能而言，诊断技术主要是针对工程机械故障而言。通过对工程机械进行检测与诊断，可以在不解体的情况下判明工程机械的技术状况，为工程机械继续运行或进厂维修提供可靠依据和保证。

1.1.1　工程机械术语解释

1）工程机械技术状况：定量检测得到的表征某一时刻工程机械外观和性能参数值的总合。

2）工程机械故障：工程机械部分或完全丧失工作能力的现象。

3）故障现象：故障的具体表现。

4）故障树：表示工程机械故障因果关系的分析图。

5）工程机械检测：确定工程机械技术状况或工作能力而进行的检查和测量。

6）工程机械诊断：在不解体（或仅卸下个别小件）条件下，确定工程机械技术状况或查明故障部位、原因而进行的检测、分析与判断。

7）诊断参数：供诊断用的、表征工程机械总成及机构技术状况的数值。

8）诊断周期：工程机械诊断的间隔时间。

9）诊断标准：工程机械诊断方法、技术要求和限值等的统一规定。

10）工程机械检测与诊断站：从事工程机械检测与诊断的企业性机构（暂在维修企业）。

1.1.2　工程机械检测与诊断的目的

1）能及时地、正确地对各种异常状态或故障状态作出诊断，预防或消除故障，对设备的运行进行必要的指导，提高设备运行的可靠性、安全性和有效性，以期把故障损失降低到最低水平。

2）保证设备发挥最大的设计能力。制订合理的检测维修制度，以便在允许的条件下充分挖掘设备潜力，延长服役期限和使用寿命，降低设备全寿命周期费用。

3）通过检测、故障分析、性能评估等，为设备结构改造、优化设计、合理制造及生产过程提供数据和信息。

总体来说，设备故障诊断既要保证设备的安全可靠运行，又要获取更大的经济效益和社会效益。

事实上，如果加强检测与故障诊断工作，有许多事故是可以防患于未然的。下面是一些事故增加的原因，也正是设备故障诊断所要解决的问题。

1）现代生产设备向大型化、连续化、快速化、自动化方向发展，一方面在提高生产率、成本、节约能源和人力等方面带来很大好处；但另一方面，由于设备故障率增加和因设备故障停工而造成的损失却成十倍，甚至成百倍地增长，维修费用也大幅度增加。

2）高新技术的采用对现代化设备的安全性、可靠性提出越来越高的要求。

3）现有大量生产设备的老化要求加强安全检测和故障诊断。许多老设备、老机组，服役已接近其寿命期限，进入“损耗故障期”，故障率增多，有的甚至超期服役，全部更新经济负担很重，此时如有完善的故障诊断系统，将能延长设备的使用寿命。

1.1.3　工程机械技术状况变化的标志

工程机械是由成千上万个零件组成的系统，随着使用时间的延长和行驶里程的增加，零件的形状、组织结构或表面质量等都不可避免地要遭到破坏，相互之间的配合状况和位置精度也逐渐变差，从而导致系统性能的退化，使用可靠性降低。其具体表现是：

（1）工程机械运行能力下降　工程机械运行能力下降，即动力性变差，具体表现为：工程机械最高行驶速度降低、最大爬坡度减小、加速能力及牵引能力下降等。当发动机有效功率和有效转矩小于额定功率和最大转矩的70%时，则表明工程机械运行能力变差而不能继续使用。

（2）工程机械燃油、润滑油消耗增加　发动机由正常工作期进入磨损极限期，零件间的配合间隙增大，工程机械的燃油、润滑油消耗量将明显增加。当工程机械的燃油消耗量比正常额定用量增加15%～40%时，则表明工程机械燃油消耗量增加；润滑油消耗量比正常消耗量增加3～4倍，则表明工程机械润滑油消耗量增加。

（3）工程机械工作可靠性变差　工程机械制动性能下降，车辆因故障停修次数增多、故障频率提高、运输效率降低等，使安全行车无保障，则表明工程机械设备工作可靠性变差。

1.1.4　影响工程机械技术状况变化的因素

1. 工程机械结构设计制造质量的影响

工程机械结构设计的科学性、合理性，材料的优劣，制造装配技术等都将直接影响其技术状况。由于工程机械结构比较复杂，各总成、零部件的工作状况也各不相同，具有较大差异，不能完全适应各种运行条件的需要，在使用中暴露出某些薄弱环节，这就属于设计制造质量的影响。

2. 配件质量对工程机械设备技术变化的影响

零件在制造或修理加工过程中，由于制造或修理加工的工艺不符合规定或满足不了零件的技术要求，如零件的尺寸公差、形位公差和表面粗糙度等在加工时没有达到设计的技术要求。在维修过程中勉强使用，这样就破坏了零件表面应有的几何形状和性能，使装配零件间相互关系和位置发生变化，因而造成零件的技术性能和使用性能变差或产生早期损坏，甚至在装配过程中，不能满足必要的技术条件，使零件的装配质量下降或无法装配使用。

3. 燃油品质的影响

柴油品质的影响。工程机械多采用柴油，柴油品质对发动机零件磨损的影响也很大。如重馏分过多，会造成燃烧不完全，形成炭粒而使气缸磨损量增加，喷油器喷孔堵塞，影响发动机正常工作。柴油的粘度过大，将会增加机件运动阻力；粘度过小，将会失去润滑作用而加速零件的磨损。十六烷值选择不当，会使发动机工作粗暴，加速机件磨损。柴油中含硫量超过0.10%时，将使发动机零件磨损量增加。

4. 润滑油、脂品质的影响

润滑油品质对润滑质量有直接的影响。如：粘度影响润滑油的流动性，粘度大则流动困难，粘度小则不能形成稳定油膜，都将使润滑条件变差，加剧零件磨损。选用品质较好的润滑油，可明显降低零件磨损。润滑脂的品种、牌号很多，而且性能各异，使用时应针对工程机械设备上需要的润滑部位合理选用。此外，润滑脂应保持清洁，不能混入灰土、砂石或金属屑等杂物，以防增加机件磨损。

5. 运行条件的影响

（1）气温　温度过高或过低都不利于工程机械正常工作。气温过高易造成发动机过热，使润滑油粘度下降，润滑效果变差，发动机易爆燃或早燃，加剧机件磨损。气温过低，发动机热效率低，经济性变差；润滑油粘度增大，使得润滑条件变差，加速机件磨损，发动机低温起动困难。

（2）道路条件　在良好道路上行驶的工程机械，行驶速度能得到发挥，燃油经济性较好，零件磨损较小，使用寿命长；反之，在坏路上行驶时，工程机械制动次数增多，换挡频繁，加剧离合器摩擦片、制动鼓与制动蹄片的磨损，弹簧易疲劳，都将缩短零件或总成的使用寿命。

（3）使用因素的影响 使用因素包括多方面，如驾驶操作方法、装载是否均匀合理以及行驶速度等。

1）驾驶操作。养成正确的驾驶操作习惯对延长工程机械使用寿命有直接的影响。如采用冷摇慢转、预热升温、轻踏缓抬、平稳行驶、及时换挡、爬坡自如、掌握温度、避免灰尘等一整套合理的操作方法。在使用制动时应多采用预见性制动而少采用紧急制动；尽量控制离合器半联动使用次数，防止造成离合器异常磨损；换挡时应坚持采用“两脚离合器”。

2）装载质量。工程机械的最大装载质量，必须严格控制在制造厂规定的范围内。如果超载，各总成、零件的工作负荷增加，零件磨损速度明显加快，使得工作状况趋向不稳定。发动机长时间处于高负荷状况下工作，造成发动机过热，使得发动机磨损量增加，如图 1-1 所示。

3）行驶速度。工程机械行驶速度对发动机磨损量的影响比装载质量的影响更为明显。发动机转速与磨损量的关系，如图 1-2 所示。

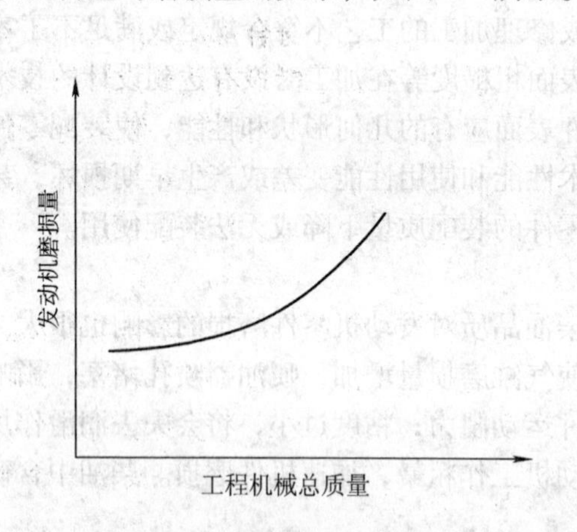

图 1-1 工程机械总质量与发动机磨损量的关系

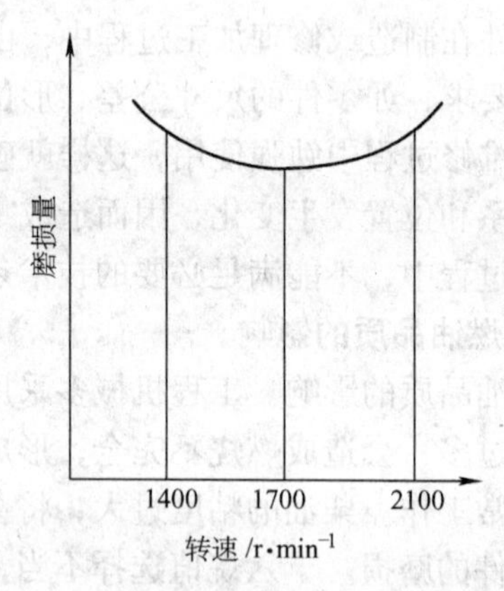

图 1-2 发动机转速与磨损量的关系

由图 1-2 可知：发动机处于高速运转时，活塞平均速度高、压力大，故磨损量也相应加大；发动机处于低速运转时，机件润滑条件相对较差，磨损量也同样加剧。有些驾驶员习惯使用加速滑行，这种方法比稳定中速行驶给发动机造成的磨损量要增加 25% ~30%。发动机起动次数越多，加速终了的速度越高，速度变化范围就越大，发动机的磨损量也越大。因此，必须控制行车速度，选用合适的挡位。经常保持中速行驶，不仅能减轻发动机磨损、延长其使用寿命，而且还能提高工程机械燃油经济性。

每一种款型的工程机械，都有一个较合适的行驶速度范围。在使用时，必须正确估计发动机的动力，做到及时换挡，尽量避免出现高挡低速或低挡高速行驶现象。有些驾驶员为了省油，习惯用高挡低速行驶，而不是根据实际行驶速度选择挡位，这种不良操作方法，使得发动机处于极限工作状态或超负荷状态，由于此时发动机转速较低，发动机的润滑条件较差，加剧了磨损，导致工程机械技术状况恶化。

6. 维修质量的影响

（1）维护质量　维护质量的好坏，将直接影响零件的磨损速度和设备使用寿命。例如，燃料系统维护质量差，就会造成混合气浓度过浓或过稀，燃烧不完全，排气污染严重，发动机动力不足，机体过热等故障。

工程机械设备经过及时润滑、清洁、检查、紧固、补给、调整等，能减少机件磨损，避免工作中发出异响，也使得操纵轻便、灵活，保证安全行驶。

（2）修理质量　工程机械设备通过修理能及时恢复其完好的技术状况。为保证修理质量和降低修理成本，必须根据检测诊断和技术鉴定来确定修理作业范围和深度。这样既能防止拖延修理造成车辆技术状况恶化，又能防止因提前修理而造成浪费。例如，发动机最大功率或气缸压力较标准降低25%以上时，燃油和润滑油消耗量显著增加，而车辆的其他总成、车架的技术状况良好，这时只需要进行总成大修，就能恢复其完好的技术状况；此时若进行车辆大修，会造成不必要的浪费，提高运输成本。反之，如除发动机技术状况明显变差，同时车体、车架或其他总成的技术状况也显著变差，这时应该进行车辆大修，才能完全或接近完全恢复车辆的完好技术状况；若只进行总成大修，则无法恢复整车技术状况。

1.1.5　工程机械零件的磨损规律

构成工程机械设备的基本单元是零件，许多零件构成了摩擦副，如轴承、齿轮、活塞与气缸等，它们在外力作用下，以及热力、物理和化学等环境因素的影响，经受着一定的摩擦、磨损，最后失效。对工程机械故障模式的统计结果表明，零件因表面损坏而失效占一半以上，其中磨损约占表面损坏故障的50%。因此，了解零件磨损规律是非常必要的。

磨损所产生的故障属于渐进性故障。大量的试验与使用实践表明，零件磨损量与工作时间的关系，可用磨损曲线来表示，如图1-3所示。

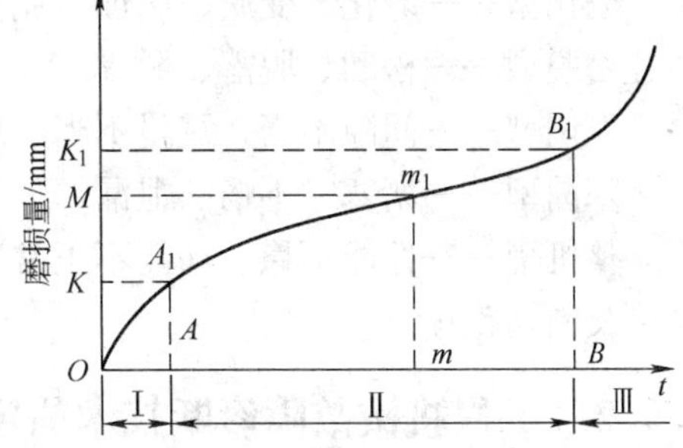

图1-3　工程机械零件典型磨损曲线

由图1-3可以看出，零件的磨损过程基本上可以分为三个阶段，即：

Ⅰ阶段：零件装配后即进入运转磨合（走合）阶段，如图1-3中曲线OA_1段。它的磨损特点是在短时间内（OA段）磨损量（OK）增长较快，经过一段时间后趋于稳定，它反映了零件配合副的初始配合情况。该阶段的磨损强度在很大程度上取决于零件表面的质量、润滑条件和载荷的大小。随着表面粗糙度的增加，以及载荷的增大，在零件初始工作阶段，都会加剧磨损。零件配合间隙也由初始状态逐步过渡到稳定状态。

Ⅱ阶段：又称正常磨损阶段，如图1-3中曲线A_1B_1段。零件的磨损特点是增长缓慢，属于自然磨损，且大多数零件的磨损量与工作时间成线性关系。磨损量与使用条件和维护条件的好坏关系极大，使用维护得好，可以延长零件的使用寿命。

Ⅲ阶段：又称极限磨损期。零件自然磨损到B_1点以后，磨损强度急剧增加，配合间隙急剧变大，磨损量超出OK_1，破坏了零件正常润滑条件。零件过热，以致由于冲击载荷出现敲击现象，零件进入极限状态。因此，达到B_1点以后，零件不能继续工作，否则将出现事故性损坏。一般零件或配合副，使用到一定时间 B 点（到达 B_1 前后），应采取调整、维修或更换等预防措施，来防止事故性故障的发生。

由于零件在工程机械中所处的位置及摩擦工况不同，以及制造质量和功能等原因，并不是所有零件都有磨合期和极限磨损期。如密封件（油封）、燃油泵的精密偶件等，它们呈现不能继续使用的不合格情况，并不是因为在它们使用期内出现极限磨损，而是由于它们的磨损量已影响到不能完成自身功能的程度。

上述零件典型磨损曲线，对工程机械使用和维修具有一定的指导意义。例如，根据曲线变化规律，应做好磨合（走合）期的使用和维护，以减少零件的早期磨损，延长其使用寿命；在正常磨损阶段，应提高车辆的使用水平，及时维护，以减少零件的磨损；当车辆使用到 B 点时，则应及时进行维修，更换严重磨损零件，调整配合间隙，以恢复工程机械设备的技术性能。

1.2 工程机械检测与故障诊断技术基本概念及参数

1.2.1 工程机械故障的基本形式

工程机械及其零、部件的故障基本形式大致可分为：损坏、退化、松脱、失调、堵塞及渗漏、整机及子系统故障等类型，它们主要包括：

损坏型——断裂、裂纹、烧毁、击穿、弯曲、变形。

退化型——老化、变质、腐蚀、剥落、早期磨损。

松脱型——松动、脱落、脱焊。

失调型——间隙不当、流量不当、压力不当、行程不当、照度不当。

塞漏型——堵塞、不畅、泄漏。

整机型——性能不稳、功能不正常、功能失效、起动困难、供油不足、怠速不稳、总成异响及制动跑偏等。

1.2.2 工程机械故障诊断技术的定义

工程机械设备故障诊断技术就是在设备运行中或基本不拆卸设备的情况下，掌握设备运行状况，判定产生故障的部位和原因，以及预测预报设备状态的技术。它包括三个方面的内容：其一是了解设备现状；其二是了解设备异常或故障特征；其三是预知或预测设备状态的发展。其中，预知指对具体的对象和参数运用决策论方法做出判据；预测是指对不确定的对象运用概率和统计方法进行推测。

1.2.3 工程机械故障诊断技术的内容

工程机械设备故障诊断内容包括状态检测、分析诊断和故障预测三个方面，其具体实施过程可以归纳为以下四个方面：

（1）信号采集　设备在运行过程中必然会有力、热、振动及能量等各种量的变化，由此产生各种不同信息，根据不同的诊断需要，选择能表征设备工作状态的不同信号，如振动、压力、温度等，是十分必要的。这些信号一般是用不同的传感器来采集的。

（2）信号处理 这是将采集的信号进行分类处理、加工，获得能表征机器特征的过程，也称特征提取过程，如振动信息从时域变换到频域进行频谱分析即是这个过程。

（3）状态识别 将经过信号处理获得的设备特征参数与规定的允许参数或判别参数进行比较、对比以确定设备所处的状态，是否存在故障及故障的类型和性质等，为此应正确制订相应的判别准则和诊断策略。

（4）诊断决策 根据对设备状态的判断，决定应采取的对策和措施，同时应根据当前信号预测及设备状态可能发展的趋势，进行趋势分析，上述诊断内容可用图1-4来表示。

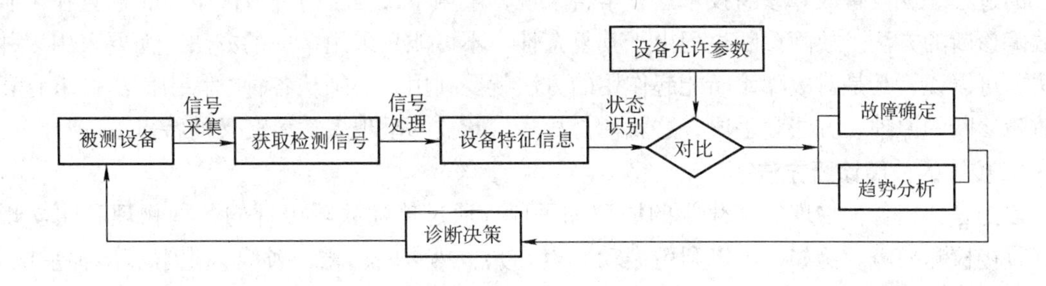

图1-4 设备诊断过程框图

1.2.4 工程机械故障诊断技术的分类

工程机械故障诊断技术根据对象、目的等不同可以有各种分类方法。

1. 按目的和要求分类

（1）功能诊断与运行诊断 功能诊断是对新安装的机器设备或刚维修的设备检查其功能是否正常，并根据检查结果对机组进行调整，使设备处于最佳状态；而运行诊断是对正在运行的设备进行状态诊断，了解其故障的情况，其中也包括对设备的寿命进行评估。

（2）定期诊断和连续诊断 定期诊断是每隔一定时间对监测的设备进行测试和分析；连续诊断是利用现代测试手段对设备连续进行监控和诊断。究竟采用何种方式取决于设备的重要程度及事故影响程度等。

（3）直接诊断与间接诊断 直接诊断是直接根据主要零部件的信息确定设备状态，如主轴的裂纹、管道的壁厚等；当受到条件限制无法进行直接诊断时就采用间接诊断，间接诊断是利用二次诊断信息判断主要部件的故障，多数二次诊断信息属于综合信息，如利用轴承的支承油压来判断两根转子对中状况等。

（4）常规工况与特殊工况诊断 大多数是在机器设备常规运行工况下进行监测和诊断的，有时为了分析机组故障，需要收集机组在起停时的信号，这时就需要在起动或停机的特殊工况下进行监测和诊断。

（5）在线诊断和离线诊断 在线诊断是指对于大型、重要的设备为了保证其安全和可靠运行，需要对所监测的信号自动、连续、定时的进行采集与分析，对出现的故障及时做出诊断；离线诊断是通过磁带记录仪或数据采集器将现场的信号记录并储存起来，再在实验室进行回放分析。对于一般中小型设备往往采用离线诊断方式。

2. 按完善工程分类

（1）简易诊断 利用一般简易测量仪器对设备进行检测，根据测得的数据，分析设备的工作状态。如利用测振仪对机组轴承座进行测量，根据测得的振动值对机组故障进行判别或者应用便携式数据采集器将振动信号采集下来后再进行频谱分析用以诊断故障。

（2）精密诊断技术　利用较完善的分析仪器或诊断装置，对设备故障进行诊断，这种装置配有较完善的分析、诊断软件。精密诊断技术一般用于大型、复杂的设备。

1.2.5　工程机械故障诊断技术的基本方法

设备故障的复杂性和设备故障与征兆之间关系的复杂性，决定了设备故障诊断是一种探索性的过程。就设备故障诊断技术这一学科来说，重点不仅在于研究故障本身，而且在于研究故障诊断的方法。故障诊断过程由于其复杂性，不可能只采用单一的方法，而要采用多种方法，可以说，凡是对故障诊断能起作用的方法就要利用，必须从各种学科中广泛探求有利于故障诊断的原理、方法和手段，这就使得故障诊断技术呈现多学科交叉的特点。

1. 传统的故障诊断方法

首先是利用各种物理的和化学的原理和手段，通过伴随故障出现的各种物理和化学现象，直接检测故障。例如：可以利用振动、声、光、热、电、磁、射线、化学等多种手段，观测其变化规律和特征，用以直接检测和诊断故障。这种方法形象、快速，十分有效，但只能检测部分故障。

其次，利用故障所对应的征兆来诊断故障是最常用、最成熟的方法，以旋转式机械为例，振动及其频谱特性最能反映故障特点，最有利于进行故障诊断的手段，为此，要深入研究各种故障的机理，研究各种故障所对应的征兆，在诊断过程中，首先分析在设备运转中所获取的各种信号，提取信号中的各种特征信息，从中获取与故障相关的征兆，利用征兆进行故障诊断。由于故障与各种征兆间并不存在简单的一一对应的关系，因此，利用征兆进行故障诊断往往是一个反复探索和求解的过程。

2. 故障的智能诊断方法

在上述传统的诊断方法的基础上，将人工智能（Artificial Intelligence）的理论和方法用于故障诊断，发展智能化的诊断方法，是故障诊断的一条全新的途径，目前该方法已被广泛应用，成为设备故障诊断的主要方向之一。

人工智能的目的是利用计算机去做原来只有人才能做的智能任务，包括推理、理解、规划、决策、抽象、学习等功能。专家系统（Expert System）是实现人工智能的重要形式，目前已广泛用于诊断、解释、设计、规划、决策等各个领域。现在国内外已发展了一系列用于设备故障诊断的专家系统，获得了良好的效果。

专家系统由知识库、推理机以及工作存储空间（包括数据库）组成。实际的专家系统还应有知识获取模块、知识库管理维护模块、解释模块、显示模块以及人机界面等。

专家系统的核心问题是知识的获取和知识的表示。知识获取是专家系统的“瓶颈”，合理的知识表示方法能合理地组织知识，提高专家系统的能力。为了使诊断专家系统拥有丰富的知识，必须进行大量的工作。要对设备的各种故障进行机理分析，可建立数学模型，进行理论分析；进行现场测试和模型试验；总结领域专家的诊断经验，整理成计算机所能接受的形式化知识描述；研究计算机的知识自动获取的理论和方法。这些都是使专家系统有效工作所必需的。

3. 工程机械设备故障信息的获取方法

前面已经提到，要对设备故障进行诊断，首先应获取有关信息。信息是提供人们判断或识别状态的重要依据，是指某些事实和资料的集成。信号是信息的载体，因而设备故障诊断技术在一定意义上是属于信息技术的范畴。充分地检测足够量的能反映系统状态的信号对诊断来说是至关重要的。一个良好的诊断系统首先应该能正确地、全面地获取监测和诊断所必需的全部信息。下面介绍信息获取的几种方法。

（1）直接观测法 应用这种方法对机器状态做出判断主要靠人的经验和感官，且限于能观测到的或接触到的机器零部件。这种方法可以获得第一手资料，更多的是用于静止的设备。在观测中有时使用了一些辅助的工具和仪器，如倾听机器内部声音的听棒，检查零件内孔有无表面缺陷的光学内窥镜，探查零件表面有无裂纹的磁性涂料及着色渗透剂等，来扩大和延伸人的观测能力。

（2）参数测定法 根据设备运动的各种参数的变化来获取故障信息是广泛应用的一种方法。由于机器中各部件的运行必然会产生各种信息，这些信息参数可以是温度、压力、振动或噪声等，它们都能反映机器的工作状态。为了掌握机器运行的状态可以用一种或多种信号，如根据机器外壳温度的变化可以掌握其变形情况，根据轴瓦下部油压变化可以了解转子对中情况；又如分析油中金属碎屑情况可以了解轴瓦磨损程度等。在运转的设备中，振动是重要的信息来源，在振动信号中包含着丰富的故障信息。任何机器在运转时工作状态发生了变化，必然会从振动信号中反映出来。对旋转机械来说，目前在国内外应用最普遍的方法是利用振动信号对机器状态进行判别。从测试手段来看，利用振动信号进行测试也最方便、实用，要利用振动信号对故障进行判别，首先应从振动信号中提取有用的特征信息，即利用信号处理技术对振动信号进行处理。目前应用最广泛的处理方法是进行频谱分析，即从振动信号中的频率成分和分布情况来判断故障。

其他如噪声、温度、压力、变形、胀差、阻值等参数也是故障信息的重要来源。

（3）磨损残渣测定法 测定机器零部件如轴承、齿轮、活塞环等的磨损残渣在润滑油中的含量，也是一种有效的获取故障信息的方法。根据磨损残渣在润滑油中含量及颗粒分布可以掌握零件磨损情况，并可预防机器故障的发生。

（4）设备性能指标的测定 设备性能包括整机及零部件性能，通过测量机器性能及输入、输出量的变化信息来判断机器的工作状态也是一种重要方法。例如，柴油机耗油量与功率的变化、机床加工零件精度的变化、风机效率的变化等均包含着故障信息。

对机器零部件性能的测定，主要反映在强度方面，这对预测机器设备的可靠性，预报设备破坏性故障具有重要意义。

4. 工程机械设备故障的检测方法

工程机械设备有各种类型，因而出现的故障类型也多种多样，不同的故障需要采用不同的方法来诊断。本节将对具体的各种故障应采用的方法及各种诊断方法的应用范围进行介绍。有关各种诊断方法的详细论述可参阅后面各章。

（1）振动和噪声的故障检测 振动和噪声是大部分机器所共有的故障表现形式，一般采用以下方法进行诊断：

1）振动法：对机器主要部位的振动值如位移、速度、加速度、转速及相位值等进行测定，与标准值进行比较，据此可以宏观地对机器的运行状况进行评定，这是最常用的方法。

2）特征分析法：对测得的上述振动量在时域、频域、时-频域进行特征分析，用以确定机器各种故障的内容和性质。

3）模态分析与参数识别法：利用测得的振动参数对机器零部件的模态参数进行识别，以确定故障的原因和部位。

4）冲击能量与冲击脉冲测定法：利用共振解调技术测定滚动轴承的故障。

5）声学法：对机器噪声的测量可以了解机器运行情况并寻找振动源。

（2）材料裂纹及缺陷损伤的故障检测　材料裂纹包括应力腐蚀裂纹及疲劳裂纹，一般可采用下述方法进行检测：

1）超声波探伤法：该方法成本低，可测厚度大，速度快，对人体无害，主要用来检测平面型缺陷。

2）射线探伤法：主要采用 X 和 γ 射线；该法主要用于展示体积型缺陷，适用于一切材料，测量成本较高，对人体有一定损害，使用时应注意。

3）渗透探伤法：主要有荧光渗透与着色渗透两种，该法操作简单、成本低，应用范围广，可直观显示，但仅适用于有表面缺陷的损伤类型。

4）磁粉探伤法：该法使用简便，较渗透探伤更灵敏，能探测近表面的缺陷，但仅适用于铁磁性材料。

5）涡流探伤法：这种方法对封闭在材料表面下的缺陷有较高检测灵敏度，它属于电学测方法，容易实现自动化和计算机处理。

6）激光全息检测法：它是20世纪60年代发展起来的一种技术，可检测各种蜂窝结构、叠层结构、高压容器等。

7）微波检测技术：它也是近几十年来发展起来的一种新技术，对非金属的贯穿能力远大于超声波方法，其特点是快速、简便，是一种非接触式的无损检测。

8）声发射技术：它主要对大型构件结构的完整性进行监测和评价，对缺陷的增长可实行动态、实时监测且检测灵敏度高，目前在压力容器、核电站重点部位及放射性物质泄漏、输送管道焊接部位缺陷等方面的检测获得了广泛的应用。

（3）设备零部件材料的磨损及腐蚀故障检测　这类故障除采用上述无损检测中的超声探伤法外尚可应用下列方法：

1）光纤内窥技术：它是利用特制的光纤内窥技术直接观测到材料表面磨损及腐蚀情况。

2）油液分析技术：油液分析技术可分为两大类，一类是油液本身物理、化学性能分析；另一类是对油液中残渣的分析。具体的方法有光谱分析法与铁谱分析法。

（4）温度、压力、流量变化引起的故障检测　机器设备系统的有些故障往往反映在一些工艺参数，如温度、压力、流量的变化中。在温度测量中除常规使用的装在机器上的热电阻、热电偶等接触式测温仪外，目前在一些特殊场合使用的非接触式测温方法有红外测温仪和红外热像仪，它们都是依靠物体的热辐射进行测量的。

（5）诊断参数的选择和判断标准

1）诊断参数的选择。对机械进行状态检测，必须测出与机械状态有关的信息参数，然后与正常值、极限值进行比较，才能确定目前机械的状态。因此，检测的置信程度与参数选择、测量误差以及评价标准有密切关系。为了对机械进行准确、快速检测与诊断，其参数的选择是主要工作之一。由于诊断目的和对象不同，参数也可能是多种多样的。诊断参数是指为达到诊断目的而定的特征量。信息参数是表征检测对象状态的所有参数。选择诊断参数应遵循以下几个原则：

①诊断参数的多能性。一个参数的多能性应理解为它能全面地表征诊断对象状态的能力。机械中的一种劣化或故障可能引起很多状态参数的变化，而这些参数均可以作为诊断的信息参数，最终要从它们当中选出包含最多诊断信息、具有多性能的诊断参数。

②诊断参数的灵敏性。选取的参数在机械发生劣化或故障时随着劣化或故障趋势而变化，该参数的变化较其他参数更为明显。例如，发动机气缸活塞副磨损后，即使磨损比较严重，输出的参数中，功率下降只有5%～7%，而压缩空气泄漏率可达40%～50%，则选择后者为诊断参数更适宜。

③诊断参数应呈单值性。随着劣化或故障的发展，诊断参数的变化应该是单值递增或递减，即诊断参数值的大小与劣化或故障的严重程度有较确定的关系。

④诊断参数的稳定性。在相同的测试条件下，所测得的诊断参数值离散度要小，即重复性好。

⑤诊断参数的物理意义。诊断参数应具有一定的物理意义，且能量化，即可以用数字表示且便于测量。

2）诊断的周期。诊断工作伴随着机械的整个寿命周期。在使用阶段，根据机械的运行状况可对机械实行正常运行诊断和服务于维修的定期诊断。对定期诊断的机器，需要确定其诊断周期。

确定诊断周期时，最重要一点是对劣化速度进行充分的研究。测量周期一般根据机器两次故障之间的平均运行时间确定。为了获得理想的预测能力，在一个平均运行周期内至少应该测5～6次。还应指出，所能确定的测量周期毕竟只是基本测定周期，如果一旦发现测定数据出现加速变化趋势时，就应该缩短测定周期。例如，高速旋转零件变形后可能立即造成机械的故障，则需要进行实时监测。对于劣化速度缓慢的参数，例如磨损、疲劳等，可以采用较长的检测周期。总而言之，检测周期必须充分反映机械劣化程度。

此外，根据当前的测定值和过去的测定值确定下一次检测时间的“适时检测”是比较好的方法。它一方面能进行劣化预测，同时可定量地确定下次检测日。

3）诊断标准的确定。在测得检测参数后，就需要判断所测出的值是正常还是异常。其方法是将实测数据与标准值进行比较。判断标准共有三种，需按诊断对象来确定采用哪一种。

①绝对判断标准。绝对判断标准是根据对某类机械长期使用、观察、维修与测试后的经验总结，并由企业、行业协会或国家颁布，作为标准供工程实践使用。和任何其他标准一样，诊断标准有其制定的前提条件和适用范围，使用时必须注意。

②相对判断标准。相对判断标准是对机器的同一部位定期测定，并按时间先进行比较，以正常情况下的值为初始值，根据实测值与该值的比值来判断的方法。如果我们把新机械某点的初始振动值 α_0 的 n 倍（n 一般取10）作为允许的极限值，当该点的振动值超过 $n\alpha_0$ 时，即认为该机械已发生故障，需要立刻维修。

③类比判断标准。类比判断标准是指数台同样规格的机械在相同条件下运行时，通过对各台机械的同一部位进行测定并进行互相比较来掌握其劣化程度的方法。从维修角度出发，

最好是兼用绝对判断标准和相对标准，从两方面进行研究。

1.2.6 工程机械故障诊断常用技术参数

工程机械总成和零件的技术状况，由其结构参数和诊断参数确定。前者直接表示某机构的技术状况或工作能力，而后者则间接表示工程机械、总成和机构的技术状况和工作能力。在实际运用中，常用的主要诊断参数如下：

（1）发动机总成诊断参数　发动机输出功率（kW）；燃料消耗（L/100km）；废气排放污染物浓度（%）等。

（2）气缸活塞组技术状况的诊断参数　气缸压缩压力（MPa）；曲轴箱窜气量（L/min）；气缸漏气量（L/min）；气缸漏气率（%）；异响及振动等。

（3）曲轴连杆组技术状况的诊断参数　异响及振动；主油道压力（MPa）下降值；主轴承间隙（mm）等。

（4）配气机构技术状况的诊断参数　气门间隙（mm）；配气相位（°）等。

（5）电气设备的诊断参数　低压电路电压、电压降、电流；发电机电压（V）、电流（A）等。

（6）供油系统、润滑系统、冷却系统的诊断参数　泵的压力和流量；机油压力（MPa）；冷却液温度（℃）等。

（7）底盘总体诊断参数　驱动车轮的输出功率（kW）和牵引力（N）。

（8）底盘各总成机构技术状况的诊断参数　离合器滑转率；传动系统游动角度；传动系统异响及振动；转向角、前轮定位参数、转向盘扭力等；制动距离（m）、制动力（N）或制动减速度（m/s^2）；制动力分配；制动踏板作用力等。

1.2.7 现代工程机械电子控制装置概况

电气与电子控制系统是现代工程机械的重要组成部分，其性能的优劣直接影响了现代工程机械的动力性、经济性、工作可靠性、运行安全性、施工质量、生产效率以及使用寿命等。随着现代施工工程要求的不断提高，电子控制系统已成为现代工程机械不可缺少的组成部分，也是衡量现代工程机械技术水平高低及先进程度的一个重要依据。

随着现代科技的迅猛发展，特别是自20世纪90年代后期以来，微电子技术、计算机技术、智能技术、网络技术、总线技术、通信技术、传感与检测技术、机器人技术等的快速发展以及向工程机械领域的不断渗透，现代工程机械正处于一个机电一体化的崭新的发展时代。机械与电子、计算机等技术的有机结合，极大地提升了现代工程机械的综合技术性能。目前基于计算机技术的控制系统在现代工程机械中得到了越来越广泛的应用，计算机技术的应用一方面促进了现代工程机械由模拟控制系统向数字控制系统发展，提高了工程机械的作业精度、工作可靠性、过程自动化程度和工作效率，另一方面也使现代工程机械实现智能控制、网络化与整体控制成为可能。概括起来讲，电子控制系统在现代工程机械中的应用主要体现在以下几方面：

（1）状态监控、检测、报警与故障诊断　用来对工程机械的动力系统、传动系统、液压系统和工作装置等的运行状态进行监控，工作出现异常时及时报警并指出故障部位。

（2）节能与环保、提高工效　如日本小松公司的挖掘机采用的CLSS系统（闭式中心负荷传感系统)、韩国现代公司的挖掘机采用的CAPO系统（电脑辅助动力选择系统)、韩国大宇重工的挖掘机采用的EPOS系统（电子功率优化系统)、美国卡特匹勒公司和日本小松公司的柴油机喷油系统的电子控制等。

（3）提高控制精度和施工质量　为了保证成品料质量和提高生产率，现代沥青混凝土搅拌设备普遍采用了冷集料的级配、集料的加热温度及称重计量等自动控制系统；为提高作业精度和施工质量，沥青混凝土摊铺机以及平地机采用了自动调平系统，沥青混凝土摊铺机还广泛采用了作业速度和供料等自动控制系统。

（4）生产或工作过程的自动化、智能化　如沥青混凝土和水泥混凝土搅拌设备生产过程的计算机自动控制与动态监控，装载机和铲运机变速箱自动换挡控制系统，振动压路机的振动控制系统等。

此外，目前国内外在工程机械的摇控操纵和无人化控制、机器人化、全球定位系统（GPS）和基于CSM移动电话网络的无线通信功能的应用、远程监控与维护技术以及机群控制与智能化管理等方面的研究也取得了较大的成果，其中，有些研究已达到实用化的阶段，如无线遥控的压路机和挖掘机在国外已研制成功并投入使用。

现代工程机械电气与电子控制技术的快速发展，一方面极大地提高了工程机械的综合性能和技术水平，同时也对施工单位工程机械的管理、使用和维护人员提出了更高的要求。

复习与思考题

1. 什么是工程机械?
2. 工程机械设备运行的安全和可靠性取决于哪几个方面?
3. 工程机械故障检测诊断能为企业运营带来哪些可观的经济效益?
4. 什么是工程机械技术状况?
5. 什么是工程机械故障?
6. 工程机械检测指的是什么?
7. 何谓工程机械诊断?
8. 工程机械检测与诊断的目的是什么?
9. 工程机械技术状况变化的标志是什么?
10. 工程机械设备配件质量对技术要求变化有什么影响?
11. 维修质量对工程机械设备有什么影响?
12. 工程机械故障的基本形式有哪些?
13. 工程机械故障诊断技术的定义是什么?
14. 工程机械故障诊断技术的内容是什么?
15. 什么是故障智能诊断法?
16. 工程机械设备的检测方法有哪些?

第2章　工程机械发动机故障检测与分析

发动机是工程机械的心脏、动力源，是最主要的总成之一。发动机技术状况的好坏将直接影响工程机械的动力性、经济性、可靠性及生产效率的高低。由于发动机结构复杂、工作条件差，因而故障率最高，对发动机的检测与诊断将成为重点。

2.1　发动机故障检测与诊断方法

工程机械发动机故障检测与诊断就是通过故障现象，判断产生故障的原因及部位。诊断可分为主动诊断和被动诊断。主动诊断是指工程机械未发生故障时的诊断，即了解工程机械的过去和现在的技术状况，并能推测未来变化情况。被动诊断是指对工程机械已经发生故障后的诊断。发动机故障常用的诊断方法有：直观诊断、随车自诊断系统诊断、简单仪表诊断、专用诊断仪器诊断和故障树诊断等。

1. 直观诊断

直观诊断也称经验诊断或人工诊断，就是通过人的感觉器官对工程机械故障现象进行问、看、听、摸、闻、试、比、测、想、诊等过程；了解和掌握故障现象的特点，深入分析、判断而得出故障部位的诊断方法。

(1) 问　接车后，首先要向驾驶员详细询问工程机械的行驶里程（时间）、工作状况、工作条件、发动机维修情况、故障表现、故障起因等多种情况，掌握故障的初步情况。

(2) 看　主要是通过观察发现发动机较明显异常现象，如发动机有无漏油、漏水、漏气，排气烟色是否正常，液体流动是否正常，各部件运动是否正常，连接机件有无松脱、裂纹、变形及断裂等现象，发动机外壳有无明显变形现象，有无刮蹭痕迹等。

(3) 听　所谓“听”一般是在发动机工作时听有无敲缸、异常摩擦、传动带打滑、机械撞击排气管放炮等杂音及异响。通过仔细辨别能大致判断出声音是否正常，根据异响特征甚至可直接判断出故障的部位及原因。

(4) 摸　用于触摸各接口、插口处、固定螺栓（钉）等处判断其是否松脱，发动机的温度有无异常升高等。通过手触摸导线接头是否牢固、有无发热现象可以判断有无虚接或接触不良。

(5) 闻　主要通过出现故障后产生的不同气味来判断故障。如发动机烧机油会产生烧油味，混合气过浓则排气中有生油味，传动带打滑后会产生烧焦味，导线过热后会发出胶皮味，橡胶及塑料件过热后会发出橡胶及塑料味等。

(6) 试　通过对发动机做不同工况的运转试验，再现并确认故障现象，以进一步判断故障部位及原因。

(7) 比　就是用正常总成或零部件替换怀疑有故障的总成或零部件，比较前后差异，若替换后故障消失，就说明故障判断正确；若故障现象无变化，表明判断错误，另有其他故障原因，需进一步查找；若故障现象有变化但未完全排除，表明其他部位还有故障。

(8) 测　对于发动机现象不明显的复杂故障，使用以上方法很难判断故障部位，此时需要借助工具、量具或仪器进行测试。例如，用量具测量磨损尺寸，用万用表测电阻、电压或电流，用诊断测试仪器测量各种工作参数以提取故障码，用示波器测波形等。

(9) 想　把已确认的故障现象，结合故障部位的工作原理、工作条件等，进行综合分析、由浅入深、由表及里、去伪存真，根据不同故障的特点和规律进行认真鉴别，得出准确的判断结论。

(10) 诊　对于复杂故障，单靠经验或简单诊断很难判断故障部位，此时必须借助于一定的仪器设备，按照一定的方法步骤，对故障进行全面细致的检查和分析，通常使用故障树进行诊断。

直观诊断方法，要求进行故障诊断操作的人员必须首先掌握被诊断系统的结构和工作原理，对其可能产生故障的现象、原因有一定的了解，并能掌握关键部件的检查方法。直观诊断方法由于受诊断者的经验和对诊断机械的熟悉程度限制，诊断结果差别极大。经验丰富的诊断专家，可以利用直观诊断方法诊断发动机可能出现的绝大多数故障。在出现诊断无故障码或检测设备难以诊断的疑难故障时，直观诊断占有重要的地位。

2. 随车自诊断系统诊断

随车自诊断系统是利用工程机械电控系统所提供的故障自诊断系统进行诊断的方法。它利用故障自诊断系统调取发动机电控系统的相关故障码，然后根据故障码表的故障提示，找出故障部位。

随车自诊断系统通常只提供与电控系统有关的电汽设备或线路故障代码，一般只能做出初步诊断结论。具体故障原因，还需要通过直观诊断和简单仪器进行深入诊断。

随车故障自诊断在工程机械电控系统故障诊断中是一种简便快捷的诊断方法，但是其诊断的范围和深度远远不能满足实际使用中对故障诊断的要求，常常出现工程机械有故障症状而随车故障自诊断系统无故障显示的情况。

3. 简单仪表诊断

利用简单仪表诊断，是指利用万用表、示波器、气缸压力表等常用仪表，对发动机故障进行诊断的方法。由于电控系统的各部件均有一定的电阻值范围，工作时输出电压信号有一定范围，具有特定的输出脉冲波形。因此，利用万用表测量元件的电阻或输出电压，用示波器测试元件工作时的输出电压波形，用万用表测量元件导通性等可判断元器件或线路是否工作正常。

这种诊断方法的优点是：诊断方法简单、设备费用低，主要用于对发动机电控系统和电气设备的故障进行深入诊断。其缺点是：对操作者的要求较高，在利用简单仪表诊断时，操作者必须对系统的结构和线路连接情况及元器件技术参数有相当详细地了解，才能取得较好的诊断效果。

4. 专用诊断仪器诊断

随着工程机械电子化的发展，发动机故障专用诊断仪器在工程机械维修业广泛使用。常用专用故障诊断仪器，可以大大提高工程机械故障诊断效率。但专用诊断仪器成本较高，一般适用于专业化的故障诊断和较大规模修理厂。

5. 故障树诊断

一般情况下，对于复杂故障，单靠经验或简单诊断解决不了问题，这时必须借助一定的设备仪器、按照一定的方法步骤，对故障进行全面细致地检查和分析，也就是用故障树诊断法进行诊断。故障树诊断法又称故障树分析法，是将导致系统故障的所有可能原因按树枝状逐级细化的一种故障分析方法。

2.2 发动机故障参数值的检测

发动机技术状况的主要外观症状有：功率下降，燃料与润滑油消耗量增加，起动困难，漏水、漏油、漏气、漏电以及运转中有异常响声等。

可以用来评价发动机技术状况的诊断参数很多，其中主要有：发动机功率、发动机油耗、气缸密封性、排气净化性、发动机燃烧质量、点火系工作质量、机油压力、机油中含金属量、发动机温度、发动机振动和异响。

在进行发动机技术状况诊断时，可以从上述诊断参数中重点选出与发动机功率、油耗和磨损等三方面有关的诊断参数进行检测。因为功率和油耗直接决定发动机工作特性和经济指标，而磨损情况则是发动机能否继续工作或需要进行维修的主要标志。用来诊断发动机技术状况的诊断参数见表2-1。在进行发动机技术状况诊断时，除了故障诊断外，应当测出有关的诊断参数值，然后与标准值对照，即可确定发动机的技术状况。

表2-1 发动机常用诊断参数

诊断对象	诊断参数	使用仪器
发动机总体	功率/kW	功率仪
	曲轴角加速度/(rad/s^2)	功率仪
	单缸断火时功率下降率(%)	功率仪
	油耗/(L/h)	油耗仪
	曲轴最高转速/(r/min)	功率仪
	废气成分和浓度(%)或ppm	废气分析仪
气缸活塞组	曲轴箱窜气量/(L/min)	测量仪
	曲轴箱气体压力/kPa	测量仪
	气缸间隙(按振动信号测量)/mm	气缸压力表
	气缸压力/MPa	
	气缸漏气率(%)	漏气仪
	发动机异响	217听诊器
	机油消耗量/(L/100km)	量杯
曲柄连杆组	主油道机油压力/MPa	压力表
	连杆轴承间隙(按振动信号测量)/mm	217听诊器
配气机构	气门热间隙/mm	量尺
	气门行程/mm	检测仪
	配气相位(°)	检测仪

（续）

诊断对象	诊断参数	使用仪器
供油系及滤清器	燃油泵洗前的油压/MPa	接压力表或清洗检测仪
	燃油泵洗后的油压/MPa	接压力表
	空气滤清器进口压力/MPa	接压力表
	蜗轮压气机的压力/MPa	接压力表
	蜗轮增压器润滑系油压/MPa	接压力表
润滑系	润滑系机油压力/MPa	接压力表
	曲轴箱机油温度/℃	温度仪
	机油含铁（或铜铬铝硅等）量（%）	检测仪
	机油透光度（%）	检测仪
	机油介电常数	检测仪
冷却系	冷却液工作温度/℃	观察表
	散热器入口与出口温差/℃	测温仪检测
	风扇传动带张力/（N/mm）	测试仪
	曲轴与发电机轴转速差（%）	转速表检测
点火系	初级电路电压/V	数字万用表
	初级电路电压降/V	数字万用表
	电容器容量/μF	数字万用表
	断电器触点闭合角及重叠角（°）	汽车用万用表
	点火电压/kV	汽车用万用表
	次级电路开路电压/kV	汽车用万用表
	点火提前角（°）	汽车用万用表
	发动电机电压/V；电流/A	汽车用万用表
	整流器输出电压/V	汽车用万用表
起动系	在制动状态下起动机电流/A；电压/V	数字万用表
	蓄电池在有负荷状态下的电压/V	数字万用表
	振动特性/（m/g^2）	测振仪

2.2.1　发动机功率的检测

发动机的有效功率是曲轴对外输出的功率，是一个综合性评价指标。通过该指标可以定性地确定发动机的技术状况，并定量地获得发动机的动力性。检测发动机有效功率的方法，分为稳态测功和动态测功两种。

1. 稳态测功和动态测功

稳态测功是指发动机在节气门开度一定、转速一定和其他参数保持不变的稳定状态下，在测功器上测定功率的一种方法。常见的测功器有水力测功器、电力测功器和电涡流测功器等。测功器可测出发动机的转速和转矩，然后通过计算得出功率。稳态测功时，不论发动机的工作行程数和形式如何，其有效功率 P_e（kW）、有效转矩 T_e 和转速 n 均具有下列关系

$$P_e = \frac{T_e n}{9550} \tag{2-1}$$

式中 T_e——发动机有效转矩（N·m）；

n——发动机转速（r/min）。

稳态测定发动机最大有效功率是在节气门全开情况下，由测功器给发动机施加一定负荷，测出额定转速以及相应转矩，即可由式（2-1）计算出功率。稳态测功的结果比较准确可靠，但该方法测功需要大型、固定安装的测功器，费时、费力且成本较高，故多用于发动机设计、制造及院校和科研部门做性能试验，而一般运输、维修企业和检测站中采用不多。由于稳态测功时，需由测功器对发动机施加外部负荷，故也称为有负荷测功或有外载测功。

动态测功是指发动机在节气门开度和转速等均为变动的状态下，测定其功率的一种方法。动态测功时，无需对发动机施加外部负荷，故又称为无负荷测功或无外载测功。

动态测功的基本方法是：当发动机在怠速或处于空载某一低速下运转时，突然全开节气门，使发动机克服惯性和内部阻力而加速运转，用其加速性能的好坏直接反映最大功率的大小。因此，只要测出加速过程中的某一参数，就可得出相应的最大功率。由于动态测功时不加负荷，又不需要大型设备，既可以在台架上进行，也可以就车进行，因而提高了检测速度和方便性。虽然其测量精度较之稳态测功要差一些，但该方法特别适用于在用车发动机的检测，故一般运输企业、维修企业和检测站采用较多。

2. 无负荷测功测量原理

无负荷测功的测量原理，是基于一种动力学方法。该方法是通过测量发动机的瞬时角加速度或加速时间，经过公式计算，从而间接获取发动机功率的数值。

（1）测瞬时加速功率　转矩 T_e 与角加速度的关系为

$$T_e = I\frac{d\omega}{dt} = I\left(\frac{\pi}{30}\right)\left(\frac{dn}{dt}\right)$$

式中 T_e——发动机有效转矩（N·m）；

I——发动机运动机件对曲轴中心线的当量转动惯量（$kg \cdot m^2$）；

n——发动机转速（r/min）；

$\frac{d\omega}{dt}$——曲轴的角加速度（rad/s^2）；

$\frac{dn}{dt}$——曲轴的加速度（$1/s^2$）。

把 T_e 代入式（2-1）即得

$$P_e = \frac{\pi I}{9550 \times 30} n \frac{dn}{dt}$$

由于加速过程是非稳定工作状况，故测得的功率值小于同一转速下的稳态测功值，所以上式还应乘以修正系数 K，即

$$P_e = \frac{K\pi I}{9550 \times 30} n \frac{dn}{dt} \tag{2-2}$$

式（2-2）表明，发动机在加速过程中，在某一转速下的有效功率与该转速下的瞬时加速度成正比。因此，只要测出加速过程中的这一转速和对应的加速度，即可求出该转速下的功率。对于一定型号的发动机，其转动惯量为一常数，如解放 CA-10B 型发动机的转动惯量为 $0.94438 kg \cdot m^2$。所以，测量某一转速下的功率，就可以用测量该转速下的角加速度来取代。修正系数 K 值，则可通过台架对比试验得出。

（2）测平均加速功率　如要测出在一定转速范围内的平均有效功率，可将式（2-2）经积分推导后演变为

$$P_{eav}=\frac{K\pi I}{9550\times60}(n_2^2-n_1^2)\frac{1}{t}$$

式中　P_{eav}——平均有效功率（kW）；

n_1、n_2——发动机加速过程测定区间的起始转速和终止转速（r/min）；

t——加速时间（s）。

上式表明，平均有效功率与加速时间成反比。即节气门突然全开时，发动机由转速 n_1 加速到 n_2 的时间越长，表明发动机的有效功率越小；反之加速时间越短，有效功率越大。因此，测出某一转速范围内的加速时间，便可获得平均有效功率值。

通过发动机台架对比试验，可以找出动态平均有效功率与稳态有效功率之间的关系。其中加速时间 t 与有效功率 P_e 之间的关系可对无负荷测功仪进行标定，这样通过测量加速时间就能直接读出功率数值；也可以把它们之间的关系绘制成曲线图或排成表格，以便在测出加速时间后能直接在图中或表中查出对应的功率值。

3. 无负荷测功仪及其使用方法

目前使用的无负荷测功仪，主要有单一功能的便携式测功仪和与其他测试仪表组装在一起的发动机综合测试仪两种类型。其显示方法、仪器方案和测功方法如下所述。

（1）显示方法　无负荷测功结果的显示方法，常见的有三种形式，即指针指示式、数字显示式和等级显示式。指针指示式和数字显示式可指示出功率或加速时间的具体数值，等级显示式只显示良好、合格和不合格三个等级。

（2）仪器方案

1）测瞬时加速度。该方案是通过测量加速过程中某一转速的加速度，从而获得瞬时功率的仪器方案。按这一方案设计的仪器，由传感器、脉冲整形装置、时间信号发生器、加速度计数器和控制装置、转换分析器、转换开关、功率指示表、转速表和电源等组成。其方框图如图 2-1 所示。

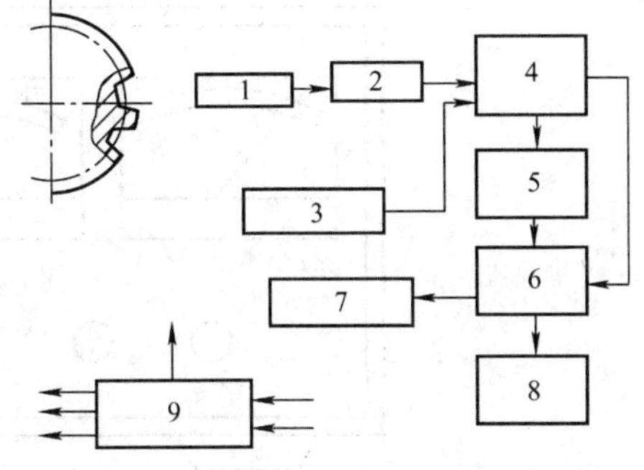

图 2-1　测瞬时加速度方案方框图

1—传感器　2—整形装置　3—时间信号发生器　4—加速度计数器和控制装置　5—转换分析器　6—转换开关　7—功率指示表　8—转速表　9—电源

电磁感应式传感器装在离合器壳上一个特制的加工孔内，与飞轮齿顶保持 2～4mm 的间隙，属于非接触式。当飞轮转动时，传感器内产生脉冲信号。脉冲信号的频率为飞轮齿数乘以飞轮每秒钟转数，这就是发动机转速信号。所以，每分钟脉冲信号频率除以飞轮齿数，就可获得发动机的转速。从传感器传来的脉冲信号，要输入脉冲整形装置整形放大，并变成矩形触发脉冲信号。一般要把脉冲信号的频率放大 2～4 倍，倍频的目的是为了提高仪器的灵敏度。矩形触发脉冲信号被输入加速度计数器，并且只有发动机转速加速到规定值时，整形装置才输出触发脉冲信号。触发脉冲信号通过控制装置触发加速度计数器工作，计算一定时间间隔内输入的脉冲数，并把这些脉冲数累加起来。时间间隔由

时间信号发生器控制。第一时间间隔的脉冲数与发动机转速成正比，后一时间间隔和前一时间间隔脉冲数的差值则与发动机的加速度成正比，而发动机的有效功率又与加速度成正比。转换分析器能把计数器输出的脉冲信号，亦即与功率成正比的相对加速度脉冲信号变成直流电压信号，然后输入功率指示表。该指示表可按功率单位标定，因而可直接读得功率数。时间间隔取得越小，测得的有效功率就越接近瞬时有效功率。

2）测加速时间　该方案是通过测量加速过程中某一转速范围内的加速时间，从而获得平均加速功率的仪器方案。按这一方案设计的仪器，由转速信号传感变压器、转速脉冲整形装置、起始转速 n_1 触发器、终止转速 n_2 触发器、时标、计算与控制装置和显示装置等组成，其方框图如图 2-2 所示。

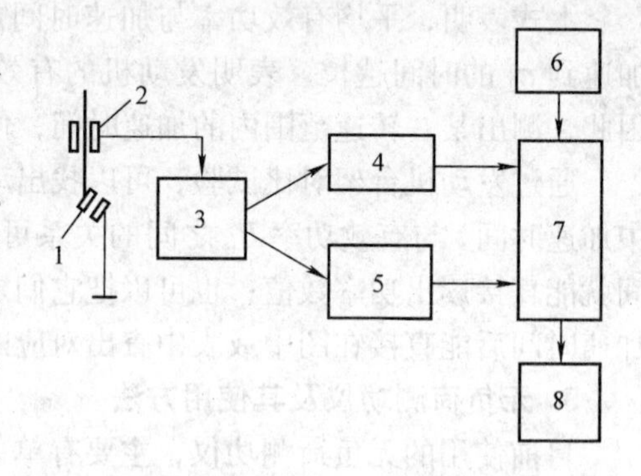

图 2-2　测加速时间方案方框图

1—断电器触点　2—转速信号传感变压器
3—转速脉冲整形装置　4—起始转速 n_1 触发器
5—终止转速 n_2 触发器　6—时标
7—计算与控制装置　8—显示装置

这种仪器能把来自点火系一次电路断电器触点开闭一次电流的感应信号，作为发动机转速的脉冲信号，经整形装置整形为矩形触发波。并变为平均电压信号。当发动机节气门突然全开加速到起始转速 n_1 时，与 n_1 对应的电压信号通过 n_1 触发器触发计算与控制电路，使时标信号进入计数器并寄存。当发动机加速到终止转速 n_2 时，与 n_2 对应的电压信号通过 n_2 触发器又去触发计算与控制电路，使时标信号停止进入计数器，并把寄存器中的时标脉冲数经数模转换随时转换成电流信号，在显示装置的电表上按加速时间或直接标定成功率显示。

（3）测功方法　图 2-3 所示面板图是国产单一功能便携式无负荷测功仪中的一种，可以测出加速过程中某一转速范围内的加速时间-平均功率。无负荷测功仪通用测功方法如下：

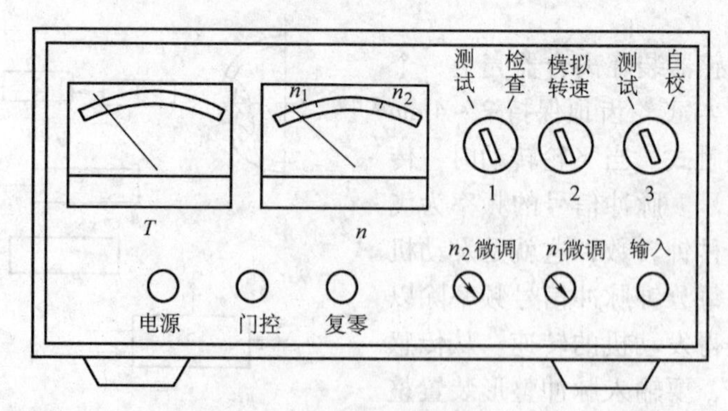

图 2-3　便携式无负荷测功仪面板图

1）仪器准备。

①未接通电源前，如指示装置为指针表示，应检查指针是否在机械零点上，否则应进行调整。

②接通电源，电源指示灯亮，预热仪器至规定时间。

③带有数码管的仪器，数码管亮度应正常且数码均在零位。

④按仪器使用说明书给定的方法，对仪器进行检查、调试和校正，等完全符合使用要求后才能投入使用。

⑤测加速时间-平均功率的仪器，要利用仪器的模拟转速、门控指示灯和微调电位器，调整好起始转速 n_1 和终止转速 n_2 的门控、微机控制的仪器，可通过数字键入 n_1、n_2 的设定值。

⑥需要置入转动惯量 I 的仪器，要把被测发动机的转动惯量 I 置入仪器内。

2）发动机准备。预热发动机至正常工作温度（80～90℃）。调整发动机怠速，使其在规定范围内稳定运行。

3）联机。仪器和发动机准备好后，把仪器的传感器按要求在规定部位（离合器壳特制孔、分电器低压接柱或低压导线、柴油机高压喷油管等）；无连接要求的则应拉出拔节天线。

4）测功。

①按下“复零”键，使指示装置复零。

②按下其他必要的键位，如机型（汽油机、柴油机）选择键、缸数选择键和“测试”键等。需要输入操作码的仪器，则应按要求输入规定的操作码。

③发动机在怠速下稳定运转，操作者在驾驶室内急速地把加速踏板踩到底，发动机转速猛然上升，当超过终止转速 n_2 时应立即松开加速踏板，切忌发动机长时间高速空转。记下或打印出读数后，按下“复零”键使指示装置复零。重复上述操作三次，检测结果取平均值。

有些仪器为了保护发动机不受损害和提高使用的方便性，当转速上升超过 n_2 时，能使发动机自动熄火；而当转速下降低于 n_1 时，只要按下“复零”键，在指示装置复零的同时又能自动接点火线路，使发动机重新运转。

上述测功方法称为怠速加速法，既适用于汽油机，又适用于柴油机。对于化油器式汽油机来说，还有一种起动加速法也可以测功。具体做法是：先将加速踏板踩到底，使化油器节气门全开，再起动加速运转。前一种加速方法较为简单，后一种加速方法可检查化油器的调整状况（排除了加速泵的附加供油作用）。

5）查对功率。仅能显示加速时间的无负荷测功仪，测得加速时间后，应到仪器制造厂推荐的曲线图或表格中查出对应的功率值，以便与标准功率值对照。东风 EQ6100-1 型发动机的功率-时间对照表见表 2-2。表中功率值为不带发电机、空气压缩机和风扇的台架稳态外特性试验值。

表 2-2 东风 EQ6100-1 型发动机的功率-时间对照表

加速时间/s	0.31	0.36	0.46
稳态外特性功率/kW	99.3	88.3	66.2

近年来，便携式无负荷测功仪在国内发展很快，主要是向小型化、使用方便性和适用多车型方面发展。有的厂家甚至将无负荷测功仪制成袖珍式，像袖珍式收音机一般大，带有拔节天线，可收取发动机运转时的点火脉冲信号，而不必与发动机采取任何有线连接。使用

时，手持该测功仪，面对发动机侧面拉出拔节天线，当发动机突然加速运转时，即可遥测到加速时间和转速；然后翻转测功仪查看仪器背面印制的几种常见车型的功率-时间对照表，便可得知发动机功率的大小。

4. 诊断参数标准

根据国家标准 GB 7258—2004《机动车运行安全技术条件》和 GB/T 15746.2—1995《汽车修理质量检查评定标准发动机大修》附录 B 的规定：在用车发动机功率不得低于原标定功率的75%，大修后发动机最大功率不得低于原设计标定值的90%。

5. 单缸功率的检测

检查各气缸动力性能是否一致是发动机诊断的一个重要内容。无负荷测功仪既可以检测发动机的整机功率，又可以检测某气缸的单缸功率。检测单缸功率的方法是：先测出发动机整机功率，再测出某气缸断火情况下的发动机功率，两功率之差即为断火之气缸的功率。对于技术状况良好的发动机，各气缸应是一致的，否则会造成发动机运转不平稳。比较各单缸功率，可判断各气缸工作状况。此外，也可以利用在单缸断火情况下测得的发动机转速下降值，来评价各气缸的工作状况。工作正常的发动机在某一转速下稳定运转时，发动机的指示功率和摩擦功率是平衡的。此时，若取消任一气缸的工作，发动机的转速都会有相同的下降值。当发动机在800r/min下稳定工作时，每断开一个气缸工作致使转速正常平均下降值见表2-3。要求最高和最低下降值之差不大于平均下降值的30%。如果转速下降值偏低，说明断火之气缸工作不良。

表 2-3 转速正常平均下降值

发动机缸数	转速正常平均下降值/(r/min)
4 缸	150
6 缸	100
8 缸	50

应该指出，在进行断火试验时，断火时间不宜过长，因为没有燃烧的燃油会洗掉气缸壁上的油膜，造成润滑不良，加速气缸磨损。发动机单缸功率偏低，一般系该缸高压分火线、分火线插座或火花塞技术状况不佳，气缸密封性不佳，气缸窜入机油等原因造成的，应调整、更换或修理。

2.2.2 气缸密封性的检测

气缸密封性与气缸、气缸盖、气缸衬垫、活塞、活塞环和进、排气门等包围工作介质的零件有关。这些零件组合起来（以下简称为气缸组）成为发动机的心脏，它们技术状况的好坏，不但严重影响发动机的动力性、经济性和排气净化性，而且决定发动机的使用寿命。在发动机使用过程中，由于上述零件的磨损、烧蚀、结胶、积炭等原因，引起了气缸密封性下降。气缸密封性是表征气缸组技术状况的重要参数。

气缸密封性的诊断参数主要有气缸压缩压力、曲轴箱窜气量、气缸漏气量或气缸漏气率、进气管真空度等。就车检测气缸密封性时，只要检测上述参数中的一项或两项，就足以说明问题。

1. 气缸压缩压力的检测

检测活塞到达压缩终了上止点时气缸压缩压力的大小，可以表明气缸的密封性。检测方法有以下几种。

（1）用气缸压力表检测　气缸压力表如图 2-4 所示。由于用气缸压力表检测气缸压缩压力（以下简称气缸压力）具有价格低廉、仪表轻巧、实用性强和检测方便等优点，因而在工程机械维修企业中应用十分广泛。

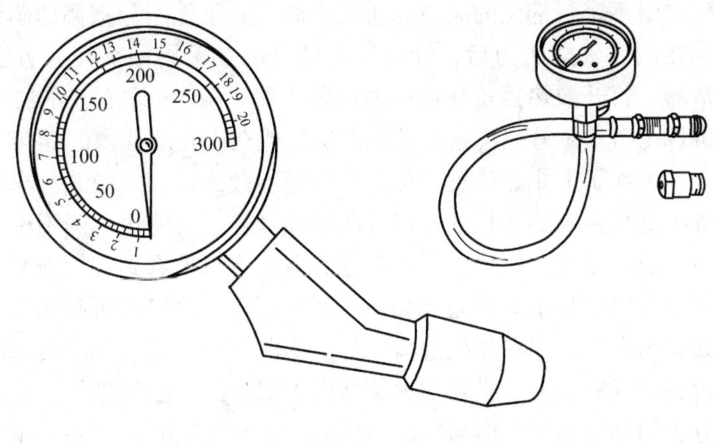

图 2-4　气缸压力表

1）检测条件。发动机应运转至正常工作温度。其中水冷式发动机水温达 75 ~ 85℃以上，风冷式发动机机油温度达到 80 ~ 90℃；用起动机带动卸除全部火花塞或喷油器的发动机运转，其转速应符合原厂规定。

2）检测方法。拆下空气滤清器，用压缩空气吹净火花或喷油器周围的脏物，然后卸下全部火花塞或喷油器，并按气缸次序放置。对于汽油发动机，还应把分电器中央电极高压线拔下并可靠搭铁，以防止电击和着火，然后把气缸压力表的橡胶接头插在被测缸的火花塞孔内，扶正压紧。将化油器节气门和阻风门置于全开位置，用起动机转动曲轴 3 ~ 5s（不少于四个压缩行程），等压力表头指针指示并保持最大压力后停止转动。取下气缸压力表，记下读数，按下单向阀使压力表指针回零。按上述方法依次测量各缸，每缸测量次数不少于两次。

就车检测柴油机气缸压力时，应使用螺纹接头的气缸压力表。如果该机要求在较高转速下测量，此种情况除受检气缸外，其余气缸均应工作。其他检测条件和检测方法同于汽油机。

3）诊断参数标准。气缸压缩压力标准值一般由制造厂提供。根据 GB/T 15746. 2—1995《汽车修理质量检查评定标准发动机大修》附录 B 的规定：大修竣工发动机的气缸压力应符合原设计规定，每缸压力与各缸平均压力的差，汽油机不超过 8%，柴油机不超过 10%。

4）结果分析。测得结果如高于原设计规定，并不一定是气缸密封性好，要结合使用和维修情况进行分析。这种情况有可能系燃烧室内积炭过多、气缸衬垫过薄或缸体与缸盖结合平面经多次修理加工过甚造成、测得结果如低于原设计规定，可向该缸火花塞或喷油器孔内注入适量机油，然后用气缸压力表重测气缸压力并记录。如果：

①第二次测出的压力比第一次高，接近标准压力，表明是气缸、活塞环、活塞磨损过大或活塞环对口、卡死、断裂及缸壁拉伤等原因造成气缸不密封。

②第二次测出的压力与第一次略同，即仍比标准压力低，表明是进、排气门或气缸衬垫不密封。

③两次检测结果均表明某相邻两缸压力都相当低，说明是两缸相邻处的气缸衬垫烧损窜气。

以上仅为对气缸组不密封部位的故障分析或推断，并不能十分把握地确诊。为了准确地测出故障部位，可在测完气缸压力后，针对压力低气缸，采用如下简易方法：以汽油机为例，卸下空气滤清器，打开散热器盖和加机油口盖，用一条3m左右长的胶管，一头接在压缩空气气源（600kPa以上），另一头通过锥形橡皮头插在火花塞孔内。摇转发动机曲轴，使被测气缸活塞处于压缩终了上止点位置，然后将变速器挂入低挡，拉紧驻车制动，打开压缩空气开关，注意倾听漏气声。如在化油器口处听到漏气声，说明进气门不密封；如在排气消声器处听到漏气声，说明排气门不密封；如在散热器加水口处看到有气泡或听到出气声，说明气缸衬垫不密封造成气缸与水套沟通；如在相邻气缸火花塞口处听到漏气声，说明气缸衬垫在该两缸之间处烧损窜气；如在加机油口处打听到漏气声，说明气缸活塞配合副不密封。

用气缸压力表测量气缸压力，必须把火花塞拆下，一缸一缸地进行，费时费力，且测量误差较大。这种方法的测量结果不但与气缸内各处的密封程度有关，而且压力变化不大。但在低速范围内，即在检测条件中由起动机带动曲轴达到的转速范围内，即使较小的转速差也能引起压缩压力测量值的较大变化。所以，在检测气缸压力时，如能准确地监控曲轴的转速，将是减少测量误差、获得正确测量结果的重要保证。

（2）用气缸压力测试仪检测

1）用压力传感器式气缸压力测试仪检测。用这种测试仪检测气缸压力时，需先拆下被测缸的火花塞，旋上仪器配置的压力传感器，用起动机转动曲轴3~5s，由传感器取出气缸的压力信号，经放大后送入A/D转换器进行模数转换，再送入显示装置即可获得气缸压力。

下述测试仪检测气缸压力时，无需拆下火花塞。

2）用起动电流或起动电压降式气缸压力测试仪检测。起动机带动发动机曲轴所需的转矩是起动机电流的函数，并与气缸压力成正比。发动机起动时的阻力矩，主要是由曲柄连杆机构产生的摩擦力矩和各缸压缩行程受压空气的反力矩两部分组成的。前者可认为是稳定的常数，而后者是随各缸气缸压力变化的波动量。因此，起动电流的变化与气缸压力的变化间存在着对应关系，通过测起动时某缸的起动电流，即可确定该缸的气缸压力。通过测起动电源——蓄电池的电压降，也可获得气缸压力。这是因为起动机工作时，蓄电池端电压的变化取决于起动机电流的变化。当起动电流增大时，蓄电池端电压降低，即起动电流与电压降成正比。已如前述，起动电流与气缸压力成正比，因此起动时蓄电池的电压降与气缸压力也成正比，所以通过测蓄电池电压降是可以获得气缸压力的。

3）用电感放电式气缸压力测试仪检测。这是一种通过检测点火二次电感放电电压来确定气缸压力的仪器，仅适用于汽油机。汽油机工作中，随着断电器触点打开，二次电压随即上升击穿火花塞间隙，并维持火花塞放电。火花放电电压也称为火花线，它属于点火系电容放电后的电感放电部分。电感放电部分的电压与气缸压力之间具有近乎直线的对应关系，因此各缸火花放电电压可作为检测各缸压力的信号。该信号经变换处理后即可显示气缸压力。

使用以上几种测试仪检测气缸压力时，发动机不应着火工作。汽油机可拔下分电器中央高压线并搭铁或按测试仪要求处理，柴油机可旋松喷油器高压油管接头断油，即可达到目的。

2. 曲轴箱窜气量的检测

检测曲轴箱窜气量，也是检测气缸密封性的方法之一。特别是在发动机不解体的情况下，使用该方法诊断气缸活塞摩擦副的工作状况具有明显的作用。曲轴箱窜气量的检测一般采用专用气体流量计进行。

图 2-5 是一种测量气体流量的玻璃流量计简图，它实际上是一种压差式流量计。测量时，将曲轴箱密封（堵住机油尺进口、曲轴箱通风进出口等），由加机油口处用橡胶管将漏窜气体导出，输入气体流量计。当气体沿图 2-5 中箭头移动时，由于流量孔板两边存在压力差，使压力计水柱移动，直至气体压力与水柱落差平衡为止。压力计通常标有流量刻度，因而由压力计水柱高度可以确定窜入曲轴箱气体的数量。流量孔板备有不同直径的小孔，可以根据漏窜气体量的范围来选用。

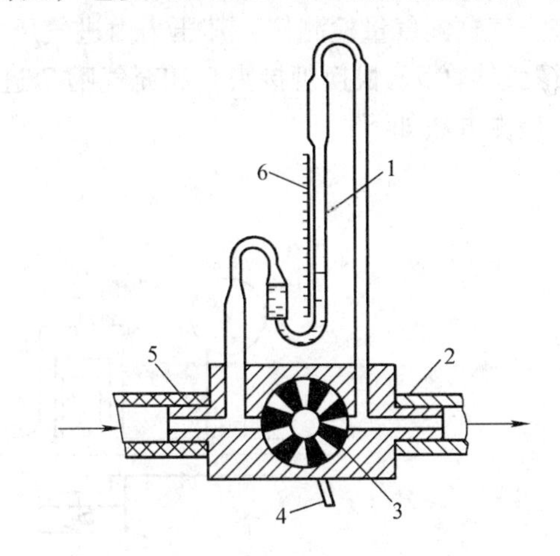

图 2-5　气体流量计示意图

1—压力计　2—通大气管　3—流量孔板　4—流量孔板手柄　5—通曲轴箱胶管　6—刻度板

曲轴箱窜气量除了与气缸活塞摩擦副的技术状况有关外，还与发动机的转速和外部负荷有关。就车测试时，一般采用加载、节气门全开、使发动机在最大转矩转速下运转的方法进行，并记下气体流量计的流量读数。发动机的加载，可以在底盘测功试验台上、坡道上或低速挡行驶用制动器进行。

测量曲轴箱窜气量也可用一般的煤气表或较精密的气体流量计进行。

试验表明，发动机在一般工作状况下，曲轴箱内的气压是极低的，满负荷下也只有 10 ~ 20kPa。因此，任何使曲轴箱内的微气压发生不适当变化的测量方法，都会使测量结果产生较大误差。在用一般煤气表测量时，进出气软管内径不得小于 15mm，管长不大于 2m，而且表的内部阻力要尽量小。

对曲轴箱窜气量还没有制订出统一的诊断标准，有些维修企业自用的企业标准一般是根据具体车型逐渐积累资料制定的。由于曲轴箱窜气量还与缸径大小和缸数多少有关，很难把众多车型统一在一个诊断参数标准内。国外有些国家以单缸平均窜气量（测得值除以缸数）作为诊断参数，很有道理，可以借鉴。现综合国内外情况，提出下列单缸平均窜气量值，仅供诊断时参考：

汽油机　　新机 2 ~ 4L/min，需大修 16 ~ 22L/min

柴油机　　新机 3 ~ 8L/min，需大修 18 ~ 28L/min

曲轴箱窜气量大，一般系气缸、活塞、活塞环磨损量大，活塞环与气缸、活塞的各部分间隙大，活塞环对口、结胶、积炭、失去弹性、断裂及缸壁拉伤等原因造成，应结合使用、维修和配件质量等情况来进行深入诊断。

3. 气缸漏气量和气缸漏气率的检测

检测气缸漏气量时，发动机不运转，活塞处在压缩终了上止点位置，从火花塞孔处通入一定压力的压缩空气，通过测量气缸内压力的变化情况，来表征整个气缸组的密封性，即不仅表征气缸活塞摩擦副，还表征进排气门、气缸衬垫、气缸盖及气缸的密封性。该方法仅适用于对汽油机的检测。

气缸漏气量检测仪如图2-6所示。该仪器由减压阀、进气压力表、测量表、校正孔板、橡胶软管、快换管接头和充气嘴等组成，此外还须配备外部气源、指示活塞位置的指针和活塞定位盘。外部气源的压力相当于气缸压缩压力，一般为600～900kPa。压缩空气按箭头方向进入气缸漏气量检测仪，其压力由进气压力表1显示。随后，它经由减压阀2、校正孔板3、橡胶软管5、快换管接头6和充气嘴7进入气缸，气缸内的压力变化情况由测量表4显示。检测方法如下：

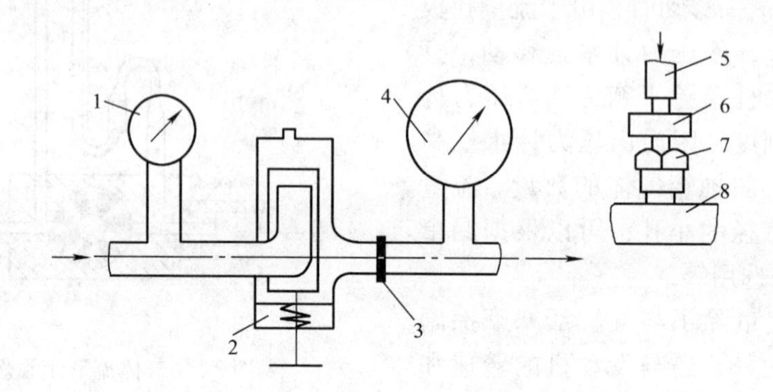

图2-6 气缸漏气量检测仪

1—进气压力表 2—减压阀 3—校正孔板 4—测量表
5—橡胶软管 6—快换管接头 7—充气嘴 8—气缸盖

1）先将发动机预热到正常工作温度，然后用压缩空气吹净气缸盖，特别要吹净火花塞孔的灰尘，最后拧下所有火花塞，装上充气嘴。

2）将仪器接上气源，在仪器出气口完全密封的情况下，通过调节减压阀，使测量表的指针指在392kPa位置上。

3）卸下分电器盖和分火头，装上指针和活塞定位盘。指针可用旧分火头改制，仍装在原来的位置上。活塞定位盘用较薄的板材制成，其上按缸数进行刻度，并按分火头的旋转方向和点火次序刻有缸号。假定是6缸发动机，分火头顺时针方向转动，点火次序为1-5-3-6-2-4，则活塞定位盘上每60°有一刻度，共有6个刻度，并按顺时针方向在每个刻度上分别刻有1、5、3、6、2、4的字样。

4）摇转曲轴，先使第1缸活塞处于压缩终了上止点位置，然后转动活塞定位盘，使刻度“1”对正指针。变速器挂低速挡，拉紧驻车制动器，以保证压缩空气进入气缸后，不会推动活塞下移。

5）把1缸充气嘴接上快换管接头，向1缸充气，测量表上的读数，便反映了该缸的密封性。在充气的同时，可以从化油器、排气消声器口、散热器加水口和加机油口等处，倾听是否有漏气声，以便找出故障部位。

6）摇转曲轴，使指针对正活塞定位盘下一缸的刻度线，按以上方法检测下一缸漏气量。

7）按以上方法和点火次序，检测其他各缸的漏气量。为使数据可靠，各缸应重复测量一次。

4. 气缸漏气率的检测

气缸漏气率的检测，无论在使用的仪器，检测的方法，还是判断故障的方法上，与气缸漏气量的检测是基本一致的，只不过气缸漏气量检测仪的测量表标定单位为kPa或MPa，而气缸漏气率测量表的标定单位为百分数。一般说来，当气缸漏气率达30%～40%时，如果能确认进排气门、气缸衬垫、气缸盖和气缸套等是密封的（可从各泄漏处有无漏气或迹象确认），则说明气缸活塞摩擦副的磨损临近极限值，已到了需换环或镗磨缸的程度。

发动机不工作时，用漏气率测试仪测试气缸漏气率，在不解体的情况下判定气缸与活塞组件、气门与气门座、缸盖与气缸垫间的密封情况。

气缸漏气率检测仪的结构示意图如图2-7所示。它主要由减压阀、进气压力表、测量表、出气量孔、软管、接头开关和测量塞头等组成：外接气源压力为0.6～0.8MPa。

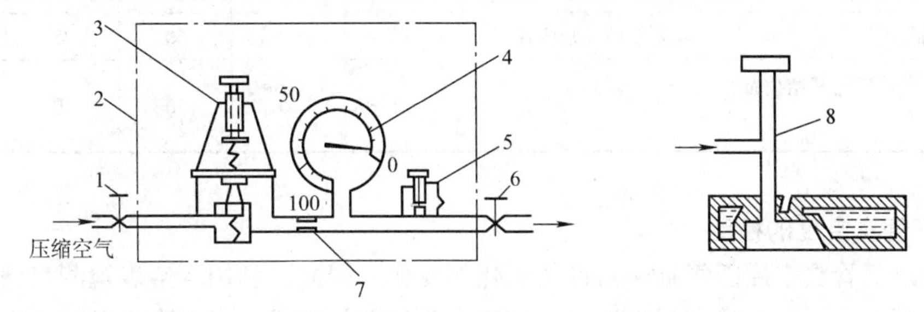

图2-7　气缸漏气率检测仪结构示意图

1—压缩空气进入接头与开关　2—仪器箱　3—减压阀　4—漏气率表
5—气压调节阀　6—仪器与测量塞头开关　7—出气量孔　8—测量塞头

检测时，将发动机预热到正常工作温度后停机，拧下喷油嘴并清除安装部分周围的脏物，将第一缸活塞处于压缩行程某一位置，采用变速器挂挡或其他防止活塞被压缩空气推动的措施后，将仪器与气源接通，先关闭开关6，观察漏气量表上的指针是否在0点，若不在0点上，用调整螺钉进行调整，然后把测量塞头压紧在安装喷油嘴的孔上，打开开关6向气缸充气，测量表上的读数，即反映一缸的密封情况，其他缸也以此方法进行测量。

气缸漏气率的测量原理是：压力为p_1压缩空气，经量孔进入处于压缩行程的气缸内，因各配合副有一定的间隙，压缩空气从不密封处泄漏，这样在量孔前后形成一定的压力差，其值为

$$p_1 - p_2 = \rho \frac{v^2}{2a^2 f^2} = k \frac{v^2}{a^2} \tag{2-3}$$

式中　k——系数，$k = \rho/2f^2$；

p_1——进气压力；

p_2——量孔后的空气压力；

v——空气漏气量；

a——量孔阻力系数；

f——量孔截面积；

ρ——空气密度。

当进气压力一定，量孔截面积一定，压力差或者 p_2 就决定了漏气率。漏气率表实际上是一个压力表，它采用百分比刻度，当打开开关1，接通压缩空气，开关6关闭时，调整减压阀，使漏气率表的指针指向0点；当打开出气阀6，压缩空气经量孔直接排入大气中时，指针指示刻度为100%。在0与100之间等分100等分，每一等分为1%的漏气量。表2-4为气缸漏气率诊断标准。

表2-4 气缸漏气率诊断标准 （单位:%）

测量条件	测量时活塞位置	发动机气缸直径/mm				
下列情况漏气率超过右列数值者必须进行修理		汽油机			柴油机	
		51~75	70~100	101~130	76~100	101~130
经活塞环、气门总漏气率	压缩行程开始的位置	8	14	23	24	29
活塞环、气门单独漏气率	压缩行程开始位置	4	8	14	18	18
经气缸总漏气率	压缩行程开始位置	16	28	50	45	52
压缩行程终止位置与开始位置两次之差值		12	20	30	30	30

5. 进气管真空度的检测

发动机进气管真空度随气缸密封性的变化而变化，因此，利用真空表检测汽油机进气管的真空度，可以表征气缸的密封性。真空表由表头和软管组成。真空表表盘如图2-8所示。

（1）检测方法

1）发动机应预热到正常工作温度。

2）把真空表软管和进气管上的测压孔（或化油器座上的刮水器接口）连接起来。

3）使变速器处于空挡位置，发动机怠速运转。

4）读取真空表上的读数。考虑到进气管真空度随海拔高度增加而降低，海拔每升高1000m，真空度将减少10kPa左右。因此，在测定真空度时，应根据所在海拔高度修正真空度标准值。

真空度单位用kPa表示。真空表的量程为0~101.325kPa，旧式表头的量程为0~760mmHg，1mmHg≈0.133kPa。

（2）诊断方法

1）在相当于海平面高度的条件下，发动机怠速运转（500~600r/min，下同）时，真空表指针稳定地指在57.33~70.66kPa（430~530mmHg）范围内，表示气缸密封性正常。

2）当迅速开启、关闭节气门时，表针随之摆动在6.66~84.66kPa（50~635mmHg）之间，则进一步表明气缸组技术状况良好。

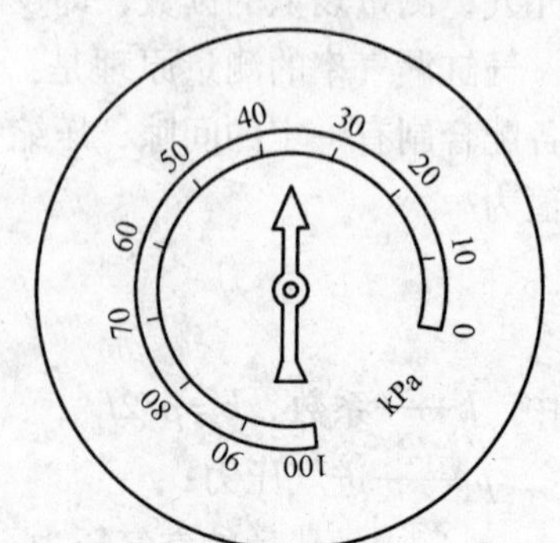

图2-8 真空表表盘

3）怠速时，若指针低于正常值，主要是活塞环、进气管或化油器衬垫漏气造成的，也可能与点火过迟或配气过迟有关。在此情况下，节气门若突然开启，指针会回落到 0；若节气门突然关闭，指针也回跳不到 84.66kPa。

4）怠速时，指针时时跌落 13.33kPa（100mmHg）左右，说明某进气门口处有结胶。

5）怠速时，指针有规律地下跌某一数值，为某气门烧毁。

6）怠速时，指针跌落 6.66kPa 左右，表示气门与座不密合。

7）怠速时，指针很快地在 46.66 ~ 60kPa（350 ~ 450mmHg）之间摆动，升速时指针反而稳定，表示进气门杆与其导管磨损松旷。

8）怠速时，指针在 33.33 ~ 74.66kPa（250 ~ 560mmHg）之间缓慢摆动，且随发动机转速升高摆动加剧，为气门弹簧弹力不足或气缸衬垫泄漏。

9）怠速时，指针停留在 26.66 ~ 50.66kPa（200 ~ 380mmHg）之间，为气门机构失调，气门开启过迟。

10）怠速时，指针跌落在 46.66 ~ 57.33kPa（350 ~ 430mmHg）之间，为点火时刻过迟。

11）怠速时，指针在 46.66 ~ 53.33kPa（350 ~ 400mmHg）之间缓慢摆动，是火花塞电极间隙太小或断电器触点接触不良。

12）怠速时，指针在 17.33kPa（130mmHg）以下，是进气管或化油器衬垫漏气。

13）怠速时，指针在 17.33 ~ 64kPa（130 ~ 480mmHg）之间大幅度摆动，说明气缸衬垫漏气。

14）表针最初指示较高，怠速时逐渐跌落到 0，为排气消声器或排气系统堵塞。

15）怠速时，指针在 44 ~ 57.33kPa（330 ~ 430mmHg）之间缓慢摆动，为化油器调整不良。

进气管真空度的检测是一项综合性很强的检测，虽然本书仅介绍了 15 种典型情况，但实际上能测的项目还有许多，而且检测时无需拆卸火花塞等机件，在国外被认为是最重要、最实用和最快速的测试方法之一。但是，进气管真空度的检测也有不足之处，它往往不能指出故障的确切部位。比如，真空表能指示出气门有故障，然而无法指示出是哪一个气门有故障。此情况只能再借助测气缸压力或测气缸漏气量（率）等方法才能确诊。

2.3　发动机异响故障的检测与诊断

发动机在着火时间正常、各部件连接可靠、配合间隙适当、润滑良好、工作温度正常、燃料供给充足等技术状况良好的条件下，发动机在怠速运转时，所能听到的是均匀而轻微的排气声；加速时，转速过渡圆滑；高速运转时，则为有力而平稳的轰鸣。但是随着汽车行驶里程的增加、机件磨损的加剧，或使用维修不当以及个别机件材料不佳等，致使发动机在工作过程中出现明显的金属敲击、摩擦等不正常的响声，这些异常的响声统称为发动机异响。

发动机出现异响，标志着发动机某一机构的技术状况已发生变化，并存在某种故障。发动机的某些异响，还可预告发动机将可能发生事故性损伤（例如连杆螺栓松动所引起的连杆轴承响），所以对发动机异响故障的诊断，是工程机械发动机故障诊断的一个重要方面。

2.3.1 发动机异响的原因及类型

1. 异响原因

发动机产生异响的原因很多，归纳起来有如下几点：

（1）爆燃或早燃及工作粗暴　发动机点火时间调整过早或所用燃料（汽油）的标号不符（辛烷值较低）等所引起的响声，是一种金属敲击声，称为点火敲击声（爆燃或表面点火）柴油发动机温度过低时，往往产生着火敲击声（工作粗暴）。

（2）配合间隙过大　某些运动机件因自然磨损使其配合间隙增大，并超出允许限度。如活塞与气缸壁的敲击响声、连杆轴承与轴颈的撞击响声、气门（或推杆）与调整螺钉的敲击响声等，往往由于这种原因而引起。配合间隙是发动机装配质量的重要指标，当润滑、温度、负荷和速度一定时，异响将随配合间隙的增大而变得明显，因此间隙过大是发动机产生异响的基本因素。

（3）润滑不良　润滑是发动机各部件正常工作的重要条件，润滑既能在摩擦副之间产生润滑油膜而减轻机械磨损，又能带走因摩擦而产生的热量和金属屑。当配合间隙、温度、负荷、速度一定时，润滑油膜的厚度受润滑系统压力和润滑油品质影响，品质好的润滑油和适宜的压力就能产生较好的润滑油膜。润滑油膜越厚，机械冲击就越小，噪声也就越轻，异响就不易发生；反之，异响会发生并且明显而清晰。

（4）紧固件松动　发动机运转过程中，会产生振动，某些机件会因振动而产生松动，导致相应部件产生撞击响声。如飞轮固定螺栓松动、连杆螺栓松动、凸轮轴正时齿轮固定螺母松动等所导致的响声。

（5）个别机件变形或损坏　发动机中某些机件的变形或损坏会带来相应的异响。如连杆弯曲所引起的敲缸响；气门弹簧折断、曲轴断裂、凸轮轴正时齿轮破裂等所引起的响声。

（6）装配调整或修理不当　某些机件因修理不当或装配调整不当，使其配合间隙失准。如活塞销装配过紧、气门座圈材料选用不当或过盈量太小而造成过盈配合松动，气门间隙调整不当等所引起的响声。

（7）转速　一般情况下，转速越高，机械异响越强烈（活塞敲缸响是个例外）。尽管如此，在高速时各种响声混杂在一起，听诊某些异响反而不易辨清。所以，诊断时的转速不一定是高速，要具体异响具体对待。如听诊气门响和活塞敲缸响时，在怠速下或低速下就能听得非常明显；当主轴承响、连杆轴承响和活塞销响较为严重时，在怠速和低速下也能听到。总之，诊断异响应在响声最明显的转速下进行，并尽量在低转速下进行，以便于听诊并减小不必要的噪声和损耗。

（8）温度　有些异响与发动机温度有关，而有些异响与发动机温度无关或关系不大。在机械异响诊断中，对于热膨胀系数较大的配合副要特别注意发动机的热状况，最典型的例子是铝活塞敲缸。在发动机冷起动后，该异响非常明显，然而一旦温度升起，响声即减弱或消失。所以，该异响诊断应在发动机低温下进行。热膨胀系数小的配合副所产生的异响，如曲轴主轴承响、连杆轴承响、气门响等，发动机温度的变化对异响的影响不大，因而对诊断温度无特别要求。

（9）负荷　许多异响与发动机的负荷有关。如曲轴主轴承响、连杆轴承响、活塞销响、活塞敲缸响、气缸漏气响、汽油机点火敲击响等，均随负荷增大而增强，随负荷减小而减弱。柴油机着火敲击声随负荷增大而减小，但是，也有些异响与负荷无关，如气门响、凸轮轴轴承响和定时齿轮响等，负荷变化时异响并不变化。

2. 异响类型

发动机常见的异响主要有：机械异响、燃烧异响、空气动力异响和电磁异响等。

（1）机械异响　主要是运动副配合间隙太大或配合面有损伤，运动中引起冲击和振动造成的。因磨损、松动或调整不当造成运动副配合间隙太大时，运转中引起冲击和振动，产生声波，并通过机体和空气传给人耳，于是我们听到了响声。如曲轴主轴承响、连杆轴承响、凸轮轴轴承响、活塞敲缸响、活塞销响、气门脚响、正时齿轮响等，多是因配合间隙太大造成的。

（2）燃烧异响　主要是发动机不正常燃烧造成的。如汽油发动机产生爆燃或表面点火时，柴油发动机工作粗暴时，气缸内均会产生极高的压力波。这些压力波相互撞击并撞击燃烧室壁和活塞顶，发出强烈的类似敲击金属的声响，是典型的燃烧异响。

（3）空气动力异响　主要是在发动机进气口、排气口和运转中的风扇处，因气流振动而造成的。

（4）电磁异响　主要是发电机、电动机和某些电磁器件内，由于磁场的交替变化，引起机械中某些部件或某一部分空间产生振动而造成的。

2.3.2　发动机异响的特征及诊断方法

1. 发动机异响的特征

通常将发动机异响的声调、最大振动部位，异响变化情况与发动机转速、负荷、温度、工件循环的关系，以及各异响所伴随的其他现象称为发动机异响的特性。

发动机异响的种类较多，响声也较为复杂，但是各异响都有一定的规律。

（1）声调不同　各种异响将因发动机的形状、大小、材料、工作状态和振动频率不同而出现不同的声调。如气门响的声调较尖脆，音频高；连杆轴承响的音调则脆而重；而曲轴轴承响却沉重发闷，音频较低。

（2）异响的大小随转速、负荷、温度的变化而变化　发动机异响中，有些异响其响声大小将随发动机的转速、负荷、温度的变化而变化；有些异响又与发动机的工作循环有关；有些异响常伴随着其他故障现象（如加机油口脉动冒烟、排气管冒蓝烟、机油压力下降等）；各异响引起气缸体各部位振动的强烈程度也不相同。

2. 发动机异响的诊断方法

发动机异响故障的诊断，是在发动机不解体的条件下，查明异响故障的性质、部位和原因的检查。其诊断的方法有仪器检测方法和人工经验方法，用仪器诊断发动机异响因其操作复杂且还需要人工智能对诊断结果进行判断，因而使用并不普及，目前应用较多的仍是人工凭经验诊断。

人工经验诊断所依据的是发动机的异响特征，但发动机异响中并不是每种异响故障都同时与发动机的工作循环、负荷、温度、转速有关，而只是与其中某项或数项有关，也不是每种异响都存在伴随的现象。例如活塞敲缸响，将与发动机的工作循环、负荷、温度、转速有关并伴有其他现象；而连杆轴承发响，则与转速、负荷、振动区域有关。若将每种异响与这些因素的关系系统归纳起来，就构成了每种异响的完整特征。因此，诊断发动机异响故障，就是根据声调特征（注意有的异响的音调在不同发动机上有着不同的表现，有的甚至就是在同一台发动机上，也会因其技术状况变化不一而声调不同，因而仅凭异响的声调特征，是不容易确切断定异响性质的），采取不同的听诊方式，利用转速、负荷、温度等的变化，让诸如故障现象、振动区域、出现时机、变化规律等各种不同性质的异响特点都充分表现出来，再加以分析对比，从而做出符合实际的诊断。

（1）用不同的听诊方式进行诊断　听诊方式是指采用或不采用某种简单工具器材进行听诊的方法和形式，它通常包括内听和外听两种。

1）外部听诊。使用听诊器具（金属棒或旋具等）或不使用听诊器具在发动机外部进行听诊的方式，称为外听。它有实听和虚听之分。实听是用听诊器具抵触在发动机机体上，进行诊断的一种听诊方法。虚听是不用任何听诊器具，直接凭听觉诊断异响的一种听诊方法。

外部听诊是最基本的听诊方式之一，对于诊断发动机异响经验比较丰富的人员或在异响较为明显时，使用比较普遍。

2）内部听诊。内部听诊是相对于外听而言的，它是利用导音器材从发动机内部拾音而听诊的一种方式。如使用听音管从加机油口或机油尺插口中插入曲轴箱中（不能插入机油池内）进行听诊。这种听诊方式可以排除外部噪声的干扰，尤其是对于较为弱小和在外部难以辨别的异响故障的诊断，内部听诊比外听的效果更好。

（2）利用发动机异响随其转速变化而变化的特性来诊断异响　由于发动机异响机件的构造形式、承受的负荷、所处的位置、润滑条件以及松旷的程度等有所不同，因而产生异响时的转速也各有差异。但发动机的各种异响本身都有其特定的振动频率，当运动速度的频率是异响频率的整数倍时，会产生共振现象，异响加剧。即每种异响在其响声最明显时都对应一个运动速度段（速度范围），一般将音量、节奏、音调等暴露得最为明显的转速或转速区域称为最佳诊断转速。

通常将发动机转速划分为怠速、稍高怠速、中速、高速四个区段：

怠速：500～800r/min。

稍高怠速：800～1200r/min。

中速：1200～2000r/min。

高速：2000r/min 以上。

由于发动机的各种异响都有相应的最佳诊断转速，有些异响在发动机怠速或稍高怠速时较明显，而在加速或中等以上转速时，由于响声频率增高，同时其他噪声也增大，就使得异响声隐含其中，反而听不清楚，如活塞敲缸响和活塞销响等；有的异响在发动机怠速时听不清楚或不易发现，甚至缓慢加速，响声也不明显，但由怠速至中速急加速时，由于冲击负荷急剧增大，使得敲击声明显且连续，如连杆轴承松旷发响和曲轴轴承松旷发响等；又有些异响将在发动机急减速（发动机由高速运转突然完全放松节气门）时更明显，如活塞销与连杆衬套间松旷发响、曲轴折断发响等。

鉴于异响与转速的这种特殊关系，在诊断发动机异响故障时，应做多种转速试验，各种区域的稳定速度和不同节奏的急加速等，以使异响得到充分暴露，便于真实地捕捉到异响并弄清异响与转速的关系，只有亲耳听到异响，才能进一步确定异响。因此，正确运用发动机转速，是诊断异响的关键。

（3）利用发动机异响随其负荷变化而变化的特性来诊断异响　发动机运转过程中的某

些异响除与转速有关外，还与发动机的负荷有关。一般情况下，负荷越大，异响声越大，其表现是异响与缸位有明显的关系。在诊断发动机异响的过程中，可以通过改变发动机的负荷，使异响的响声大小发生改变，从而有助于异响故障的定性和定位诊断。

改变发动机负荷的方法有增加负荷和解除负荷两种做法，应用较多的是解除负荷。

解除负荷的方法通常是逐缸断火或断油（柴油发动机）。所谓断火是指将某缸高压分火线从火花塞上拔下，或用旋具将某缸火花塞处的高压分火线接头与气缸体搭接，使该缸高压电路断路或短路，以停止该缸作功，解除该缸负荷的方法。所谓断油是指拧松某缸的高压油管接头螺母，以停止该缸的供油；对于电控汽油喷射发动机，可拔下某缸喷油器的控制线，达到断油的目的。

断火或断油后，发动机异响一般有三种情形：一是异响声减弱或随即消失，此现象称为上缸，如活塞敲缸响；二是异响变得更清晰、更明显或原本无异响反而异响复出或频率慢的异响变快了，此现象称为反上缸，如活塞销与连杆衬套配合松旷所引起的响声；三是异响的主要特点变化不明显或根本没有变化（此时因断火或断油后引起发动机转速下降及异响的频率下降不包括在内），说明该异响与负荷无关，此现象称为不上缸，如配气机构的响声。

利用断火或断油的方法可以达到区分异响所在机构，确定异响所在缸位，缩小诊断范围的目的。一般地说，断火或断油后，若响声有变化，该异响属于曲柄连杆机构；若响声无变化，则为配气机构的异响。若某缸断火后响声有变化，则说明该缸有故障。

与解除负荷相反的是增加负荷。增加负荷常用的方法：一是在坡道上或在平地上稍拉驻车制动起步；二是工程机械行驶中突然改变车速，即突然加大节气门开度，使发动机转速迅速提高，或突然松开节气门以迅速降低发动机转速；三是重载，以增大发动机的负荷。发动机负荷增大，有些异响会明显地暴露出来，如连杆轴承响，在急加速时就会突出地表现出来；曲轴轴承响在大负荷重载时更为明显。

(4) 在异响的最大振动部位来对其诊断　发动机有异响存在时，在发动机某部位就会产生振动，其振动频率与异响声频率往往是一致的。根据此道理，就可以大致判明发响机件的部位。因此，这是诊断发动机异响故障的重要辅助手段，其试验方法是手握金属棒、旋具或金属管，触及发动机某区域，凭感觉断定异响与振动的关系。由于不同发响机件所处的部位不同，所以在发动机上的振动强烈程度亦不一样，通常将在发动机机体上振动量最大的区域称为最大振动部位。各种异响在发动机机体上都对应着各自的最大振动部位。因此，通过实听的方法，在缸体各部位仔细查听，就可找到异响表现最明显的部位即最大振动部位；根据最大振动部位在缸体上的区域和振动频率与异响的关系，就可以大致判明发响机件的部位。

1）常见异响在发动机上引起振动的区域：发动机常见异响所引起的振动，常在发动机的气缸盖部位、气门室及其对面凸轮轴部位和曲轴箱分开面（即油底壳与缸体结合处）部位有所反应。此外在加机油口或正时齿轮盖处，也有某种反应。因此，常见异响在发动机上引起振动的区域，就可以分为四个区域、两个部位，即 *A—A* 区域（缸盖部位）、*B—B* 区域（气门室及其对面）、*C—C* 区域（凸轮轴部位）和 *D—D* 区域（曲轴箱与缸体分开面）、加机油口部位和正时同步齿轮盖部位，如图 2-9 所示。

2）各异响振动区域可察听的故障：

①A—A 区域可察听的故障。在该区域，用旋具触试气缸盖各缸燃烧室部位或触试与曲轴轴承、气门等相对的部位。这样可以辅助诊断活塞顶碰缸盖响、气门座圈脱出响、气门响等。

②B—B 区域可察听的故障。在该区域的气门室一侧，可察听气门组合件及挺杆等发响。如在气门室对面，用旋具触试，可辅助诊明活塞敲缸响一类的故障；如拆下加机油口盖，通过察听，可辅助判明活塞销响、连杆轴承响等故障。

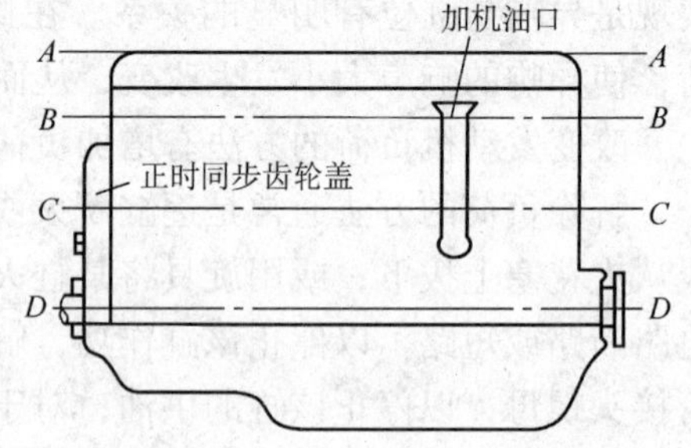

图 2-9　异响振动分布的区域

③C—C 区域可察听的故障。在该区域，用旋具触试凸轮轴的前、后衬套部位或触试正时齿轮盖部位，可辅助诊明凸轮轴正时齿轮破裂或其固定螺母松动、凸轮轴衬套松旷等故障。

④D—D 区域可察听的故障。在该区域，用旋具触试气缸体与曲轴箱分开面的附近（凸轮轴的对面），可以辅助诊明曲轴轴承发响或曲轴断裂等故障。

（5）利用发动机异响随温度变化而变化的特性来诊断异响　由于发动机工作温度的变化，能使发动机机件的润滑条件和配合间隙发生变化，这就决定了发动机的某些异响与温度有着密切的关系。由于发动机温度的变化，润滑油的粘度会发生变化，温度越高，润滑油的粘度越低，产生异响机件间的润滑油膜就较薄，机件间的冲击力就会增大，异响声也就更加明显，如连杆轴承响、曲轴轴承响等。但有些异响在发动机温度升高后，由于配合机件的材料不同，受热后的膨胀量不同，异响将因发动机温度升高而减轻，甚至消失，如由活塞与气缸壁配合间隙过大所引起的敲缸响，在发动机冷起动时，该响声很明显，而温度一旦升高，响声即减弱或消失。这是因为活塞与气缸壁在发动机温度升高后，活塞的膨胀量要大于气缸壁的膨胀量，活塞与气缸壁间的间隙将随发动机温度的升高而减小。因此，在诊听发动机异响过程中，密切注意异响与温度变化的关系，进行冷、热车对比，往往是判断某些异响的关键依据。

（6）利用异响的节奏与发动机工作循环的关系来诊断异响　对于四行程发动机来讲，有些异响与发动机的工作循环有明显的关系，而另一些异响则与发动机工作循环无关。这要视发响机件所处位置和工作状态而定。

1）与工作循环有关的异响。在发动机运转过程中，如果曲柄连杆机构或配气机构中某些运动件发响，则明显与工作循环有关。如活塞与缸壁间隙过大所引起的敲击声，曲轴每转一圈，就会发响一次，即火花塞跳火一次，将发响两次。这是因为在作功行程中，作用在活塞上的力，将分解成为两个分力，一个分力传至连杆使曲轴旋转，另一个分力将活塞压向气缸壁的右边（工程机械前进方向），引起活塞碰击缸壁，此分力在压缩过程中改变方向，又将活塞压向气缸壁左边，再次引起活塞碰击缸壁，所以曲轴每旋转一圈，就会发生一次敲缸响声。同理可以推论曲柄连杆机构中与工作循环有关的响声，均为火花塞跳火一次发响两次；配气机构中与工作循环有关的响声，均为火花塞跳火一次发响一次。这是此类异响的规律之一。

当发动机怠速运转时，一般能听出每个工作循环的间隔，把响声间隔同每一个工作循环相比较，即可辨别出异响与发动机工作循环的关系。如听不出发动机工作循环的间隔可用跳火的方法试验，每跳一次火为一个工作循环。

2）与工作循环无关的异响。在发动机运转过程中，有些异响与工作循环是无关的，即发响次数与曲轴转数无关。例如，发动机怠速运转时所出现的间歇发响、摩擦声或连续的金属敲击声等。发现此类响声，应注意其发响区域。通常与工作循环无关的间歇发响，多为发动机附件故障，即发电机、起动机、水泵、空气压缩机和空调压缩机等安装不良或其 V 带轮固定螺母松动等所引起的。

(7）利用分别停转发动机附件来诊断　若怀疑发电机、水泵、空气压缩机等发响，则可择其一种做停转试验。如怀疑空气压缩机某处异响，则可将其传动 V 带拆下，然后发动试验。若异响消失，即表明故障在空气压缩机；若异响仍存在，则可拆下风扇 V 带试验；如异响消失，应用手扳转水泵或发电机试验，如有异响而且与发动机运转期间相似，即表明故障在水泵或发电机。

根据响声特征区分故障部件。若听到与工作循环无关的金属连续摩擦声时，可考虑某些旋转件是否有故障，例如曲轴 V 带轮是否与某处接触摩擦等。若发现金属连续敲击响声，则应考虑正时齿轮部位。

(8）根据其他参考因素诊断　发动机的某些异响故障，在其发响后，常常伴随其他故障出现。例如，曲轴轴承松旷过甚发响时，往往伴随机油压力降低，发动机抖动等异常现象，因此，这些伴随现象成为辅助诊明异响故障的重要依据。通常异响伴随的其他故障现象有机油压力降低、加机油口脉动冒烟、排气管冒烟的烟色不对、功率降低、燃料消耗过甚等。

2.3.3　发动机异响的区分及诊断注意事项

1. 发动机异响故障的诊断程序

诊断发动机异响故障，应根据旧发动机的不同特点，尤其接近大修的老旧发动机，因自然磨损，各运动件的技术状况恶化，发动机运转期间，不可避免地存在着各种异响，以致显得声音嘈杂。因此，对于老旧发动机，如出现异响，则应按下列步骤进行诊断：

(1）抓住危害性大的异响　由于老旧发动机在运转期间声音杂乱，所以首先应判明哪些异响是属于暂时不会损坏机件的，哪些是属于危害性大，必须立即确诊排除的。例如，异响仅在怠速运转期间存在，转速提高后即消失，而且在发动机长期使用过程中，这种异响又无明显变化的，就属于危害不大的异响，可暂时保留，待适当时机再修理。若异响在发动机急加速或急减速时出现，并且在发动机中、高速运转期间仍存在，同时机体振抖，一般属于危害性大不可保留的异响，应立即查明原因并予以排除。若在发动机运转过程中，突然产生较重的异常声音应立即停机，不可继续听诊，不然，将可能导致发动机严重损伤。遇此情况，通常是先拆下油底壳，检查曲轴轴承、连杆轴承，如正常，可进而拆下气缸盖检查气缸壁和活塞等。

(2）对异响确诊　确诊异响，就是根据异响所表现出的特征，对异响进行分析，然后确定故障的性质、部位，最后查明其原因，予以排除。由于异响发生时机与发动机的转速密切相关，所以应当抓住发生异响时机，迅速进行诊断。通常将诊断发动机的异响归纳与转速的关系为：怠速或低速运转有异响，怠速正常而转速提高后有异响，行驶期间有异响等三种情况。

1）怠速或低速运转有异响的诊断。遇此情况，应首先用单缸断火（或断油）法查明异响与缸位的关系。如某缸断火（或断油），异响有明显变化，根据特征分析可知，故障就在该缸。如异响与缸位无关，则应逐缸查明异响与发动机工作循环的关系，判定故障出自哪一机构。然后再逐渐提高发动机转速进行试验，察听异响有无变化（例如异响消失或随转速提高而加重等）。此外，应注意温度的影响。这样便可查明异响与发动机的负荷、工作循环、转速、温度之间的关系，从而确知被诊异响的特征，就可以得出较为准确的结论。

2）怠速时无异响而转速提高后有异响的诊断。遇此情况，应首先逐渐提高转速直至高速运转，当异响出现时，应维持异响出现时的转速运转，查明异响与缸位的关系。如与缸位关系不明显，应按照异响振动在发动机上的分布区域，用旋具触试其振动情况，用以辅助查明发响部位。

若逐渐提高发动机转速并无异响出现，可进行急加速或急减速试验，以察听转速急剧变化时有无异响出现。如急加速有异响出现时，可用旋具使某缸断火，再做急加速试验，借此判明异响与缸位的关系。同时应观察机油压力、加机油口、排气管等处的变化，用以辅助诊明此类异响故障。

3）在行驶时异响的诊断。在行驶期间出现异响，但弄不清异响是出自发动机还是其他部位，此时，应立即将变速器脱入空档，并做急加速试验，如有异响出现，即表明发动机有故障。

2. 发动机异响故障的区分

（1）气门响与气门挺杆响的区分　气门响与气门挺杆响，不仅同属于配气机构，而且在故障现象和基本特征方面，除了后者在音质上比前者稍重和比较隐蔽之外，其他方面诸如音调、音频、转速、温度影响都基本相同。因此，诊断时必须根据以下方法进行区分。

1）气门响只通过气门室盖传导至外界，因此比较明显；而气门挺杆响的振动能量先被挺杆架部分吸收后，再经挺杆室盖传导至外界，因此比较隐蔽。所以气门响的音质更清脆。

2）对于气门侧置式发动机，当确认气门间隙不大，仍存在气门响的特征时，可用铁丝钩住挺杆，并用力将挺杆拉向一侧，若响声消失即可确定是气门挺杆响。对于顶置式发动机，因为气门机构装置在气缸盖上，挺杆机构装置在曲轴箱上，并有一定的距离，因此也可以从声源的位置上加以区别。若难以区分时，同样可以在确认气门间隙不大后，用旋具将气门挺杆别向一侧，即可判定响声是否由于挺杆所致。

3）利用发动机工作转速区分。气门响不论何种转速都是存在的。尤其在中速以上转速中，不仅频率加快，而且音调还会升高。而气门挺杆响在中速以下比较清楚，当车速升高至中速以上时，有时会减弱或消失。

（2）活塞敲缸响与活塞销响的区分　活塞敲缸响与活塞销响，不仅都是发生在活塞和与活塞相配合的工作件上，而且异响暴露的时机、音调等现象特征也基本相似。特别当异响声音较轻微时，断火试验都表现为上缸。因此，只有通过以下三种方法才能正确地区分。

1）根据发动机温度对二者的影响区分。发动机初发动及低温时，如果异响声音突出，而在温度升高和起动后运转数分钟，异响声音有所减弱或消失，一般为活塞敲缸响。如果初发动及低温时，异响声音较弱，而在温度升高后异响声音变强，通常由活塞销响所致。

2）采取断火（或断油）的方法区分。断火（或断油）后，如果是活塞敲缸响，将会出现明显的减弱或消失；而在复火（或复油）的瞬间，不仅异响声音将会重复出现，并且在复火后的第一声响还特别突出。如果是活塞销响，在断火（或断油）后，往往出现异响声更加突出，节奏更加清楚的反上缸现象；即使当该异响故障较轻时，也能在断火的瞬间听到明显清晰的连续两响的敲击声。

断火（或断油）后的上缸与反上缸现象，是活塞敲缸响与活塞销，是最重要的区别点。

3）利用加机油试验区别。将发动机熄火，向发响气缸内注入20～25ml的浓机油后，快速装好火花塞（或喷油器），立即起动发动机试验。若在初发动瞬间无异响或响声较小，继而响声又复现或加大，则为活塞敲缸响；若加机油发动后，响声无变化，则为活塞销响。

（3）连杆轴承响与曲轴轴承响的区分　连杆轴承响与曲轴轴承响同属恶性故障，如果仅从音调、温度等现象中去分辨，往往难以做出准确的诊断，但其有以下几点不同：

1）因为曲轴轴承不论多少道，均装置在与曲轴同一条直线上，间接地承受着作功行程中急剧膨胀的气体冲击力，且与曲轴的接触面较之连杆轴承的接触面要大。因此，曲轴轴承的异响声音要比连杆轴承的异响声音沉闷，其清晰度要比连杆轴承略差一些。

2）断火（或断油）后的反应不同。因为连杆轴承直接承受着本气缸作功行程中强大的气体压力，当单缸断火（或断油）后，就直接消除了作用在轴承上的冲击力，所以异响声音明显地减弱或消失。而曲轴轴承则只有在首尾两道单缸断火（油），其他各道必须在其相邻两缸同时断火（油）后，才能使异响声音减弱或消失。

3）机身振动不同。无论是何种原因引起的连杆轴承或曲轴轴承响，归结到一点就是由于轴承间隙过大所致。如果是曲轴轴承间隙过大，曲轴会直接撞击缸体而使发动机机体出现严重地振动。如果是连杆轴承间隙过大，连杆撞击连杆轴颈后的振动能量，被曲轴臂部分吸收后再传递至机体，则使机体的振动量要小得多。

（4）发动机的内部异响与外部异响的区分

1）外部附件响，无论何种部件引起的，一般都易暴露，其部位感也很强；诊断时，只要稍加注意，即可较准确地区分异响所在的部位。

2）对于有的附件异响特征类似机内异响（如空气压缩机的连杆轴承响）而不能准确分辨时，可用断火（油）的方法鉴别。发动机内部异响除配气机构外，断火（油）后异响会发生变化，而外部附件响则不会发生变化。

3）运用排除法区分。外部附件的工作，基本上是由发动机提供动力的。当切断某附件动力后，异响被消除，即可分辨为该附件所致。

3. 发动机异响故障的诊断注意事项

（1）检查发动机的点火系统、燃料系统、润滑系统、工作温度及外部连接情况　发动机的点火系统和燃料系统工作不正常，会造成转速不稳，加速不良，化油器回火，消声器“放炮”等故障，这不仅影响对异响的诊断，而且能导致发动机出现不正常的响声，如点火过早和温度过高而引起的爆燃声。发动机润滑不良，不但危害正常工作，加剧机件磨损，而且也会造成发动机各运动机件发响，如曲轴轴承和连杆轴承发响等。曲轴箱的机油加注过多，造成气缸窜机油，排气管冒蓝烟，还会造成连杆大头打击机油。飞轮固定螺栓松动和变速器第一轴齿轮损伤，会引起飞轮和齿轮发响。发动机附件及外部连接不牢固，也会产生振动而导致异响。

通过以上分析，显而易见，点火系统、燃料系统和润滑系统的技术状况变坏，工作温度不正常，外部连接不可靠等，不但影响发动机的正常工作，而且会造成异常的噪声，也给诊断异响带来困难。因此，在诊断发动机异响之前，必须对以上几个因素进行检查，并力求加以排除。

（2）了解发动机的使用和维修情况　诊断发动机异响时，尽量了解发动机的使用和保养及修理情况，这对准确诊断该发动机的异响是非常有帮助的。因为有些异响是由于在保养或修理时所换用的机件材质不佳或保养、修理质量差而造成的。如活塞反椭圆、连杆轴承与轴颈、活塞销与衬套及座孔配合过紧而引起的敲缸响。当了解保修情况后，就能在诊断时少走弯路。一般说来，若驾驶员反映只是在重车上坡时出现沉重的金属敲击声，就可以重点怀疑是曲轴轴承响和连杆轴承响，等等。总之，详尽地了解发动机的使用与保养情况，能为诊断异响提供必要的依据，缩小诊断范围，进而能使诊断工作收到事半功倍的效果。

（3）抓住低温时机　由于机体的热胀冷缩，发动机某些异响随着温度的变化而变化。如因磨损间隙增大引起的活塞敲缸响，在冷车时响声明显，热车时响声减弱或消失，如果在冷车时没有注意听诊，就会失去最好的听诊机会。待发动机温度很快达到正常工作温度时，才注意听诊就很难捕捉到，因而极易造成漏诊。还有些异响，如曲轴轴承响和连杆轴承响，它们间接受温度的影响，温度升高，润滑油膜变得稀薄，响声增大，所以从冷发动机一起动，就要集中精力，听诊异响故障出现的时机和异响故障与发动机温度的关系进行鉴别，才能迅速、准确地诊断出各种异响故障。

（4）正确利用转速　发动机的异响与转速有着极其重要的关系，甚至可以说，绝大多数的异响，或出现、或增强、或消失、或减弱、或清晰、或混淆，都是在发动机特定的转速下产生和出现的。因此在诊断异响的过程中，必须正确利用转速的变换，让发动机的异响尽量充分暴露出来，反过来，又以转速为依据，根据异响随转速变化的特点，辨明属何种性质的异响，如敲缸响是在怠速或低速时响声明显，如不在此转速查找，则可能不易发现。因此，发动机在怠速运转时出现了连续而有节奏且清脆的响声，就可能是敲缸响，然后再从其他方面进一步确诊。又如连杆轴承响，如不采取急加速的方法，在一般情况下是不易发现的，所以若在急加速情况下，发动机出现连续而沉重的金属敲击声，则可重点怀疑是连杆轴承响。正确利用转速诊断的原则是由低到高，具体分为以下四个转速范围，即由怠速至低速，由低速至中速，由中速至高速和急加速。先慢加速再急加速，通常是分阶段灵活运用，即先在怠速或稍高怠速下稳定运转一段时间观察，然后再逐渐提高到低速、中速、高速，并对异响在各种转速区域的情况进行对比，最后再使用急加速。如果某异响在某一特定的转速中表现得尤为突出，则可反复使用该转速，以达到确诊。

综上所述，在诊断发动机综合异响过程中，必须对异响的音调、最佳诊断转速、断火试验、最大振动部位、温度影响、伴随现象等方面的特征全面观察，综合分析，才能做出正确的判断。

2.3.4 发动机常见异响故障的诊断

由于发动机的组成部件较多，产生异响的机件也就较多，有些异响比较常见，而有些异响并不常出现，这里主要介绍几种常见的异响故障的现象、原因、特点及诊断的方法。

1. 活塞敲缸响的诊断

（1）故障现象　发动机在稍高于怠速运转时，缸体上部两侧发出清脆有节奏的“当当”

金属敲击声。

（2）故障原因

1）活塞与气缸壁配合间隙过大（这是造成活塞敲缸响的主要原因）。

2）活塞反椭圆。

3）活塞销与衬套或连杆轴承与轴颈配合过紧。

4）连杆弯曲或扭曲变形。

5）连杆衬套或活塞销座孔铰偏。

（3）故障诊断

1）在不同温度下诊断。敲缸响的最大特点是冷车明显，热车时减弱或消失，因此，应在初起动时和发动机温度较低时仔细察听。

若在冷车时存在清脆而有节奏的敲击声，热车时的响声减弱或消失，即为活塞敲缸响，且故障程度较低。若机温升高后其响声虽有减弱，但仍较明显，尤其在大负荷低转速时听得非常清楚，且加机油口处有脉动冒烟和排气管有冒蓝烟的情况，说明是严重的活塞敲缸响。

2）怠速或低速时，响声清晰，且一般为连响（发动机每工作循环发响两次）。最大振动部位在气缸体上部与发响缸对应的两侧，实听响声较强并稍有振动感。若在加机油口处（如东风 EQ1090 型发动机）听诊，响声较明显。

3）断火试验。将发动机置于敲击声最明显的转速下运转，逐缸进行断火试验（用木柄旋具使火花塞高压电路短路）。当某缸断火后响声减弱或消失，复火后又能敏感地恢复，尤其第一声特别突出，即为该缸活塞敲缸响。

4）加机油确诊。为了进一步确认，可将发动机熄火，卸下发响气缸的火花塞或喷油器，往气缸内注入少许（20～25ml）浓机油，摇转曲轴数圈，使机油布满在气缸壁和活塞之间，并立即装复火花塞或喷油器，起动发动机察听，若响声在起动后的瞬间减弱或消失，然后又重新出现，即可确诊为活塞敲缸响。

2. 活塞销响的诊断

（1）故障现象　怠速或稍高于怠速时，在缸体上部实听，有明显的“嗒、嗒”声且有节奏，随转速升高响声变大；但中速以上不易察觉。

（2）故障原因

1）活塞销与连杆衬套配合松旷。

2）活塞销与活塞销座孔配合松旷。

3）活塞销两端面与活塞销卡环碰击。

（3）故障诊断

1）发动机在怠速或稍高怠速时响声明显清晰。严重时，响声则随发动机转速增高而增大，且机温升高后，响声也有所增大。

2）此响声一般为间响。在加机油口处听诊，响声明显。最大振动部位在气缸体上部，在与发动机有异响气缸相对应的气缸盖上进行实听，响声较强并稍有振感。

3）断火试验。将发动机置于敲击声最清晰的转速下稳定运转，逐缸进行断火试验。当某缸断火后响声明显减弱或消失，在复火瞬间又灵敏地恢复，即可诊断为活塞销响。若配合间隙过于松旷，响声非常严重时，进行断火试验，响声不但不减弱，反而变得连续（间响变连响)，更加清晰，形成了“反上缸”现象。

4）有的发动机，适当提早点火时间，响声加剧。

3. 连杆轴承响的诊断

（1）故障现象 发动机由怠速向中速急加速过程中，发出连续有节奏的“哒、哒”金属敲击声，响声沉重而短促，负荷增大响声加剧，机油压力稍有下降。

（2）故障原因 主要原因是轴承与轴颈配合松旷或润滑不良，具体因素有：

1）连杆轴承盖的螺栓松动或折断。

2）连杆轴承减磨合金烧蚀或脱落。

3）连杆轴承或轴颈磨损过甚造成径向间隙过大。

4）连杆轴承因过长或过短，定位凸榫与相应凹槽不吻合而损坏或转动。

5）机油压力过低或机油变质及缺少机油。

6）超负荷运行使轴承过度疲劳，油膜破坏造成轴承合金烧蚀脱落。

（3）故障诊断

1）当异响声随发动机转速的逐渐升高而增大时，可用急加速方法进行试验，即在怠速向中速进行急加速的瞬间，不仅在加机油口处，而且在机体外部都能听到明显清晰、节奏感强的金属敲击声。若响声严重时，在稍高怠速以上的任意转速区域均能听到这种敲击声。

2）断火试验。在怠速、中速响声最明显的急加速过程中，逐缸进行断火试验：如某缸断火后响声明显减弱或消失，在复火的瞬间又能立即出现，即可诊断为连杆轴承响。

3）连杆轴承响为间响。最大振动部位在缸体中下部（主油道附近)，用听诊器具在该处能听到明显的敲击声。

4）发动机在最初起动的瞬间，或在发动机熄火数分钟后再起动的瞬间，突然加速，由于机油已流回油底壳，形成瞬时润滑不良异响声较大；当发动机运转数分钟后，润滑油进入油道，轴承与轴颈之间能形成较好油膜，因而响声稍小。随着机温的升高，润滑油粘度降低，油膜变薄，因而响声也随之有所增大。

5）发动机在低温状态（尤其在冬季)，因润滑油粘度增大，轴承与轴颈之间还能形成较好油膜，因而响声较小。随着机温的升高，润滑油粘度降低，油膜变薄，因而响声也随着有所增大。如果响声严重，将伴随有机油压力下降的现象。

6）柴油发动机连杆轴承响的诊断。与汽油发动机相比，柴油发动机连杆轴承的响声比较沉重，诊断时只有避开着火敲击声的干扰，才能听得清楚。如果随着供油拉杆行程的加大，响声逐渐增强，并在迅速收回供油拉杆，趁发动机降速之际，能明显听到坚实的“哐、哐、哐”的敲击声，即可初步诊断为连杆轴承响。此外，也可在中、高速运转时抖动供油拉杆做试验，如此时出现坚实有力的敲击声，说明是连杆轴承响。诊断时可结合从加机油口处听诊，检查机油压力和做单缸断油试验等方法进行。如果单缸断油后有响声明显减弱或消失的上缸现象，则可确认为该缸连杆轴承响。

4. 曲轴轴承响的诊断

（1）故障现象 急加速过程中，发动机发出连续有节奏的“咚、咚”金属敲击声，响声沉重发闷；严重时振动较大，机油压力明显下降。

（2）故障原因

1）轴承与轴颈配合松旷。

2）曲轴弯曲。

3）曲轴磨损不均失圆。

4）曲轴轴承盖的螺栓松动或折断。

5）曲轴轴承因过长或过短，定位凸榫与凹槽不吻合而损坏或转动。

6）机油压力太低或机油变质。

7）长时间超负荷运行，使轴承过度疲劳，油膜遭破坏，造成轴承合金烧毁或脱落。

（3）故障诊断

1）保持低速运转，并反复加大油门试验。在慢加速中，若响声随转速升高而增大，可改用急加速方法。当从中速到高速急加速瞬间，沉重发闷的“咚、咚、咚”的响声明显突出，机油压力明显降低，一般是由于曲轴轴承松旷严重、烧毁或减磨合金脱落所致。当发动机在怠速或低速运转时响声明显，高速时显得杂乱，则可能是曲轴弯曲所致。

2）断火试验。由于曲轴轴承一般为全支承，因此，断火试验中必须注意，只有最前和最后两道轴承响，只需在首尾两缸单缸断火，其响声减弱或消失（但必须与连杆轴承响在现象上加以区分）；其余各道轴承只有在相邻两缸同时断火时，响声才能明显减弱或消失。

3）响声严重时，发动机机体随响声的出现而发生严重抖动，尤其在工程机械载重上坡时，驾驶室会有明显的振动感。

4）此响声为间响。最大振动部位在缸体下部的轴承座处，在最佳听诊转速中用听诊器具触及在曲轴箱两侧与曲轴轴线平齐的位置上进行听诊，响声最强烈的部位即为发响的曲轴轴承。

5）起动后的瞬间响声以及温度对响声的影响，与连杆轴承响相同。

采用降速试验诊断柴油发动机曲轴轴承响时，为避开着火敲击声的干扰，可采取加大供油拉杆行程后再迅速收回的方法，趁发动机降速之机，如听到坚实而沉重的“咚、咚、咚”声，则有可能为曲轴轴承响。同时应打开加机油口，辅之于内、外听诊法和气缸断油法，以便于确诊。

5. 曲轴轴向窜动响的诊断

（1）故障现象　工程机械在上、下坡或低速运转的加速中，发出沉重的“咯噔、咯噔”不连续的撞击声。

（2）故障原因

1）曲轴轴向止推轴承与正时齿轮摩擦面磨损过甚。

2）曲轴轴向止推轴承与曲轴臂的摩擦面磨损过甚。

3）曲轴轴向间隙过大。

4）起动爪松动。

5）止推片磨损过甚或漏装。

（3）故障诊断

1）曲轴在工作时，除了承受正时齿轮的斜齿所引起的轴向力外，还要承受上、下坡及加速、制动和踩离合器等所产生的轴向外力作用，从而会使曲轴前后窜动，引起发动机不正常的响声。这种响声和振动没有节奏，断火试验不上缸，机油压力不改变，温度变化也无影响。因此，当工程机械在上坡开始和下坡开始、加速开始和减速开始、制动开始和解除制动的瞬间，以及加、减挡踩、抬离合器踏板时，若发动机发生沉重且游动的“咯噔”、“咯噔”的金属撞击声，可在重复响声发出时的某一动作时进行试验，仔细察听其响声是否随该动作的实施而出现。踩抬离合器踏板试验：踩下离合器踏板保持不动，若响声减弱或消失，则说明存在曲轴窜动响。还可以进行加速试验：当快速踩下加速踏板时发响，而使加速踏板稳定在某一转速（一般在中、低速范围）时，响声减弱或消失，即可判定为曲轴轴向窜动响。

2）该响声的最佳振动部位在缸体的下部曲轴止推垫圈所对应的位置上，用听诊器具在此处听诊清楚明显，在加机油口处察听也很清楚。

3）在发动机停止运转的情况下用力轴向推拉飞轮，或用撬棒轴向撬动曲轴，从曲轴与正时齿轮盖处或飞轮与飞轮壳之间仔细观察曲轴的轴向移动量（轴向间隙一般为0.05～0.25mm）。

6. 气门响的诊断

（1）故障现象　怠速运转中有连续不断的、有节奏的“嗒、嗒”金属敲击声，并且随转速升高而节奏加快。

（2）故障原因

1）气门间隙调整过大。

2）调整螺钉两接触面磨损过甚或不平整。

3）凸轮轴弯曲变形。

4）凸轮轴外形加工不准确或磨损过甚。

（3）故障诊断

1）发动机在怠速或稍高怠速运转中，响声清晰明显，节奏感强，转速升高，响声亦随之增大。

2）此响声为间响，振动最大部位在气门室盖处。用听诊器具触在气门室盖上听诊，可查出某缸的气门发响。

3）此响声不受温度和断火的影响，因此无论冷、热车，其响声不变。

4）气门间隙检查。打开气门室盖，用塞尺检查或用手晃动试验气门间隙，间隙最大者往往是最响的气门。发动机运转时，当用塞尺或适当厚度的金属片插入气门间隙处，若响声减弱或消失，即说明是由此处间隙太大而形成了异响。

5）柴油发动机由于受着火敲击声的影响，其气门响不易听诊，听诊时可采用提高转速后迅速收回供油拉杆的方法，趁发动机降速时，避开着火敲击声的干扰，仔细倾听，即可分辨清楚。

注意，由气门座圈松动形成的异响，基本特征与气门响类似，诊断方法也差不多。因此，当消除了气门间隙过大的故障后，异响仍然存在，则可考虑是由气门座圈松动所致。气门座圈松动后的异响，其声音较坚实，且稍夹有破碎声。

7. 气缸漏气响的诊断

（1）故障现象　气缸发生漏气响声时，加大节气门，可从加机油口处听到曲轴箱内发出连续的“嘣、嘣、嘣”的响声。

（2）故障原因　产生此响声的原因，是由于气缸壁与活塞环之间的密封不严，部分高压气体窜入曲轴箱，发出冲击的声音。

（3）故障诊断 若随着响声的出现，从加机油口中脉动地往外冒烟，关小节气门，响声即减弱或消失，即可确诊是气缸漏气。排除方法是更换活塞环，必要时应对发动机进行维修。

8. 正时同步齿轮响的诊断

（1）故障现象 怠速运转中发出杂乱“嘎啦”的齿轮撞击声；中速更为明显，严重时正时齿轮盖处有振动。

（2）故障原因

1）间隙过大时两齿轮相互撞击发响。

2）齿轮长期使用后严重磨损。

3）更换曲轴轴承和凸轮轴轴承时，曲轴与凸轮轴中心线距离增大。

（3）故障诊断

1）用听诊器具在正时齿轮盖处进行实听，能听到明显的响声，手摸正时齿轮盖有振动感（须注意防止风扇打伤）。

2）发动机温度的变化对响声无影响，且在断火检查时，响声亦无变化。

9. 发动机外部附件响的诊断

（1）故障现象

1）发电机轴承、转子、定子碰擦和电刷响。

2）水泵轴承、叶轮碰擦响。

3）风扇、V 带和其他附件碰擦、破裂、松动、滑摩响。

4）附件联接螺钉松动碰撞响。

5）进、排气支管，消声器漏气响。

（2）故障特征

1）附件响暴露在发动机外部。

2）出现的异响其方向、部位感较明显。

3）利用触觉及观察，便于听查。

4）必要时切断动力源，停止发动机运转，即可辨明是或不是附件响。

（3）故障诊断 发动机附件都是安装在发动机体的外部，不管是哪个部位出现异响，与发动机内部出现的异响相比，其方向、部位感都明显，便于听查。加上触及感觉和观察，只要稍加注意，不难判断。况且这些附件都是由发动机驱动的，必要时只要切断动力源（取下传动 V 带），停止其运转，便可辨明故障，值得注意的是诊断发动机异响故障时，不可忽略或混淆外部附件响，而且要尽可能排除外部附件响，避免外部附件响对发动机异响诊断的干扰。

2.4 发动机润滑系统检测与故障诊断

工程机械发动机润滑系统的技术状况好坏，直接影响整机的工作性能和使用寿命。对发动机润滑系统的诊断与检测主要是对机油压力、机油品质和机油消耗量等进行检测，使这些检测项目既能表现润滑系统的技术状况，又可直接或间接说明曲柄连杆机构中有关配合副的技术状况。小松挖掘机采用的三菱 S6D110 型柴油机润滑系统示意图如图 2-10 所示。

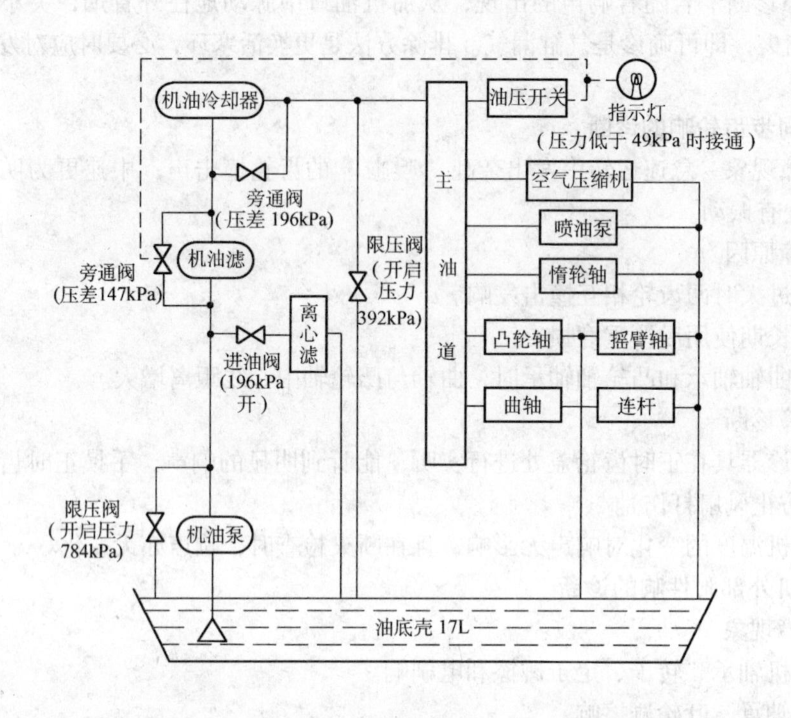

图 2-10 S6D110 型柴油机润滑系统示意图

2.4.1 机油压力的检测与故障诊断

机油压力是发动机润滑系技术状况的重要指标，工作正常的发动机在常用转速范围内，柴油机的油压应为 294 ~ 588kPa。如发动机在中等转速下运转时的机油压力低于 98.1kPa，在怠速下运转时机油压力低于 49kPa，则应立即使发动机停止运转。

机油压力的大小，取决于机油的温度、粘度、机油泵的供油能力、限压阀的调整量、机油通道和机油滤清器的阻力大小、油位的高低、曲轴主轴承、连杆轴承和凸轮轴轴承的间隙大小等。

1. 机油压力的检测

机油压力值通常是由发动机仪表板上的机油压力表或油压信号指示灯显示而测得。正常情况下，当打开起动开关时，机油压力表指针指示为“0”，如装有油压信号指示灯则此灯亮。

发动机起动后，油压信号指示灯在数秒内熄灭，机油压力表则指示润滑主油道的瞬时机油压力值。若需校核机油压力表的精度或其他需要测量机油压力的场合，可先起动发动机进行预热，使机油温升至 50℃以上后发动机熄火，取下缸体上的测压堵头，安装上油压表后，重新起动发动机，分别测试怠速机油压力和高速空转机油压力。

2. 机油压力不正常的故障诊断

机油压力不正常表现为压力过低和压力过高，其现象、原因和诊断方法见表 2-5。

表2-5　机油压力不正常的故障诊断

故障	故障现象	故障原因	诊断方法
机油压力过低	发动机在正常温度和转速下，机油压力表读数低于规定值	1）机油压力表失准 2）传感器效能不佳 3）机油粘度降低 4）汽油泵损坏，汽油进入机油池或燃烧室未燃汽油混和进入机油池，稀释了机油 5）柴油机喷油器滴漏或喷雾不良，使未燃柴油流入机油池，将机油稀释 6）机油池油面太低 7）机油泵齿轮磨损、泵盖磨损或泵盖衬垫太厚造成供油能力太低 8）机油集滤器滤网堵塞 9）机油限压阀调整不当、关闭不严或其弹簧折断 10）内、外管路有泄漏 11）曲轴主轴承、连杆轴承或凸轮轴轴承磨损松旷、轴承盖松动、减摩合金脱落或烧损等	诊断流程如图2-11所示
机油压力过高	发动机在正常温度和转速下，机油压力表读数高于规定值	1）机油压力表或机油压力传感器失准 2）机油限压阀卡滞或调整不当 3）机油池油面太高 4）机油变稠或新机油粘度太大 5）通往各摩擦表面的分油道内积垢阻塞等	1）检测机油压力表和传感器是否失灵 2）检测机油限压阀是否有调整不当或失灵、卡滞现象 3）检测机油面是否太高 4）检测机油粘度 5）检测油道是否有积垢阻塞不通现象

2.4.2　机油品质的检测

发动机在工作过程中，其润滑油既有量的变化，也有质的变化。机油品质随发动机使用时间的增长逐渐变坏，其变质的主要原因是受机械杂质的污染、高温氧化、燃油的稀释、燃烧气体的影响和机油因添加剂消耗及其他原因造成自身理化指标降低等。变质的特征是颜色发生变异（被污染），粘度下降或上升，添加剂性能丧失。

污染机油的机械杂质，主要是通过气缸进入机油中的道路尘埃、运动机件表面因磨损剥落下来的金属磨粒，以及未完全燃烧的重质燃料、胶质和积炭等。

从气缸漏入机油中的未燃烧油蒸气和水蒸气，会稀释机油，使机油的粘度及酸值发生变化，加速机油变质。

机油在发动机工作过程中的高温和氧化作用下，生成的氧化物和氧化聚合物逐渐增多，它们对机件有腐蚀，由此引起机油质量变化，通常称为机油的老化。

加强对在用机油品质变化的监测，不仅能确定合理的换油周期、减少机件磨损，而且能判断部分机械故障。

发动机机油的检验主要是现场快速检测，包括机油污染快速分析，滤纸油斑试验法等，也可进行去除铁谱分析、光谱分析、颗粒计数和磁塞分析，对机械的故障部位进行定性分析诊断。

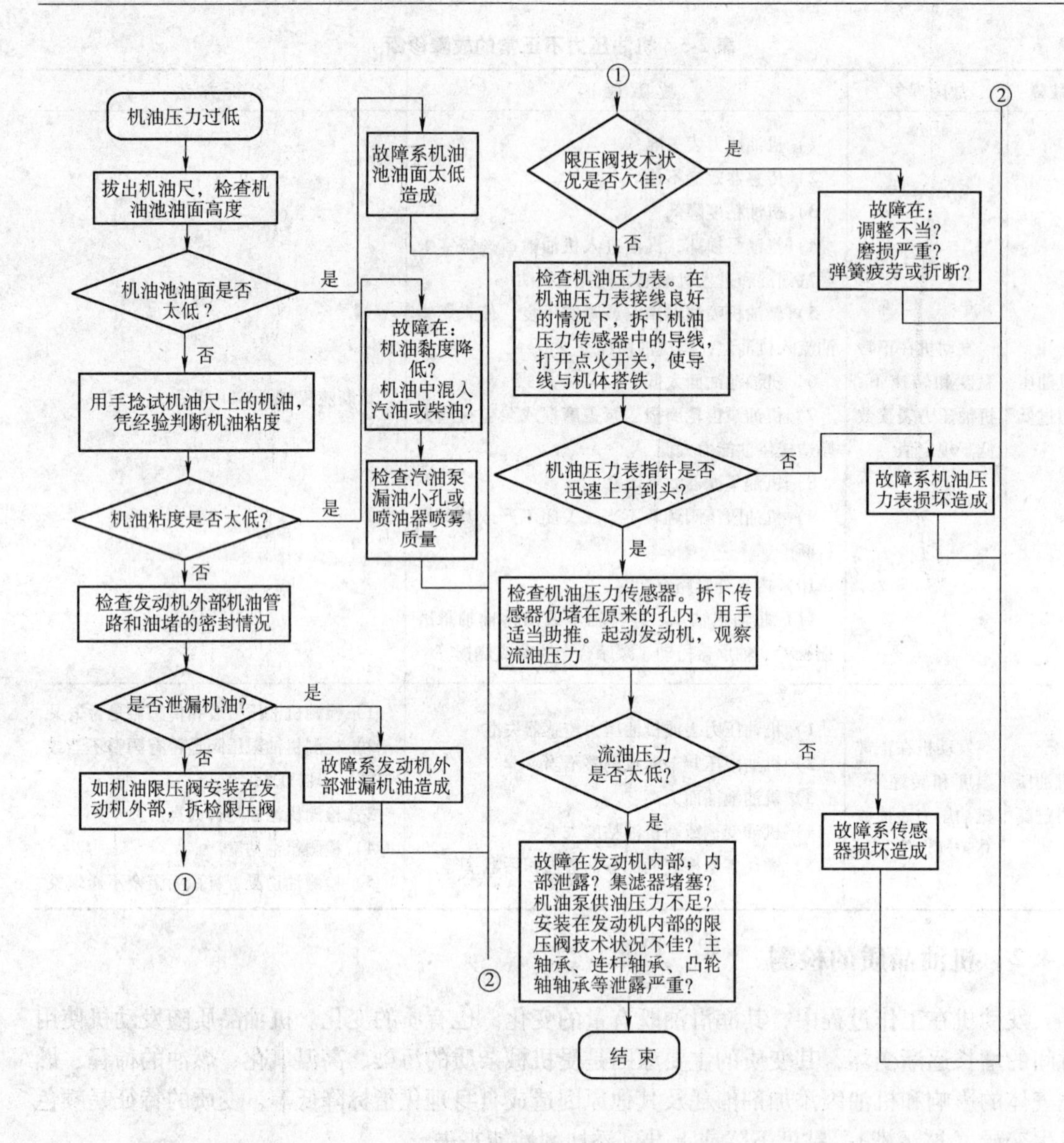

图 2-11 机油压力过低诊断流程图

1. 机油污染快速分析

机油快速分析是通过测量一定厚度的机油油膜的不透明度来反映机油内炭质物含量的一种方法，其分析仪的结构如图 2-12 所示。

稳压电源 1 用于保证光源和电桥电路电压稳定，光源 2 可用普通小灯泡。由上、下两个玻璃罩组成油池 3 用于存放油样。电桥的一边是光导管，机油的污染度不同，必然引起透光度不同，使作为一个桥臂的光电阻发生变化，原平衡电桥失去平衡。电桥的不平衡度通过直流放大器放大后在透光度表 7 上显示出来。

透光度表采用百分刻度，指针“0”用标准干净油标定，指针 80% 用达到污染极限允许值的脏机油标定，再用红黄绿三色表示大致的污染范围，进入红色区表示需要换油。

仪器使用前应在油池中放入标准油样，调整可调电阻，使透光度表指标为“0”，然后换入需要测试的油样，由于透光度不同，电桥失去平衡，透光度表上指示出透光度值，即表示机油的污染程度。

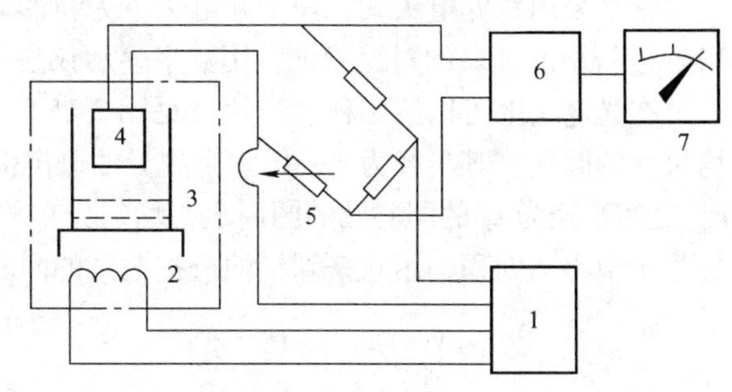

图 2-12　机油快速分析仪的结构

1—稳压电源　2—光源　3—油样油池　4—光导管组成的平衡电桥　5—可调电阻　6—直流放大器　7—透光度表

2. 机油清净性的检测与分析

机油的清净性也称作机油的污染度，一般用两个指标来表示：一是污染物的含量：二是清净性添加剂的消耗程度。机油老化后形成的氧化生成物与机件磨损产生的金属粉末等机械杂质混在一起，在机油中生成油泥沉积物。这种沉积物数量多时会从油中析出，造成油道及机油滤清器堵塞，活塞环槽处产生积炭等危害。机油中添加油溶性的多效清净分散剂的目的是使机油具有清净分散性，把发动机内零件表面的积炭和污物等有害物分散并移走，不致沉积，从而减少机件磨损，保持零件表面清洁、光亮，所以通常把清净性添加剂含量作为换油指标之一。

机油的清净性可通过定期检测机油的污染状况和清净分散剂的消耗程度来获得，进而根据检测结果判断机油品质的状况，确定是否需要更换机油。滤纸油斑试验法利用测量方法可快速地测定机油的清净性。

（1）测试原理　把一滴油滴在滤纸上，机油经纸内多孔性孔隙向外延伸。根据油膜层流理论，在机油向外扩散时，随着油膜厚度减薄，能够携带的杂质颗粒尺寸越小。因此，油斑的形状，可以代表油内杂质颗粒的分布情况，如图 2-13 所示。

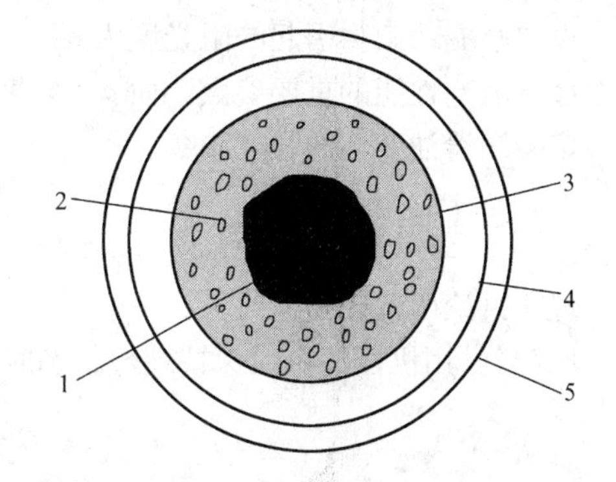

图 2-13　在用机油油斑示意图

1—中心沉淀圈　2—沉淀圈环带　3—扩散环　4—氧化环　5—光环

油斑中心沉淀圈 1 集中了油中的粗颗粒杂质。沉淀圈周围往往有一色度更深、边缘不整齐的环带 2，表示粗颗粒分散沉淀的边界。悬浮在油中的较细的的杂质继续向外扩散，又形成一个环形区域，此区域的颜色越向外越浅，颗粒也越细，这个环带为扩散环 3。扩散环外还有一个含有氧化胶质的环带，为氧化环带 4，其颜色取决于油的氧化深度，可以由浅黄色到褐色。最外层是浅色的环带称为光环 5。

如果机油的杂质颗粒小，清净性分散剂的性能良好，油层就向外扩散较远。杂质颗粒越大，清净性分散剂的性能越差，则机油中的杂质集中在中心区，扩散环较小，氧化环颜色变深。中心区杂质浓度代表机油内污染程度，用中心沉淀圈单位面积的杂质与扩散区单位面积杂质之差表示机油清净性分散剂的性能。

机油清净性分析仪就是分别测量油斑中部沉淀圈与其等面积的油斑扩散环处的阻光度并进行比较分析，掌握机油中清净性添加剂的消耗程度。图 2-14 所示为 JY-1 型机油清净性分析仪测试原理图。

仪器采用双光电头式，一个光电头下为新油斑1，另一个光电头下为旧油斑（被测油斑2）。进行新旧油斑的对比测试，用数字显示仪显示结果。

在光电头上可以放两种遮光片（见图2-15）。一种遮光片中央开有直径略小于沉淀圈平均尺寸的圆孔，其半径为r_z，用它来测量油斑沉淀圈的阻光度；另一阻光片是圆心都在r_z到r_{max}之间半径为r_k的同心圆的圆周上，均匀分布的半径为r_s的四个小孔。四个小孔的面积正好等于中心圆面积，用它来测量油斑扩散区的阻光度。

$$\pi r_z^2 = 4\pi r_s^2$$

$$r_z = 2r_s$$

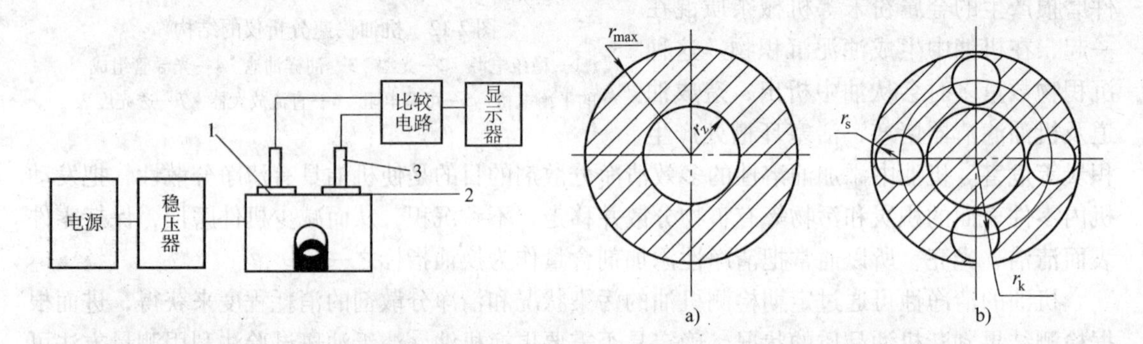

图2-14 机油清净性分析仪测试原理图

1—新油斑 2—被测油斑 3—光电传感器

图2-15 阻光片几何形状

a）半径为r_z的阻光片 b）半径为r_s四小孔的阻光片

设中心圈污染物引起的阻光度为a，b为扩散区污染物引起的阻光度。则$a-b$值是测量清净性分散剂性能的重要参数。而$a+b$直接反映了总杂质的浓度。

定义润滑油变坏的程度系数：

$$Q = \frac{a-b}{a+b} \tag{2-4}$$

现在讨论两种极端情况：

1）当已用机油清净性保持理想状态时，整个油内污染物分布很均匀，因而$a=b$，这时

$$Q = \frac{a-b}{a+b} = 0 \tag{2-5}$$

2）当已用油不含任何清净添加剂或添加剂消耗尽时，油内颗粒杂质都集中在中心沉淀圈内，阻光度a为一定值；而外围扩散环内几乎不污染，其阻光度$b=0$。这时

$$Q = \frac{a-b}{a+b} = 1 \tag{2-6}$$

其他情况都介于这二者之间，即Q取值为（0，1）。

定义已用油的清净性系数$K=1-Q$，K值为

$$K = 1 - Q = \frac{(a+b)-(a-b)}{a+b} = \frac{2b}{a+b} \tag{2-7}$$

当$K=1$时，表示清净性极好；$K=0$时表示已用油清净性完全丧失。其他情况都介于0~1之间。

（2）测试方法

1）油斑制取。从正常热工况下的发动机中取出油样放入试管，滴棒插入试管离油面一定深度，拿出滴棒，取第三滴油（约 20mg）滴在定量滤纸上，送烘箱烤干，约半小时取出。重复上述步骤制取两个新油斑和两个旧油斑，标上记号 1 号、2 号。

2）测试。仪器接通电源预热后分三步进行测试：首先在光电头Ⅰ、Ⅱ上均装上半径为 r_z 的阻光片（见图 2-15a），用 1 号、2 号新油斑校正显示器读数为“0”后，取下光电头Ⅱ上的 2 号新油斑，换上 1 号旧油斑，记下显示器上的读数 a；第二步取下光电头Ⅱ上的阻光片，放上 $4\times r_s$ 的阻光片（见图 2-15b），测取 1 号旧油斑的透光度 b'；第三步取下 1 号旧油斑，换上 2 号新油斑，测取其透光度为 γ。

用同样的方法对 2 号旧油斑进行平行试验。

3）计算。被测试油的清净系数 K 按前述方法计算，式中取 $b=b'-\gamma$

取两次平行试验值的算术平均值为试验结果。当 $K>0.4$ 时，表明机油清净性尚可。

判断机油质量可以根据测量结果决定，也可以观察油滴形状及油斑各部分的颜色。如果扩散区外面的半透明区呈米黄色，且区域较大为正常。如果扩散区缩小或消失，表明悬浮物凝聚，因而有产生沉淀物和堵塞的危险。

3. 机油内金属微粒含量的检测与分析

发动机工作时，由于润滑系统的机油具有一定的清洗作用，因而将各摩擦表面产生的磨损微粒带至机油油底壳并悬浮在机油中，这些磨损微粒的成分与摩擦表面的材料组成有关，其含量往往是机件磨损的函数。检测机油中金属微粒的含量，不仅能表明机油被机械杂质污染的程度，而且可用来确定机件磨损的程度，同时，机油中金属微粒含量的变化亦可反映机件磨损的程度。定期对金属微粒含量进行检测，可以间接表征发动机的技术状况。

对机油试验油样进行测定和分析的方法有：化学分析法、铁谱分析法、光谱分析法和放射性同位素分析法等。

4. 机油粘度的检测

机油经一定时间使用后，其粘度要发生降低或增高的变化。机油粘度降低，可能是被燃料稀释或机油内稠化剂分解造成的；而粘度增加，则往往是油内氧化物所致，如当气缸窜气量严重，使机油内炭质物增多时，机油粘度上升。

机油经一定时间使用后，若其粘度保持稳定，这种情况并不能说明粘度一直没有发生变化，只能说是上述多种因素综合作用而形成的结果，因此对机油粘度变化不能作简单的解释，除非机油的其他性能已经确知或所测粘度是把油内的杂质分离出去后获得的。

机油粘度的增加和降低，均将对发动机带来不良影响。粘度高时发动机运转阻力增大，功率损失增多；冷起动时，不仅造成起动困难，局部还会因供油不足润滑条件变差造成严重磨损；粘度高的机油流动性差，其冷却作用和清洗作用降低。粘度过低时，机油不易形成足够厚的油膜，加剧了机件的磨损；机油的密封作用变差，增加了气缸的漏气量，降低了发动机功率，且机油受到稀释和污染；机油因粘度小，泄漏增大，润滑系统油压不易建立，会造成远离机油泵的机件润滑不良。

机油粘度的测定按有关的国家标准进行，可参阅相关资料。

机油中混入水时其粘度降低，可用下列方法检查：

1）若机油中混入较多水时，可以根据机油的乳化、冷却液的减少、机油油面增高来判断。

2）冷车时打开机油口的加油盖，检查盖内侧是否有水珠。

3）发动机运转到正常工作温度时，在不停止发动机运转的情况下，迅速抽出机油油尺，将粘附在油位尺上的机油滴在排气涡轮增压器的外壳上，看是否有水滴蹦爆出。

4）取数滴发动机机油，滴入机油检验器的热板上，再将与该仪器相配的含水量为0.1%和0.2%的机油数滴滴在仪器热板上，将热板加热到标准温度时，对比气泡的发生情况。气泡越多则含水越多。水混入的允许限度是0.2%，如高于此值，则应找出水混入的原因并进行处理。

2.5 发动机冷却系统检测与故障诊断

冷却系统能维持发动机在最适宜的温度下工作。长期使用后冷却系统的技术状况会发生变化，由于使用不慎、操作不当和机件损坏等因素，发动机会出现漏水、过热、过冷等常见故障现象。

冷却系统的基本结构如图2-16所示，主要由柴油机冷却水套、节温器、水泵、风扇和风扇离合器、散热器、膨胀水箱、进出水管、水温传感器等组成。

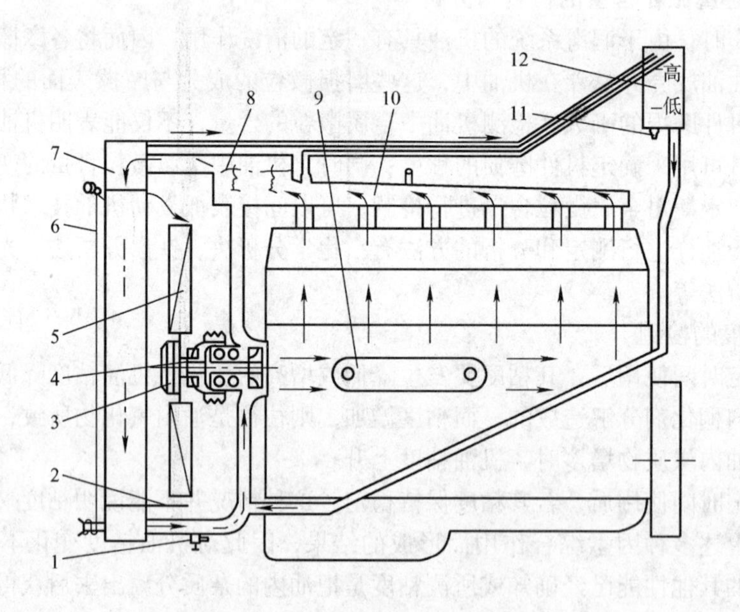

图2-16 冷却系统示意图

1—放水开关 2—护风罩 3—风扇离合器 4—水泵 5—风扇 6—散热器帘布 7—散热器 8—节温器 9—机油冷却器 10—出水管 11—水位传感器 12—膨胀水箱

2.5.1 冷却系统的检测

如需要经常添加冷却液，应检查冷却系统的泄漏部位。若发现发动机油量增加或冷却液中有机油混入，应立即检查发动机内部的泄漏部位。

1. 冷却液温度的测量

1）拆下散热器进水管上的水温计塞子，安装温度计传感器和热敏温度计。

2）起动发动机，在工作状态下测温。冷却液温度过低时，必须检查节温器；冷却液温度过高时，必须检查冷却液量、风扇传动带张紧度及磨损情况、节温器及散热器管的堵塞情况。

2. 防冻液冰点的测试

在进入寒冷季节之前，应用防冻液比重计对发动机冷却系统中的防冻液进行测试，通常被测冰点温度应比当地最低气温低 5℃，如不符合要求，则应调整防冻剂的含量，保证发动机在本地区最低气温时，不致于因冷却液结冰而造成损坏。

3. 水质的测试

取适量冷却液，用水质测试仪分别测试导电率、pH 值和 NO_2 浓度。如不符合要求，则应更换防腐蚀容器或冷却液。

2.5.2　冷却系统的故障诊断

冷却系统的常见故障检测与诊断方法见表 2-6。

表 2-6　冷却系统的常见故障检测与诊断

故障	故障现象	故障诊断	故障检测
油底壳里有水	起动发动机前检查机油油面升高；发动机运转后检查机油变成灰白色粘度下降	1）缸盖、缸体变形或裂纹 2）缸盖螺栓松动或未按规定顺序上紧 3）气缸垫损坏 4）湿式缸套下端封水不佳或水封失效 5）由正时齿轮带动的水泵水封损坏 6）湿式缸套由于穴蚀蚀穿等	1）检测缸盖螺栓是否松动或是否按规定上紧 2）检测水泵水封 3）在发动机工作时打开散热器观察，是否有气泡向外窜或向外喷水，如有说明缸套下端水封损坏等
过热	发动机在运行中，在百叶窗完全打开的情况下，水温表指针常指在 100℃上，并且散热器伴随有“开锅”现象；汽油机易发生突爆或早燃，柴油机易发生工作粗暴；发动机熄火困难	1）冷却液量不足 2）风扇传动带打滑或断裂 3）点火时间或供油时间太晚 4）混合气太稀或太浓 5）突爆或早燃 6）燃烧室积炭太多 7）气缸垫太薄或缸体、缸盖结合面磨削太多 8）风扇离合器结合时机太晚 9）散热器下部出水管冻结或堵塞 10）散热器上部水管凹瘪或堵塞 11）水泵泵水效能欠佳或水泵轴与叶轮脱开 12）节温器主阀门打不开或打开太迟 13）散热器和水套内沉积的水垢、锈蚀太厚 14）散热器的散热片严重堵塞 15）机油池油面太低、机油太稠、机油老化变质，致使润滑性能、散热性能降低 16）发动机长时间超负荷工作等	诊断方法如图 2-17 所示
过冷	冬季在百叶窗关闭、水温表及传感器技术状况完好的情况下，发动机达不到正常工作温度，动力不足，油耗增加	1）对于汽车冬季运行时，汽车头部未套保温或保温被覆盖不严 2）发动机两侧下部的挡风板失落或严重变形不起挡风作用 3）未装节温器或节温器损坏 4）风扇离合器结合太早等	检测保温装置是否良好；检查节温器是否良好
散热器口向外喷水	发动机工作时散热器内有响声，打开散热器加水口盖则向外喷水	1）缸盖螺栓松动或未按规定顺序上紧 2）气缸垫烧蚀损坏 3）燃烧室壁或湿式缸套有裂纹或穴蚀蚀穿等	检测缸盖螺栓并按要求的扭矩重新拧好，如还喷水，说明故障是缸垫烧蚀或湿式缸套穴蚀

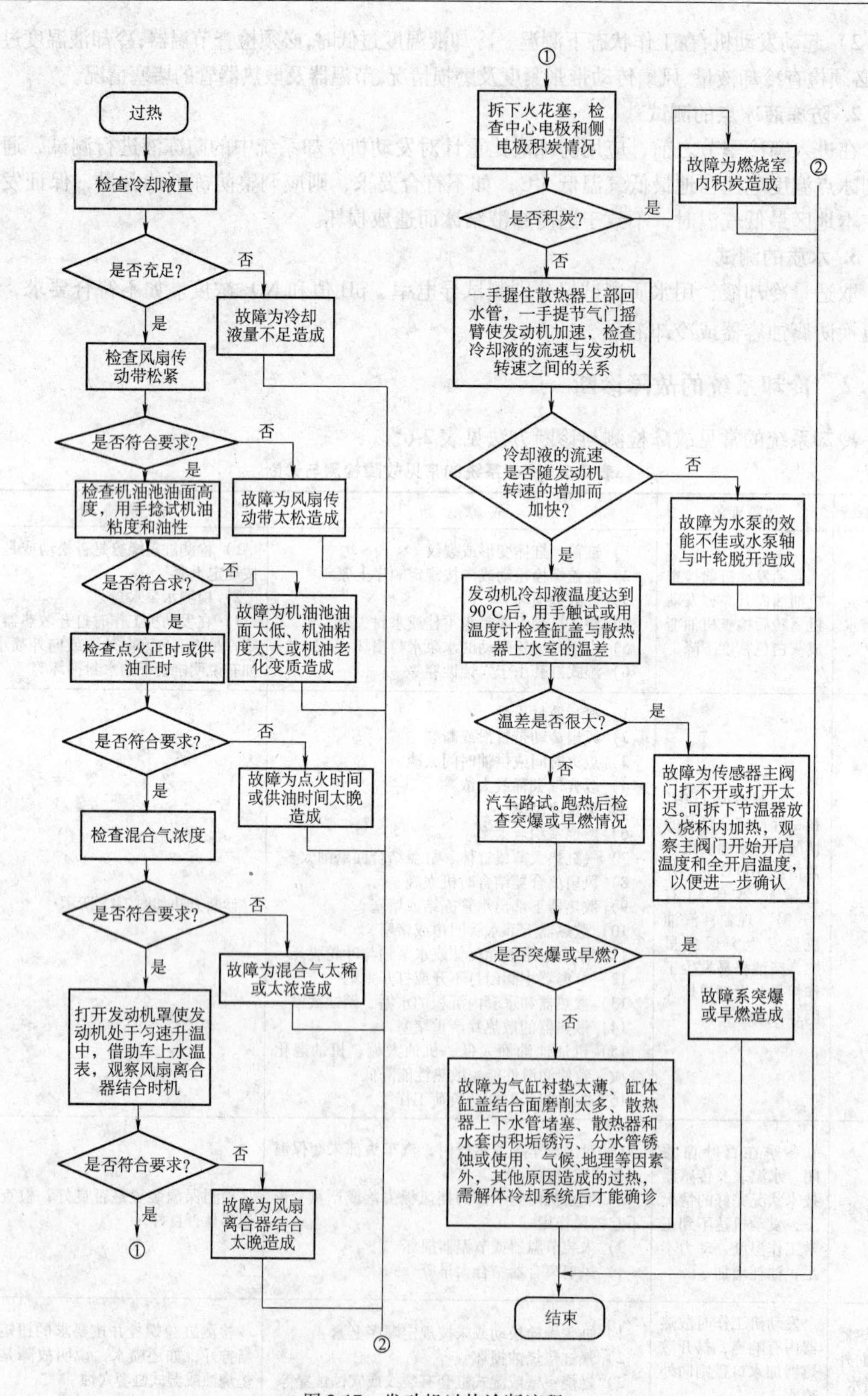

图 2-17 发动机过热诊断流程

2.6 发动机燃料系统检测与故障诊断

柴油机的燃油供给系统是柴油机的心脏，其性能的好坏直接影响柴油机的动力性和经济性。燃油供给系统也是柴油机故障多发的系统，该系统的故障发生率占整个柴油机故障的60%以上。因此对该系统的故障诊断和检测尤为重要。有经验诊断法和仪器诊断法。柴油机燃料系统如图2-18所示。

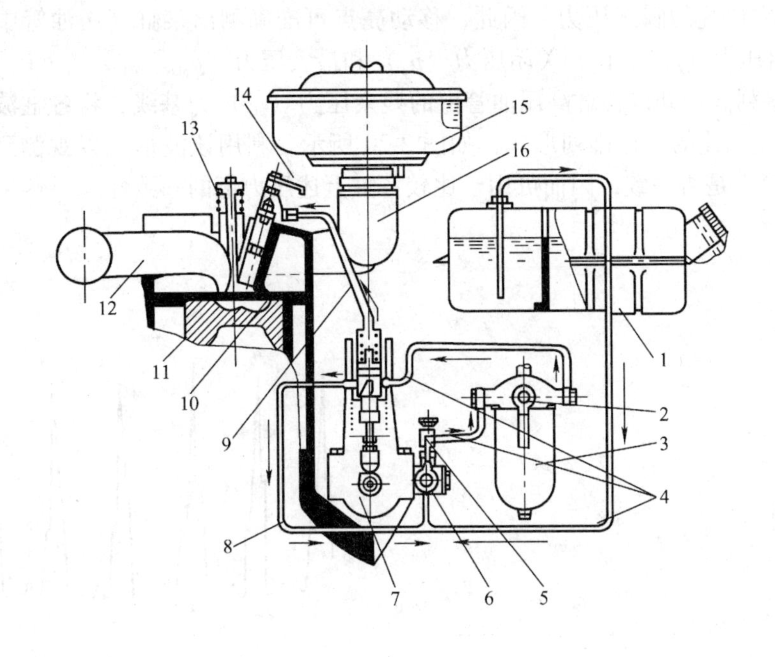

图2-18 柴油机供给系统

1—柴油箱 2—溢流阀 3—柴油滤清器 4—低压油管 5—手油泵 6—输油泵 7—喷油泵 8—回油管 9—高压油管 10—燃烧室 11—喷油器 12—排气管 13—排气门 14—溢流管 15—空气滤清器 16—进气管

2.6.1 柴油机燃料系统仪器诊断和检测

柴油机工作性能的好坏，与燃料供给系统的工作状况密切相关。喷油泵和喷油器的工作状况，可以通过高压油管中压力的变化情况和针阀升程反映出来，因此，用测量仪器检测高压油管中压力和喷油泵凸轮轴转角之间的变化关系、喷油器针阀升程与喷油泵凸轮之间的变化关系，就可以判断出柴油机燃料供给系统的工作是否良好。一些柴油机专用示波器和综合测试仪（如QPC-5型和CFC-1型等）均能在柴油机不解体情况下，以多种形式观测各缸高压油管中的压力波形和喷油器的针阀升程波形。综合测试仪还能定量地、准确地测出高压油管中的最大压力、残余压力和供油提前角等参数，并能进行异响分析、配气相位测量等项目，为全面分析、判断燃料系统技术状况提供波形和数据。

1. 主要检测项目及波形介绍

利用示波器可观测柴油机燃料系统的以下主要项目。

（1）观测压力波形　可观测到各缸高压油管中压力变化的波形。这些波形能以多缸平列波、多缸并列波、多缸重叠波、单缸选缸波和全周期单缸波的形式出现。

1）全周期单缸波：即单独将某一缸高压油管中的压力随喷油泵凸轮轴转过360°时的变化情况显示出来的波形，如图2-19所示。波形上有一个人工移动的亮点，指针式表头可以指示出亮点所在位置的瞬态压力。因此，移动亮点可准确测出某缸高压油管中的残余压力（p_r）针阀开启压力（p_0）、针阀关闭压力（p_b）和最大压力（p_{max}）。

2）多缸平列波：即以各缸高压油管由的残余压力（p_r）为基线，将各缸波形按着火次序从左向右首尾相连的一种排列形式，如图2-20所示。利用该波形可以观测到各缸p_0、p_b和p_{max}点在高度上是否一致，因而可用于比较各缸上述压力值的一致性。

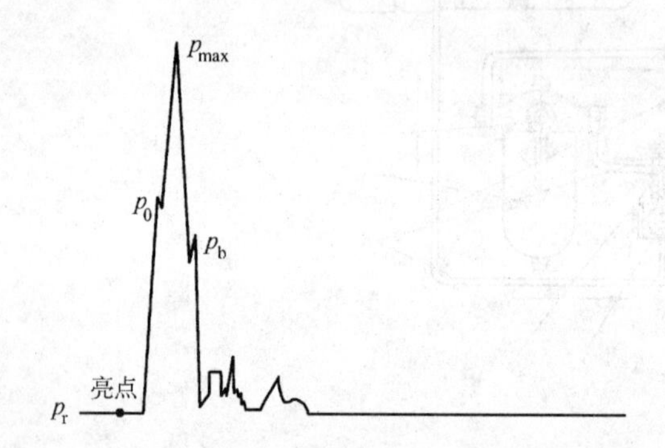

图2-19　全周期单缸波

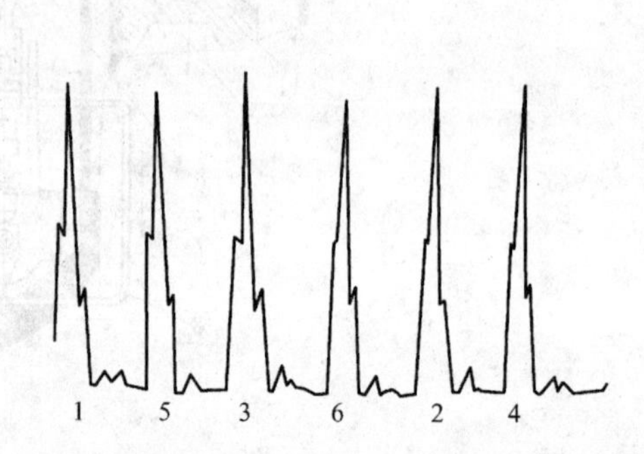

图2-20　六缸平列波

3）多缸并列波：即将各单缸波形按着火次序自下而上单独放置并将其首部对齐的一种排列形式，如图2-21所示。通过观测各缸波形三阶段面积大小，可用于比较各缸供油量、喷油量的一致性。

4）多缸重叠波：即将各单缸波形之首对齐并重叠在一起的一种排列形式，如图2-22所示。利用该波形可观测到各缸波形在高度、长度和面积的一致程度，可用于比较各缸p_0、p_b、p_{max}、p_r供油量和喷油量的一致性。

（2）观测针阀升程波形　可观测到喷油器针阀升程与喷油泵凸轮轴转角的对应关系和针阀升程与高压油管中压力变化的对应关系。

（3）检测瞬态压力　可观测出高压油管内的最高压力和残余压力，有些仪器甚至能测出喷油器针阀开启压力和关闭压力。

（4）供油均匀性判断　通过比较各缸高压油管中压力波形的面积，可观测到各缸供油量的一致性，并能找出供油量过大或过小的缸。

（5）观测异常喷射　根据针阀升程波形，客观测到停喷、间隔喷射、二次喷射、喷前滴漏、镇阀开启卡死和喷油泵出油阀关闭不严等现象。

（6）检测供油正时和喷油正时　利用闪光法或缸压法，再配合以被测缸高压油管中压力波形和针阀升程波形，可测得 1 缸或某缸的供油提前角和喷油提前角。

（7）检测供油间隔　通过观测屏幕上各缸并列线对应的凸轮轴角度，可检测到各缸供油间隔的大小。

2. 喷油压力波形与针阀升程波形

图 2-21 是在柴油机有负荷情况下实测的某缸高压油管内压力（p）和针阀升程 S 随高压泵凸轮轴转角 θ 的变化曲线。图中，p_r 为高压油管中的残余压力，p_0 为针阀开启压力，p_b 为针阀关闭压力，p_{max} 为最高压力。在横坐标方向上，整个曲线分为三个阶段：Ⅰ为喷油延迟阶段，调高针阀开启压力 p_0、高压油管渗漏、出油阀偶件或喷油器针阀偶件不密封造成残余压力 p_r 下降、随意增加高压油管的长度或增加高压油系统的总容积等都会使这个阶段增长；Ⅱ为主喷油阶段，该阶段长短主要与柴油机负荷有关，对于柱塞式喷油泵来说即与柱塞的有效供油行程长短有关，有效喷油行程愈大，该阶段愈长；Ⅲ为自由膨胀阶段，若高压油管内最高压力不足，可使该阶段缩短，反之使该阶段延长。

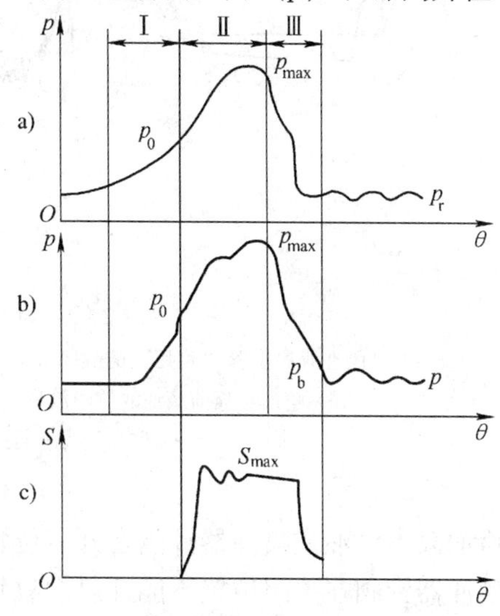

图 2-21　高压油管内的压力曲线和针阀升程曲线

a）喷油泵端压力曲线　b）喷油器端压力曲线　c）针阀升程曲线

从图 2-21 中可以看出，第Ⅰ、Ⅱ阶段为喷油泵的实际供油阶段，第Ⅱ、Ⅲ阶段为喷油的实际喷油阶段。在循环供油量一定的情况下，若Ⅰ阶段延长和Ⅲ阶段缩短，则喷油器针阀升程所占凸轮轴转角减少，使喷油量减小；反之若Ⅰ阶段缩短，Ⅲ阶段延长，则喷油量增多。因此，曲线上三个阶段的长短，对该缸工作的好坏是有影响的。多缸发动机各缸对应的Ⅰ、Ⅱ、Ⅲ阶段如果不一致，则对发动机工作性能的影响更大。所以，对柴油机喷油压力的检测应根据缸数的多少串接同缸数相等的压力传感器，在同一工况下将各缸的压力波同时取出来，以全周期单缸波、多缸平列波、多缸并列波和多缸重叠波等多种形式进行对比观测。

通过对各种转速下压力波形、针阀升程波形和瞬态压力的观测，可以有效地判断气缸供油量、喷油量、供油压力、喷油压力和供油间隔的一致性。针阀升程是判断实际喷油状况的重要参数，因此，通过对针阀升程波形的观测，可发现喷油器有无间断喷射、二次喷射和停喷等故障，常见的故障波形见图 2-22 所示。

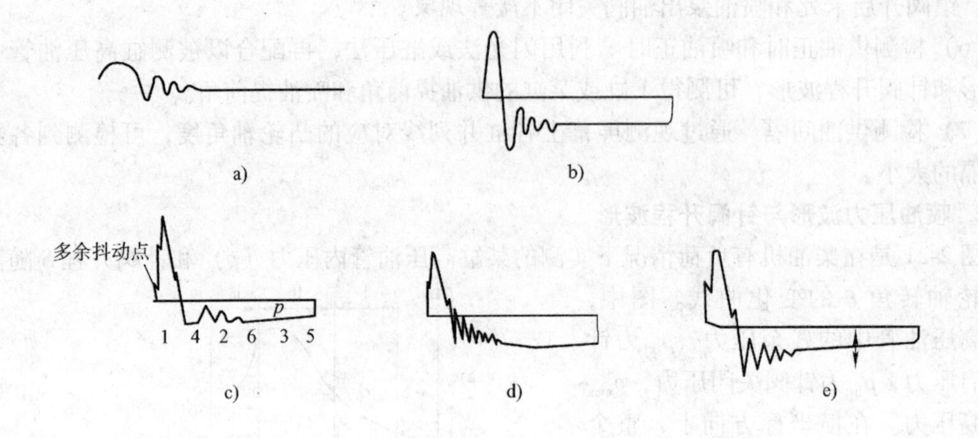

图 2-22　常见故障波形图

a）针阀在开启位置“咬死”的故障波形　b）针阀在关闭位置不能开启的故障波形

c）喷油器喷前滴油的故障波形　d）高压油路密封不严的故障波形

e）残余压力 p_r 上下抖动的故障波形

1）喷油泵不供油或喷油器针阀在开启位置“咬死”的故障波形如图 2-22a 所示。

2）喷油器针阀在关闭位置不能开启的故障波形如图 2-22b 所示。

3）喷油器喷前滴油的故障波形如图 2-22c 所示。

4）高压油路密封不严的故障波形如图 2-22d 所示。

5）残余压力（p_r）上下抖动的故障波形如图 2-22e 所示，说明喷油器有隔次喷射现象。

3. 供油正时的检查与调整

供油正时，是指喷油泵正确的供油时间，一般用供油提前角（曲轴转角）表示。供油提前角，是指喷油泵 1 缸柱塞开始供油时，该缸活塞距压缩终了上止点的曲轴转角。要想使活塞在压缩终了上止点后附近获得最大爆发压力，在考虑柴油在气缸中燃烧存在着火落后期等因素后，就须使喷油器在该上止点前提前喷油。喷油泵向喷油器供油时，由于高压油管的弹性变形和压力的升高及传递都需要一定时间，因而喷油泵开始供油时间比喷油器开始喷油时间还要提前。

供油提前角的大小对柴油机的工作性能影响很大。当供油提前角过大时，气缸内爆发压力的峰值在活塞到达压缩上止点前出现，将造成功率下降、工作粗暴、油耗增加、着火敲击声严重、怠速不良、加速不良及起动困难等现象；当供油提前角过小时，气缸内的速燃期在压缩终了上止点以后发生，使爆发压力的峰值降低，会造成功率下降、油耗增加、加速不灵、发动机过热、因燃烧不完全排气冒白烟等现象。

柴油机的最佳供油提前角，是指在转速和供油量一定的情况下，能获得最大功率及最小耗油率的供油提前角。运行中的柴油机，其发动机的最佳供油提前角应随转速和供油量的变化而变化，转速愈高，供油量愈大时，最佳供油提前角也应愈大。

根据发动机的转速、气门定时、进排气系统的构造、有无涡轮增压器等，每一种发动机都规定有最佳的喷油正时。但是，随着定时齿轮、凸轮、气门推杆的磨损，由于凸轮轴、推杆的弯曲，以及维修中垫片的丢失、损坏等，会使发动机的实际喷油时间错过规定的喷油正时。

供油提前角的检查有人工检测法和仪器检测法两种方法。人工检测法主要是使发动机 1 缸活塞处于压缩行程中，并将飞轮或曲轴带轮上的供油提前角记号与飞轮壳上的标志对准的同时，检查喷油泵联轴器从动盘上刻线记号是否与泵壳前端面上的刻线记号对正。两刻线记号对正，喷油泵 1 缸开始供油时间是准确的；若联轴器从动盘刻线记号还未达到泵壳前端面的刻线记号，则 1 缸柱塞开始供油时间太晚；反之联轴器从动盘刻线记号已越过泵壳前端面的刻线记号，则 1 缸柱塞开始供油时间过早。

仪器检测法有多种方式，其中之一是根据光源的频闪效应，用闪光灯将发动机的 1 缸上止点记号移到并列波的 1 缸波形上并形成一亮点，利用同在仪器显示屏上的凸轮轴转角刻度，准确地测出 1 缸供油提前角。还可根据针阀的升程准确测出喷油提前角。

必须要说明的是：供油正时的检查与调整方法因发动机供油系统的结构不同而不同，如采用燃油系统的发动机，其燃烧喷射时间，由喷油器所决定，要使用专用工具来进行此发动机喷油正时的检查与调整，其具体方法如下（以 NT855 发动机为例）：

1）拆下喷油器总成，安装发动机专用正时工具使短杆（升程顶杆）插入喷油推杆的球形承窝，而长杆（顶规杆）顶靠活塞顶部。

2）顺向转动发动机到 TDC（被测缸处于压缩行程的上止点，进排气门均关闭时），安装顶规表，使百分表压缩到离其全行程（5mm）约 0.25mm 以内，再把顶规表刻度盘调到“0”位。

3）继续顺转发动机，直至长杆顶端降到与工具的上托架左侧的 90°标线平齐。安装升程表，使百分表压缩到离其全行程（5mm）约 0.2mm 以内，把升程表刻度盘调到“0”位。

4）反向摇转发动机，到 BTC（上止点前）45°附近，即长杆升到 TDC（上止点）后，再继续下降到与托架左侧的 45°标线对齐。

5）正向缓慢转动发动机，同时看顶规表，当顶规表读数为 -5.16mm 时停转发动机，此时正是 BTC（上止点前）19°，即活塞顶在上止点下 5.16mm。再读升程表的标准值为 -0.9144mm，提前值为 -0.864mm，延迟值为 -0.965mm。

6）如果测得升程表读数超过上述值，则应增加或减少凸轮摆杆轴座与缸体之间的垫片来进行调整：超过提前值，则减少垫片；超过延迟值，则增加垫片。

对六缸发动机只对 1、3、5 缸或 2、4、6 缸的喷油器进行喷射正时检查和调整即可，这是因为 1、2 缸，3、4 缸，5、6 缸的凸轮摆杆轴座分别为一体所致。

2.6.2　柴油机燃油系统常见故障及经验诊断

柴油机燃油供给系统的常见故障有起动困难、功率不足、工作不稳、排气烟色不正常和飞车等。常见故障的现象、原因和诊断方法见表 2-7。

表 2-7 柴油机燃油供给系统常见故障及经验诊断方法

故障	故障现象	故障原因	诊断方法
起动困难	1）起动时无着车征兆或多次起动发动不起来 2）起动时排气管冒烟极少或不冒烟 3）排气管冒白烟	1）油箱无油或开关未打开 2）油箱盖通气孔堵塞 3）油管堵塞、破裂或接头漏油 4）油路中有水或气、或气缸内有水 5）柴油滤清器堵塞或不密封 6）输油泵工作不良，进出油阀关闭不严或进油滤网堵塞 7）所用柴油牌号不对或柴油品质差 8）喷油泵柱塞偶件磨损严重或柱塞弹簧折断柱塞不回位 9）供油拉杆上的调节拨叉或柱塞套筋上的可调齿扇松动 10）出油阀偶件关闭不严或其弹簧折段 11）高压油管破裂或接头松动 12）供油时间不对或联轴器松动 13）喷油器针阀偶件磨损严重、下锥体密封面不密封、弹簧折断或调整不当等原因造成喷射压力过低 14）喷油器针阀卡住，不能关闭或打开 15）喷油器喷孔堵塞或喷雾不良 16）气缸压缩压力不足或空气滤清器严重堵塞 17）起动转速太低或起动预热不够 18）喷油泵供油拉杆在停车位置上卡住或起动油量调整不足等	柴油机顺利起动的必要条件是：足够的起动转速，较高的缸压，充足的空气和燃油，燃烧室内的良好预热，冬季对整机的预热等。在环境温度高于 5℃ 时，一般在 5s 内顺利起动 1）若起动时排气管不冒烟，说明不供油，按图 2-23 所示方法诊断 2）若起动时冒白烟或灰白烟，但仍不易着火按图 2-24 所示方法诊断
功率不足	机械工作时动力不足、加速不灵、转速不能提高到应有的范围	1）上述起动困难中的 2）~16）条原因造成 2）机械冬季保温措施不足，使柴油机工作温度太低 3）配气相位不准确 4）供油拉杆或调速器卡滞、调速弹簧折断，造成供油拉杆不能到达额定供油位置 5）调速器调整不当 6）额定供油量调得不准 7）个别缸不工作或工作不良 8）油底壳内机油太多或气缸上机油等	可按图 2-25 所示流程诊断
工作不稳	发动机运转不稳，机体抖振严重	1）怠速调得太低 2）高压油管漏油 3）油路内有空气或水 4）个别缸不工作或工作不良 5）喷油泵供油时间太早 6）各缸供油间隔不均 7）各缸供油量不等 8）各缸喷油压力、喷雾质量不一 9）各缸密封性不同 10）调速器飞球组件不灵活或间隙太大，造成稳速性能不佳 11）各缸柱塞偶件、出油阀偶件技术状况不一 12）供油拉杆上的拨叉或柱塞套筒上的扇齿松动 13）喷油器堵塞或滴油 14）空气滤清器脏污严重 15）选用柴油标号不当或质量不佳，使柴油机工作粗暴等	可参照图 2-25 所示功率不足的流程方法进行诊断。这里不再举出诊断流程

（续）

故障	故障现象	故障原因	诊断方法
排黑烟	柴油机工作时排出黑烟	主要是燃烧不完全导致，有以下原因： 1）空气滤清器严重堵塞，进气量不足 2）喷油泵供油量过多或各缸供油不均匀度太大 3）喷油器喷雾质量不佳或喷油器滴油 4）供油时间晚 5）气缸工作温度太低或压缩压力不足 6）柴油质量低劣 7）经常在超负荷下运行 8）机油进入燃烧室过多 9）校正加浓供油量太大等	1）怠速、额定转速和超负荷运转时冒黑烟，说明循环油量太大，必须检查与调整循环供油量 2）气缸密封不严排黑烟，伴随功率不足 3）油质不好、机油进入燃烧室等加剧排黑烟
排白烟	柴油机工作时排白烟	总体来说是柴油蒸气未着火燃烧或柴油中有水的结果，有以下原因： 1）柴油中有水，或因气缸衬垫烧蚀、缸套缸盖破裂漏水等原因造成气缸进水 2）气缸工作温度太低或气缸压缩压力不足 3）喷油器喷雾质量不佳 4）供油时间太迟；柴油质量低劣或选用牌号不符合要求等	冬季的早晨，柴油机冷起动后排白烟，但当发动机热起动后白烟自行消失，是正常现象。主要是检查柴油中是否有水或喷雾质量
排蓝烟	柴油机工作时排蓝烟	主要是机油进入燃烧室受热蒸发成油气的结果，有以下原因： 1）柴油机机油池内机油油面太高 2）油浴式空气滤清器内机油平面太高 3）由于气缸间隙太大、漏光度太大、活塞环磨损过甚、活塞环弹力太小、活塞环装反等造成气缸上机油严重 4）进气门与导管磨损间隙太大 5）气门油封损坏或脱落 6）增压器漏油 7）机油粘度太小等	气缸上机油、进气门与导管间隙太大、增压器油封损坏或机油进入燃烧室导致烧机油排蓝烟，因此主要检查这几处的情况
飞车	柴油机在机械运行中或自身空转中，尤其是全负荷或超负荷运转突然卸荷后，转速自动升高超过额定转速而失去控制	1）供油拉杆（或齿杆）在其承孔内因缺油、锈蚀、油腻等原因造成犯卡，使其在额定供油位置上回不来 2）调速器因飞球组件卡滞、锈蚀、松旷或解体等原因失去效能或效能不佳 3）供油拉杆（或齿杆）与飞球组件脱开 4）调速器内加机油过多或机油粘度太大，使飞球甩不开 5）机油池机油太多或气缸上油严重，使气缸额外进入燃料等	可按图 2-26 所示流程诊断

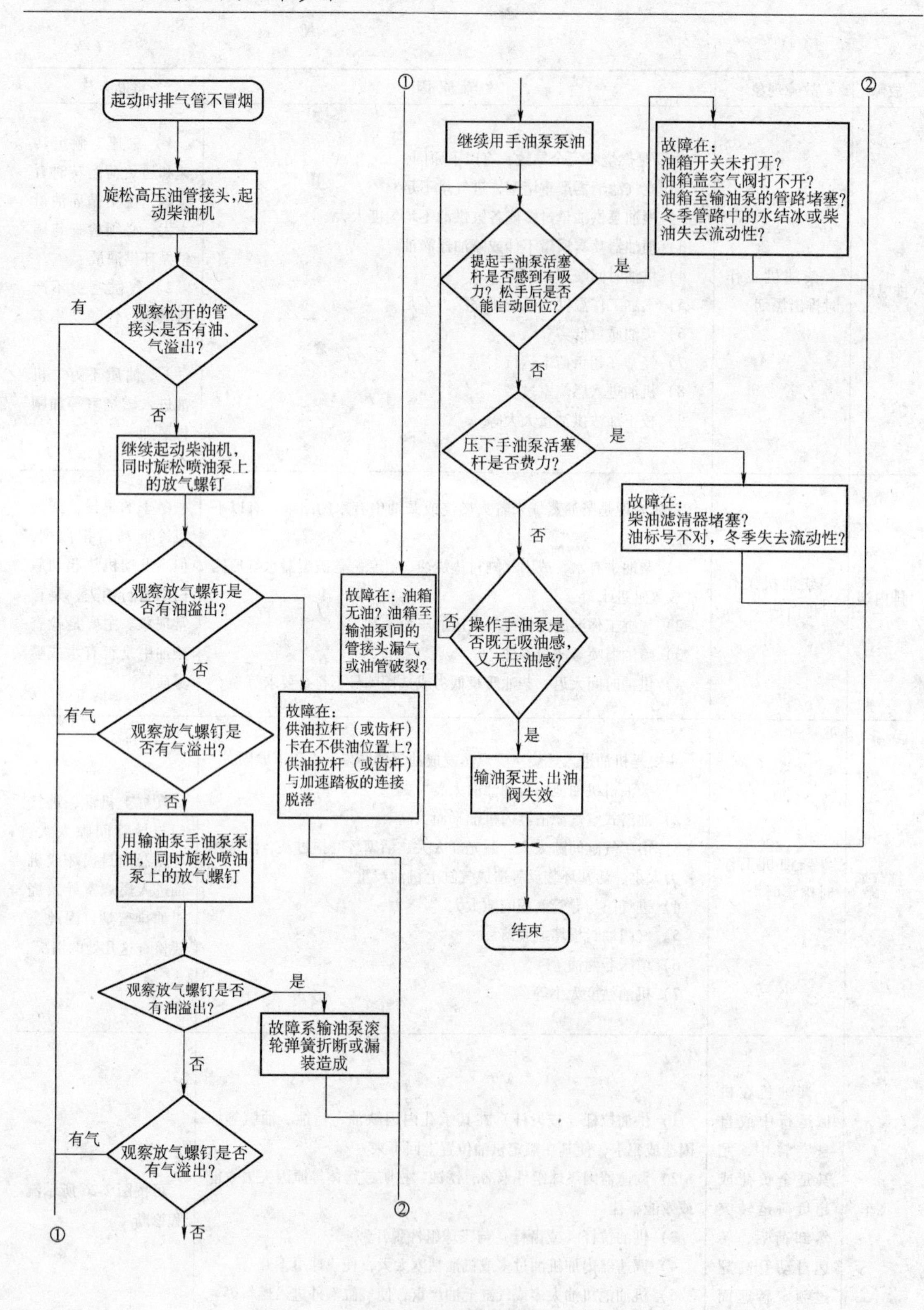

图 2-23 起动困难诊断流程图(一)

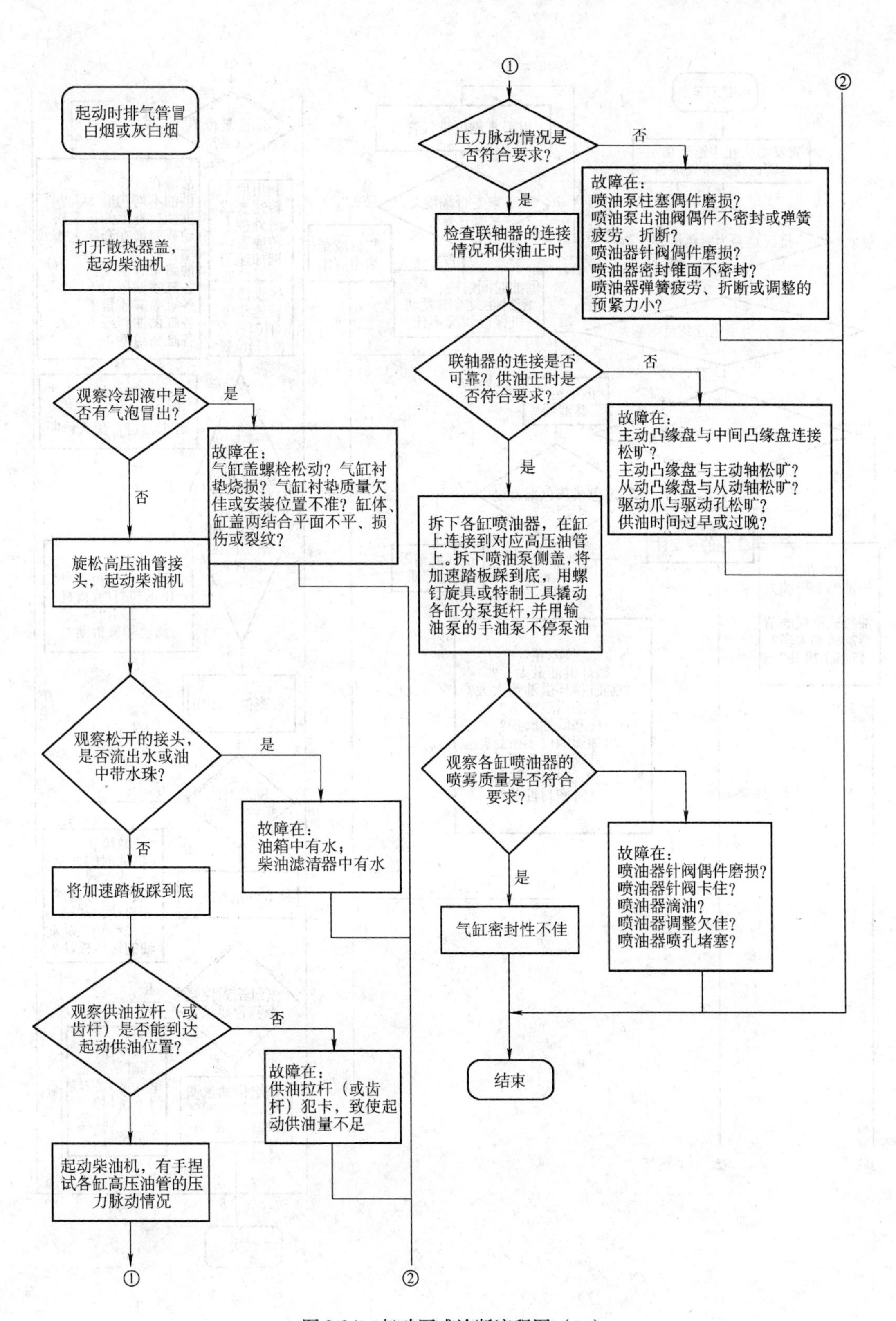

图2-24　起动困难诊断流程图（二）

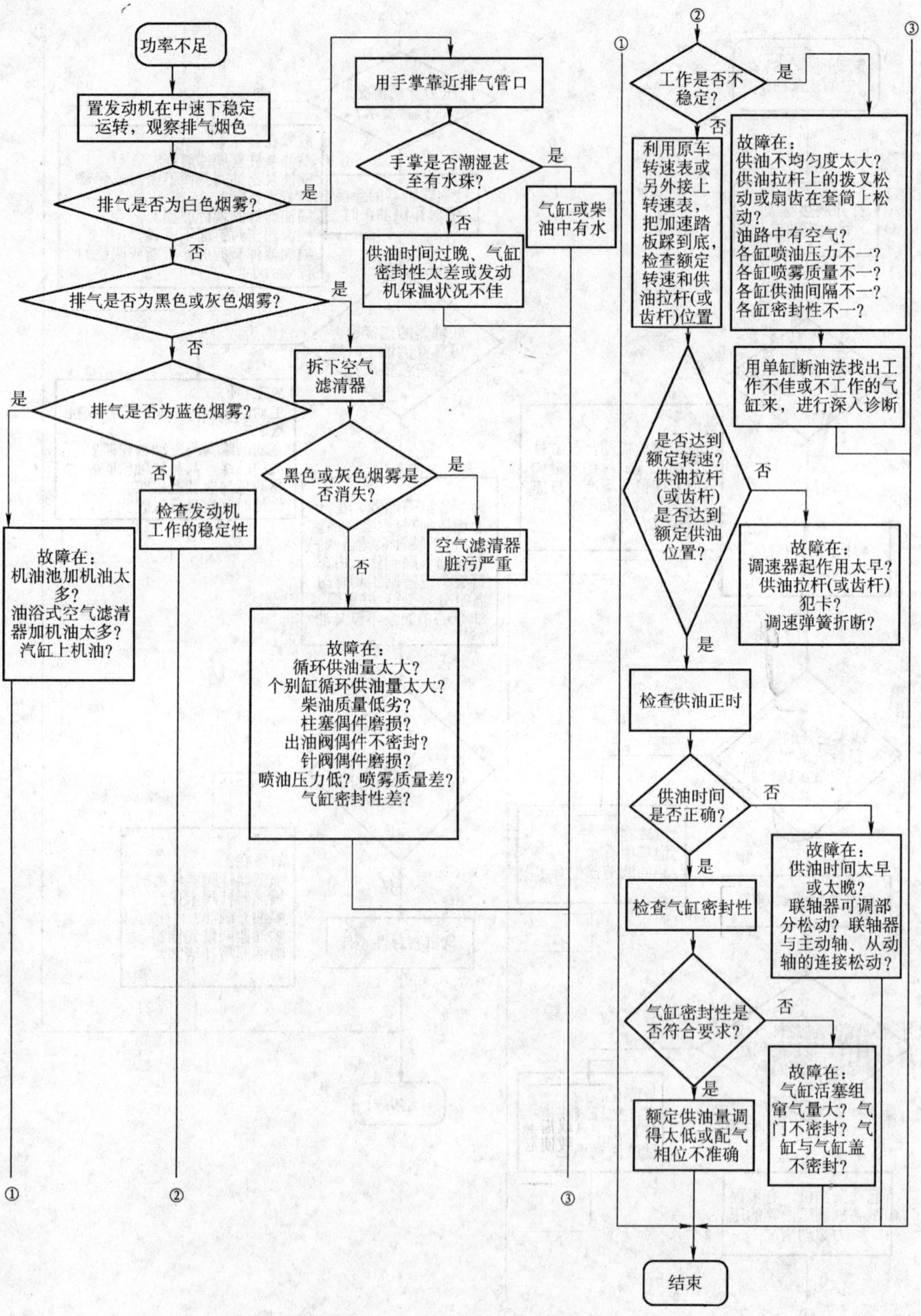

功率不足

置发动机在中速下稳定运转，观察排气烟色

排气是否为白色烟雾？ 是 → 用手掌靠近排气管口

手掌是否潮湿甚至有水珠？ 是 → 气缸或柴油中有水

否 → 供油时间过晚、气缸密封性太差或发动机保温状况不佳

否 ↓

排气是否为黑色或灰色烟雾？ 是 → 拆下空气滤清器

黑色或灰色烟雾是否消失？ 是 → 空气滤清器脏污严重

否 → 故障在：循环供油量太大？个别缸循环供油量太大？柴油质量低劣？柱塞偶件磨损？出油阀偶件不密封？针阀偶件磨损？喷油压力低？喷雾质量差？气缸密封性差？

否 ↓

排气是否为蓝色烟雾？ 是 → 故障在：机油池加机油太多？油浴式空气滤清器加机油太多？汽缸上机油？

否 → 检查发动机工作的稳定性

①　②　③

②

工作是否不稳定？ 是 → 故障在：供油不均匀度太大？供油拉杆上的拨叉松动或扇齿在套筒上松动？油路中有空气？各缸喷油压力不一？各缸喷雾质量不一？各缸供油间隔不一？各缸密封性不一？

用单缸断油法找出工作不佳或不工作的气缸来，进行深入诊断

否 → 利用原车转速表或另外接上转速表，把加速踏板踩到底，检查额定转速和供油拉杆(或齿杆)位置

是否达到额定转速？供油拉杆(或齿杆)是否达到额定供油位置？ 否 → 故障在：调速器起作用太早？供油拉杆(或齿杆)犯卡？调速弹簧折断？

是 → 检查供油正时

供油时间是否正确？ 否 → 故障在：供油时间太早或太晚？联轴器可调部分松动？联轴器与主动轴、从动轴的连接松动？

是 → 检查气缸密封性

气缸密封性是否符合要求？ 否 → 故障在：气缸活塞组窜气量大？气门不密封？气缸与气缸盖不密封？

是 → 额定供油量调得太低或配气相位不准确

结束

图 2-25　功率不足诊断流程图

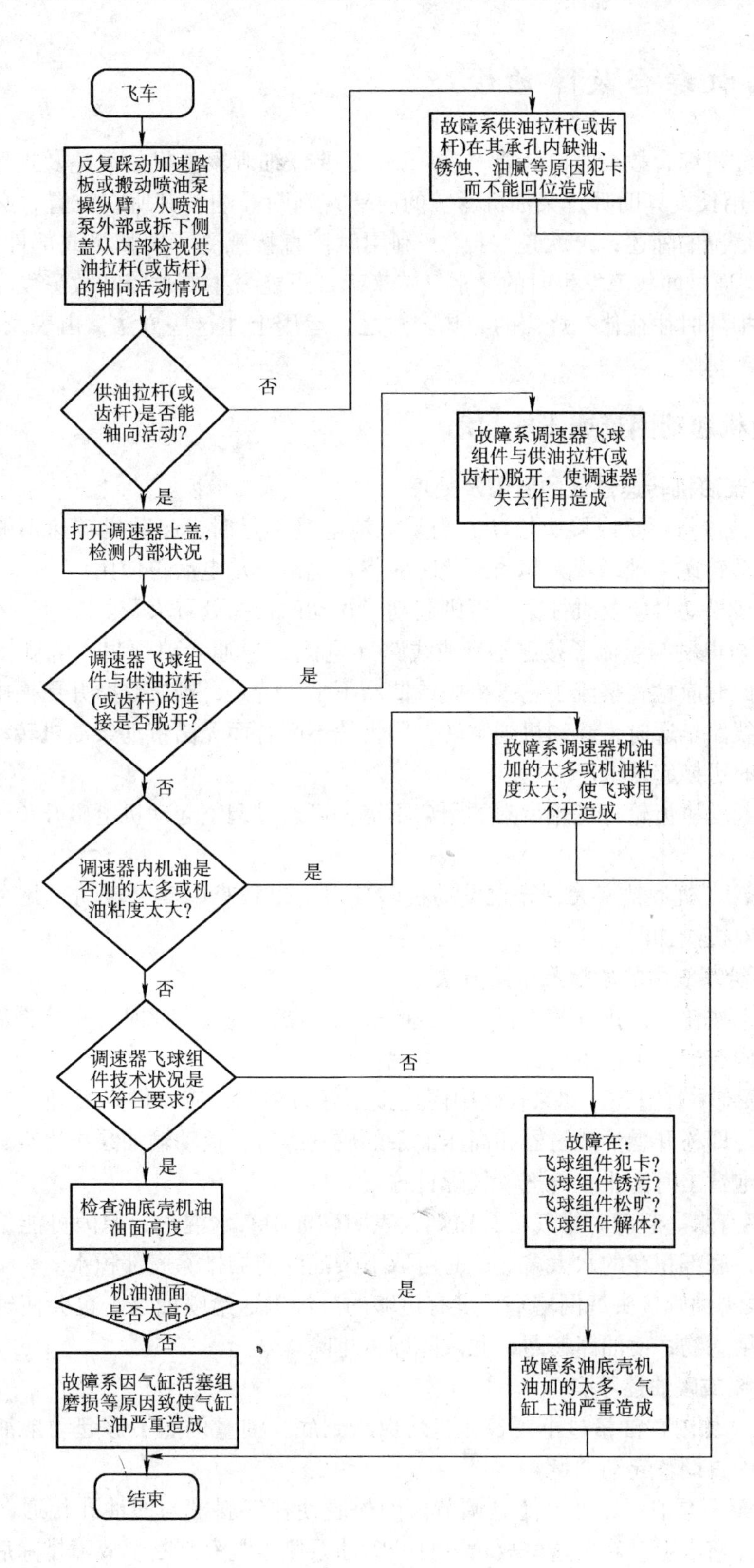

图 2-26　飞车诊断流程图

2.7 柴油机综合故障的诊断

在处理柴油机综合故障时，一要“看”，就是要仔细观察整机的完整及损坏情况；二要“听”，听（可用长旋具助听）柴油机运转的声音，判断异响及其所在位置，必要时也可听取用户对故障情况的陈述；再就是“摸”，利用触摸直接感受了解整机或部件的运转情况；还可以“闻”，通过闻故障发生时的异常气味来确定可能发生的故障和故障发生的部位，特别是电气系统损坏时往往伴有烧焦的异味。总之，运用上述这些方法，由表及里综合分析，找出故障并逐一排除。

2.7.1 柴油机起动困难或不能起动

1. 起动时柴油机转速过低的原因及处理

（1）蓄电池电量不足或接头松动。当蓄电池电量不足时，起动机转速不够，不能带动柴油机达到起动转速，难以着火起动。此时应将蓄电池充足电后再使用。

经检测接线松动时应及时拧紧，否则起动时松动的接头处冒火花。

（2）起动机电刷与整流子接触不良或线路（电流）早通导致顶齿。电刷接触不良时会有火花跳动，此时应检查整流子是否松脱或凹凸不平，若是，则应修磨并更换电刷。

电磁开关线路早通时，起动机则空转，因齿轮不啮合而无法带动柴油机转动。这时应检修线路，必要时更换起动机。

顶齿是指起动机齿轮与飞轮齿圈的距离不当，可通过调整起动机电磁开关下面的偏心轴来解决。

（3）天气冷、机油粘度大，导致发动机转速慢，以致难以着火转动。此时可在水箱中加入热水以及对机油加温。

2. 燃油供给系统中的故障及排除方法

在按下起动按钮时，排气管不冒烟，说明气缸无柴油进入。此时首先检查油箱燃油是否充足。若油箱内有油，可按下列方法逐一查找：

1）燃油系统中有空气。如果管路中因连接不好有渗漏，应先做好处理，然后排除燃油系统中的空气，即松开燃油滤清器和高压油泵的放气螺钉，扳动输油泵排出空气，直到放气螺钉处没有气泡冒出时为止，再把放气螺钉拧紧。

2）柴油机有水。起动时排气管冒白烟，表明燃油中有水混入，原因可能是燃油滤清器使用时间过久，底部积存的水太多。此时可取下柴油滤清器排除底部积水。

3）输油泵进油管接头滤网堵塞，没有足够的燃油输送给喷油泵，也会使气缸断油而不能起动。清除堵塞物，使油路畅通，此故障即可排除。

3. 高压油泵或喷油器不良

（1）起动（加浓）油量过小　若加速踏板踏到底，油量仍然不够起动柴油机时，应在油泵试验台上检查调整起动油量。

（2）喷油泵不泵油　原因可能是调节齿圈松脱使柱塞斜槽与回油孔相通，也可能是柱塞弹簧断裂、柱塞卡死。对于这些故障可打开喷油泵侧盖观察判断。故障排除后应在油泵试验台上重新调整起动及其他工况的供油量。

（3）出油阀密封不严或弹簧断裂　可针对具体情况研磨出油阀或更换出油阀弹簧。修复后再上试验台调整供油量。

（4）输油泵活塞磨损或止回阀变形　出现这种故障时，输油泵输油量明显下降。检查的方法是：先把出油管接头松开，检查输油泵是否能有油压出。如果扳动手油泵时，油按节奏压出，表示止回阀没有故障，输油量少是因输油泵活塞损坏所致；如果扳动手油泵时，出油不正常，显然这是输油泵止回阀损坏的结果。输油泵活塞或止回阀损坏都需换用新件。更换输油泵活塞或止回阀后，如有必要，可进行输油试验，检查输油泵是否恢复正常。

试验方法如下：

1）在输油泵进油口连接直径为 8 ~ 10mm、长 2m 的胶管，往下放到相距 1m 有燃油的油箱里。

2）转动高压油泵带动输油泵工作：若高压泵在 60r/min 以内的转速能使输油泵吸进并泵出燃油，则为合格，若高压油泵以 120r/min 以上的转速转动，输油泵仍未供油则为不合格。

（5）喷油器偶件工作不正常　原因可能是：用油不干净，或者喷油器冷却不良产生变形；喷油压力过低，柴油雾化不良，燃烧不良，积炭过多，导致喷油器堵塞。处理方法是：先清洗柴油滤清器，清理积炭，若喷油器无卡滞时，再将喷油器上试验台调整其喷油压力。

喷油器的故障可采用“停缸法”加以检查：分别把各缸喷油器油管接头螺母松开，逐一使各缸喷油器停止喷油，如哪一缸喷油器停止供油后柴油机转速没有变化，即可确定该喷油器有故障。

（6）供油提前角调整不当　供油提前角过大会出现敲缸，冒黑烟，影响柴油机性能；供油提前角太小，燃烧不良柴油机冒白烟。应调整到规定标准。

4. 气缸压缩压力不足

气缸压缩压力不足是柴油机起动困难的主要原因之一。气缸漏气、气缸垫烧损、活塞和活塞环过度磨损以及活塞环粘接或开口“重叠”等都可能造成气缸压缩压力不足。

气门漏气时，可在排气管处听到“嚓、嚓”的异响。如果是由于气门间隙调整不当（过小），应按标准规定值调整气门间隙（调整方法见配气机构部分）。此外，气门密封不良也会漏气，这时就需研磨气门和气门座。

气缸套、活塞和活塞环过度磨损或活塞环开口重叠时，将会有大量废气窜入曲轴箱并带着机油从呼吸器排出，同时也会有大量机油窜入气缸，使排气略呈蓝色。在这种情况下必然使机油消耗量猛增。对此，应按柴油机说明书的规定检验这些零件的磨损是否超标，必要时予以更换。

5. 配气定时不准

1）气门间隙过大会使得进气量不足，降低充气效率（或者排气不彻底，也影响进气量），最终影响柴油机的性能，同时可能产生较大的噪声。如果气门间隙过小，除了造成气门关闭不严、降低压缩压力等问题之外，还可能使排气门烧损甚至引起气门撞击活塞顶的现象。所以气门间隙即配气定时必须调对。最好运行一段时间之后，检查一下气门间隙是否有变化，如变化要及时调整。

2）齿轮系统正时标记未正确对位也会使配气相位不对，引起配气相位错乱。配气正时必须在齿轮安装位置正确时才能调整，所以正时齿轮安装时必须使正时标记正确对位。

柴油机起动困难或不能起动诊断流程如图 2-27 所示。

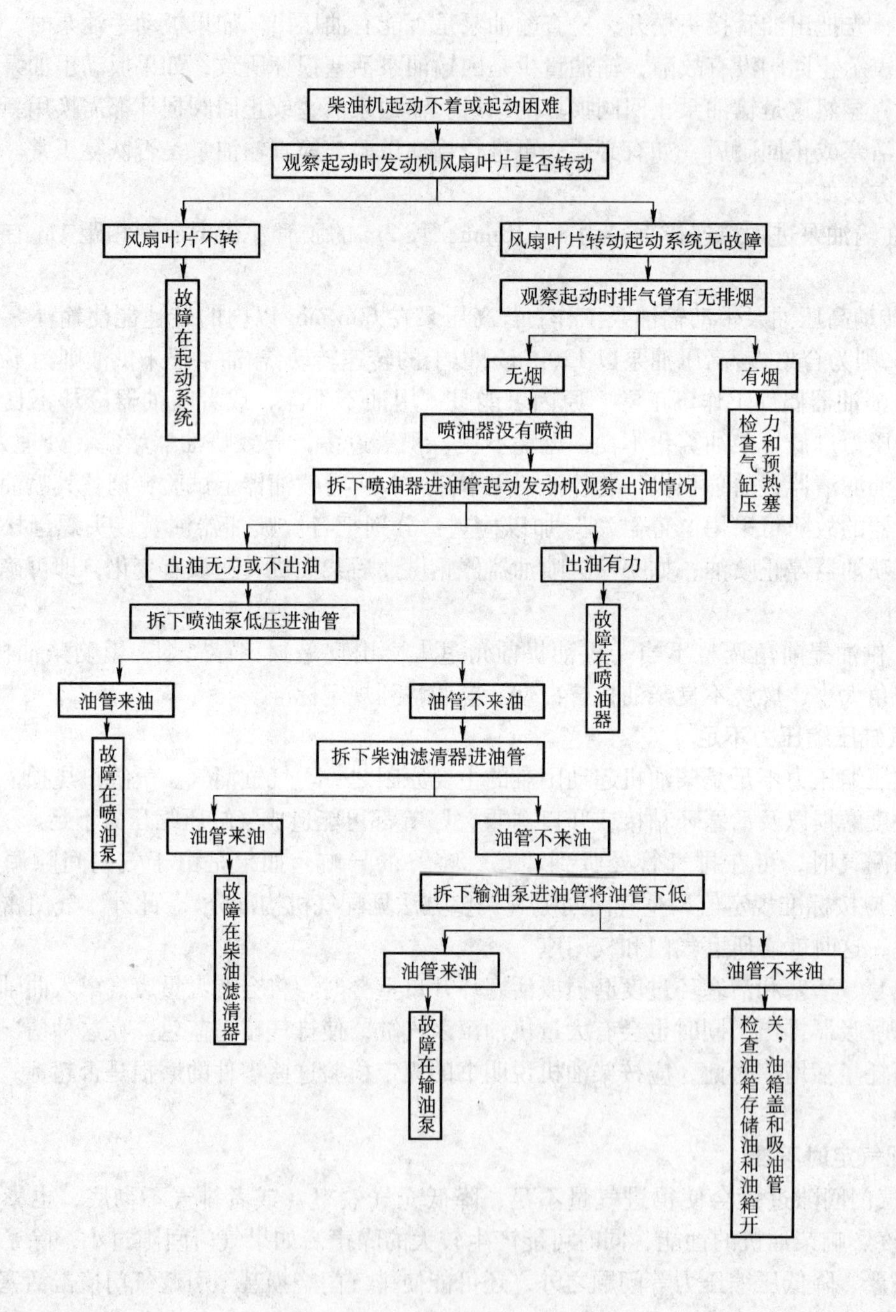

图 2-27　柴油机起动困难故障流程图

2.7.2　柴油机功率不足

如柴油机功率不足，可按下列方法查找故障原因并予以排除：

（1）未放二级节气门，踏板行程不对　经过磨合期磨合后，即可拆除二级节气门限位，然后检查加速踏板行程能否将节气门控制杆拉到最大供油量位置，以保证达到规定的供油量。

（2）供油提前角不对　检查供油提前角是否和规定值相符，若不符，应调整到规定值。

（3）空气滤清器堵塞　检查空气滤清器是否堵塞，必要时清洗滤芯。

（4）喷油雾化不良　检查喷油器是否有卡堵现象；喷油压力是否达到规定值，如喷油压力已经达到规定值而仍然雾化不良时说明喷油器偶件有问题，应换用新件。

（5）高压油泵工作不良

1）输油泵供油量不足。首先应消除进油口处滤网堵塞杂物，然后检查止回阀是否变形，若已变形则应更换。

2）高压油泵出油阀弹簧若有断裂应立即换用新件。

3）若高压油泵柱塞出现过度磨损时，在泵油过程中会有燃油下漏到高压油泵底部，混入到机油中，使高压油泵底部的机油存量明显增加。检查柱塞是否有过度磨损，最简单的方法是：左手握住并用食指按住柱塞偶件顶部，右手向外拉动柱塞，如感觉很费力且一旦放开右手时柱塞被立即吸回，则说明柱塞磨损不大，偶件还可以正常工作；如果可以随意将柱塞抽出且不能自行回位则表明磨损过度，应更换偶件。

4）供油量过小使柴油机功率下降。当输油泵、高压油泵均工作正常而供油仍然不够时，可在试验台检查调整供油量。

5）行走无力。可适当调高调速器高速弹簧预紧力，使最大限速略有增加；若爬坡无力时，应稍稍增加校正弹簧的预紧力，使校正起作用，转速稍稍提高一些。或者将高压油泵上试验台检查调整。

（6）配气机构故障　气门与气门座不密封应予以研磨，气门间隙不对应予以调整。

（7）气缸密封不好　气缸垫烧损会使气缸盖失去密封性。烧气缸垫的主要原因是气缸盖螺母拧紧力矩不够或不均匀。

（8）燃油供给系统有故障　若有漏油或堵塞时，应予以处理。

（9）冷却系统有故障　发动机过热时，应检查水箱是否缺水，水腔里水垢是否过厚，水泵传动带是否过松以及水泵叶轮是否损坏等。检查水泵V带松紧度时，可在两V带轮之间加40～50N的力，以V带被压下10～15mm为宜。

（10）高压油管装错　交叉装错高压油管时，必将破坏高压油泵与气缸的对应关系，使各气缸的燃烧过程不能正常进行，燃烧不正常。一经发现必须立即纠正。柴油机功率不足诊断流程如图2-28所示。

2.7.3　机油压力不正常

机油压力不正常的常见原因有：

1）机油压力表失灵。检查方法是：没有接通电源之前，指针指在“0”位的左边；接

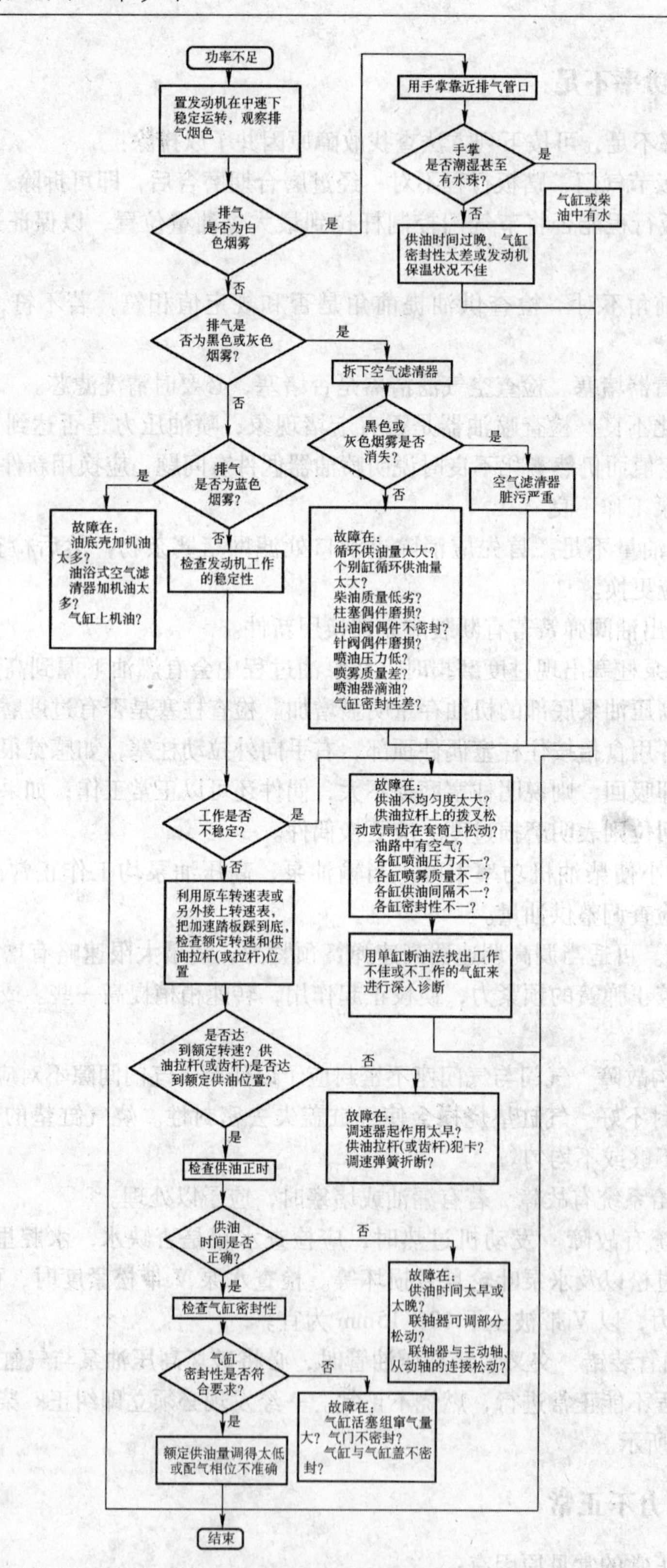

图 2-28 功率不足诊断流程图

通电源后，柴油机没有起动时指针应当指“0”，若偏左或偏右都不正常。把感应塞接线拆下与机件瞬间短接，若压力表指针指示值立即升起，则表示压力表正常；若指针不摆动即表示失灵，应予更换。

2）发动机起动时油压正常，热机后油压下降，这种现象一般是机油变质所致。此时应进一步检查，若机油变质应按说明书要求更换机油。

3）在机油管路中，有堵塞或破裂、渗漏时，都会使机油压力下降，所以要特别注意安装和检查油管的密封垫。

4）粗滤器旁通阀和机油调压阀失灵（如弹簧变形损坏、密封胶圈老化、调压阀活塞卡滞等）都会使机油压力偏低。必要时应对这些部件进行检查。

机油限压阀工作原理：当主油道油压高于说明书规定范围时，主油道油压把活塞往右推压，压缩弹簧，活塞右移打开回油道油孔，从主油道来的高压油便经回油道流入油底壳内，油压恢复正常，活塞在弹簧力作用下复位而关闭回油道油孔。

机油压力的调整过程：发动机运行时，如发现机油压力过低，用旋具调整机油限压阀调整螺钉，旋进油压升高，退出油压降低。如不行，再调整粗滤器调压阀调整螺钉，旋进油压升高，退出油压降低。仍不行，则需要认真检查润滑油路中的故障。

5）机油泵内外转子之间的间隙及转子的端面间隙过大时，必然使机油泵的泵油压力下降。运转时间较长的机油泵，在机油压力过低时应将机油泵拆下来，检查各处的配合间隙，若已超过规定（见维修手册），应更换机油泵或有关零件。

6）机油粗滤器转子轴过度磨损，会使机油大量泄漏，因而机油压力也会降低。工作正常的机油精滤器，当发动机在中高速运行时，用手触摸滤清器外壳可有稳定的转动感，突然停机时可在近处听到“沙、沙”的响声，若运行中粗滤器有较大振动或较大的杂声，则应将其拆下进行检查。转子轴磨损过大者则应更换。

7）各润滑部位间隙过大，尤其是凸轮轴与衬套间隙过大也可能是机油压力偏低的原因之一，此外，凸轮轴与衬套间隙过大还可影响配气机构的正常工作，所以必须及时检查处理。柴油机机油压力过低或过高诊断流程如图 2-29、图 2-30 所示。

2.7.4　机油消耗量过大

按技术规范规定，机油消耗量应不大于燃油消耗量的 0.8%。在正常情况下，机油消耗不应超过此范围。机油消耗量过大的主要原因有：

（1）使用机油不当　例如机油的等级太低，机油的牌号与使用环境温度不相符，多种不同牌号的机油混合使用等，都可能使机油出现早期变质而消耗过快。柴油机机油必须按说明书的规定选用。

（2）活塞环、气缸套磨损过大，活塞环断裂，因积炭过多而卡死，活塞环与环槽间隙过大等　出现这些故障时一定会使气缸内的燃气下窜到曲轴箱，呼吸器“喘大气”，燃气和机油一起窜起，同时机油也上窜到燃烧室烧掉，排气冒蓝烟，在这种情况下，机油必定消耗过大。

（3）活塞破裂或活塞环开口位置（方向）重叠　柴油机在工作中，活塞环有可能自行转动或者装机时粗心大意，没有按规定把环开口错开，使环口位置重叠，活塞环失去密封作用必定造成机油上窜烧掉，燃气下窜把机油带出呼吸器而过多地消耗机油的结果。柴油机机油消耗量过大诊断流程如图 2-31 所示。

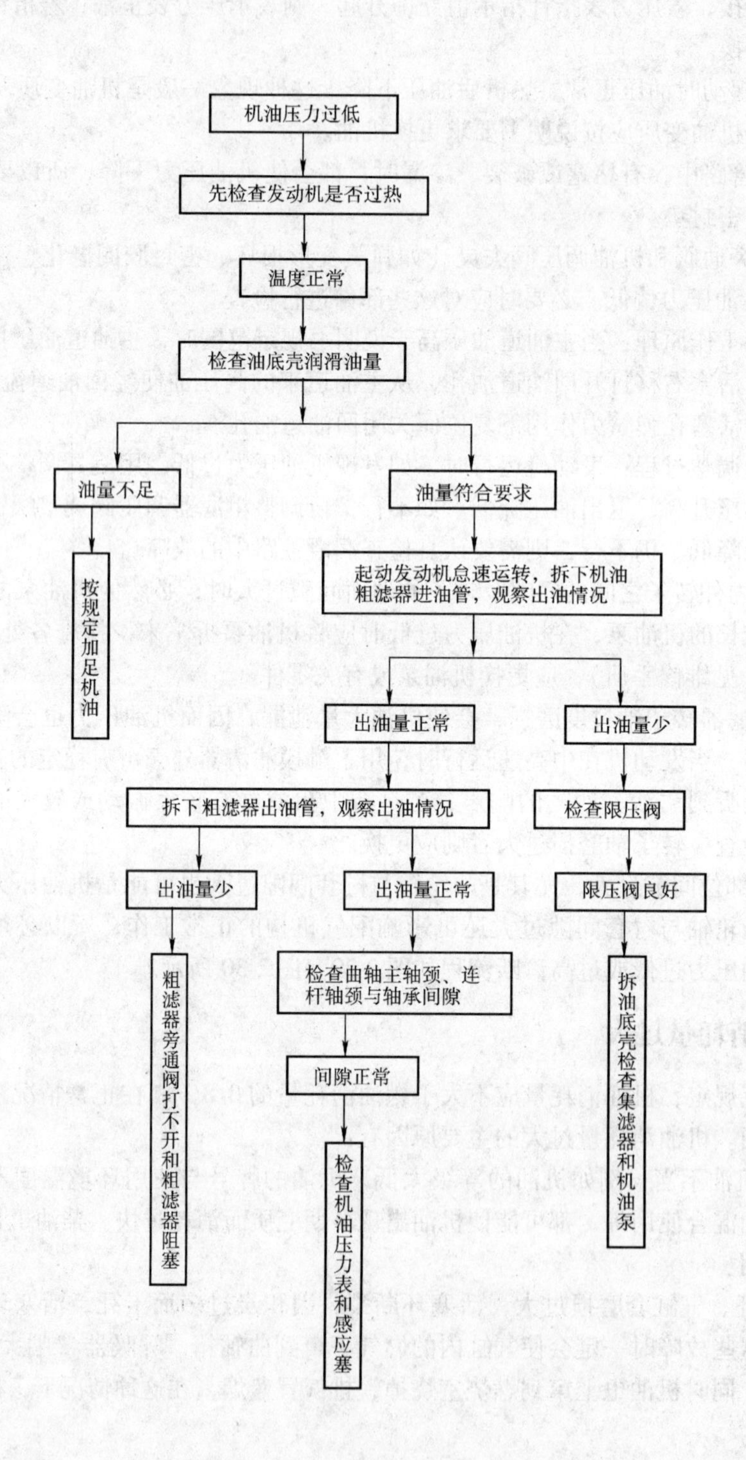

图 2-29 柴油机压力过低诊断流程图

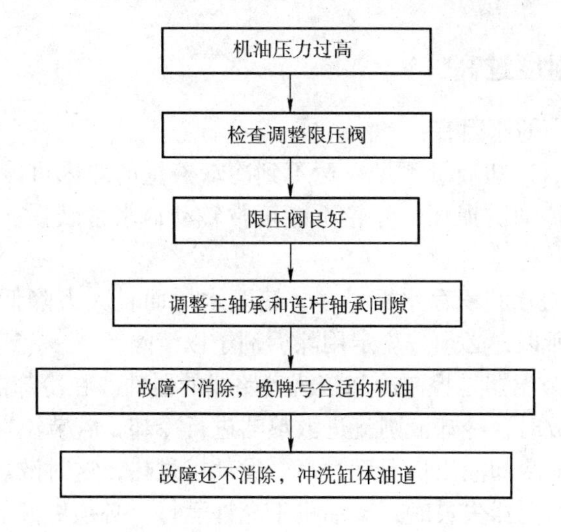

图 2-30　柴油机机油压力过高诊断流程

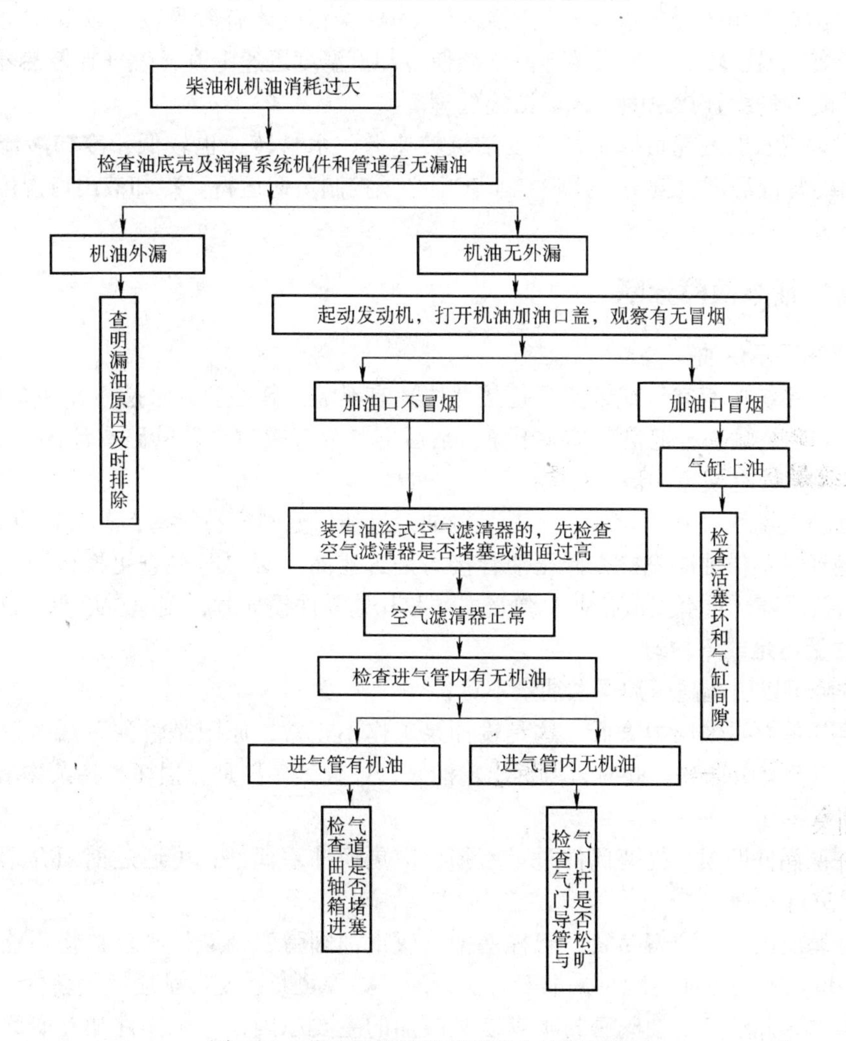

图 2-31　柴油机机油消耗量过大诊断流程图

2.7.5 冷却液出水温度过高

冷却液出水温度过高的原因有：

（1）水泵流量过小，冷却液量不足　达不到冷却液量的原因可能是水泵V带过松，水泵转速不够，水泵叶轮传动键损坏，叶轮不能正常转动；水管破损、变形阻碍冷却液的流通；水泵漏气等。

（2）散热器和发动机水腔积存水垢过多，堵塞水道而且大大降低传热效率　积垢过厚时，柴油机容易过热。所以，必须按规定用除垢剂予以清除。

（3）节温器失灵　节温器是控制冷却液流动路线的器件。在冷却液温度达83℃时初开，88℃时全开。节温器开放时，冷却液则流进散热器进行冷却，若节温器失灵，则冷却液不能进入散热器冷却，所以使冷却液出口温度过高、发动机过热，这时散热器中的冷却液有上热下冷现象，温差过大。节温器失灵时，柴油机不允许运行，必须更换节温器。

注意：拆节温器时，必须把水泵上的回水小胶管堵住。

（4）气缸燃气窜入冷却水道　如气缸套、气缸盖和机体有砂眼或裂纹等均会产生这种现象。由于燃气温度较高，窜入冷却液中会使冷却液温度迅速上升，燃气在散热器中形成大量气泡。此时应仔细查找原因，采取措施处理。

（5）发动机长时间超负荷工作　发动机转速低，水泵转速也较低，冷却液流量也相对较小，此时冷却液温度也偏高。用户在工作中必须控制负荷运行。冷却液出口温度过高诊断流程如图2-32所示。

2.7.6 高压油泵故障诊断

1. 高压油泵不供油

（1）油路系统中有空气或管路（连接部位）有泄漏　其处理方法是松开油泵放气螺钉，用手油泵向喷油泵输油，把空气排除干净，然后上紧放气螺钉。若管路有泄漏可检查油管、油管接头螺纹是否有损坏，最后拧紧。

（2）油路（低压油路）堵塞　尤其是输油泵进油口滤网容易堵塞，若发现应立即清除。

（3）输油泵不供油应先检查低压油管接头是否泄漏　必要时检查更换密封垫片，然后拧紧。若油泵活塞严重磨损或损坏、弹簧损坏和其他零件损坏时，则应予以更换。

2. 供油量不足或不均匀

以下故障可以引起高压油泵供油量不足：

（1）高压油泵进油压力太低　这是输油泵工作不正常，原因是输油泵活塞过度磨损或止回阀变形以及夹有杂物。此时，可拆出输油泵，检查其零件是否损坏，将杂物清除，必要时更换输油泵零件。

（2）柱塞偶件磨损　柱塞偶件过量磨损，应更换柱塞偶件，可通过前面介绍的方法对其磨损情况进行检查。

（3）柱塞或出油阀弹簧断裂　若柱塞弹簧或出油阀弹簧断裂，则该缸将不能正常向外泵油，对此可松开高压油管螺母采取断缸法判断。如弹簧断或变形都应换用新件。

（4）出油阀漏油　出油阀密封不良是其漏油的主要原因，可用偶件相互研磨恢复出油阀与阀座的密封。磨损严重、难以修复时，应换用新的出油阀偶件。

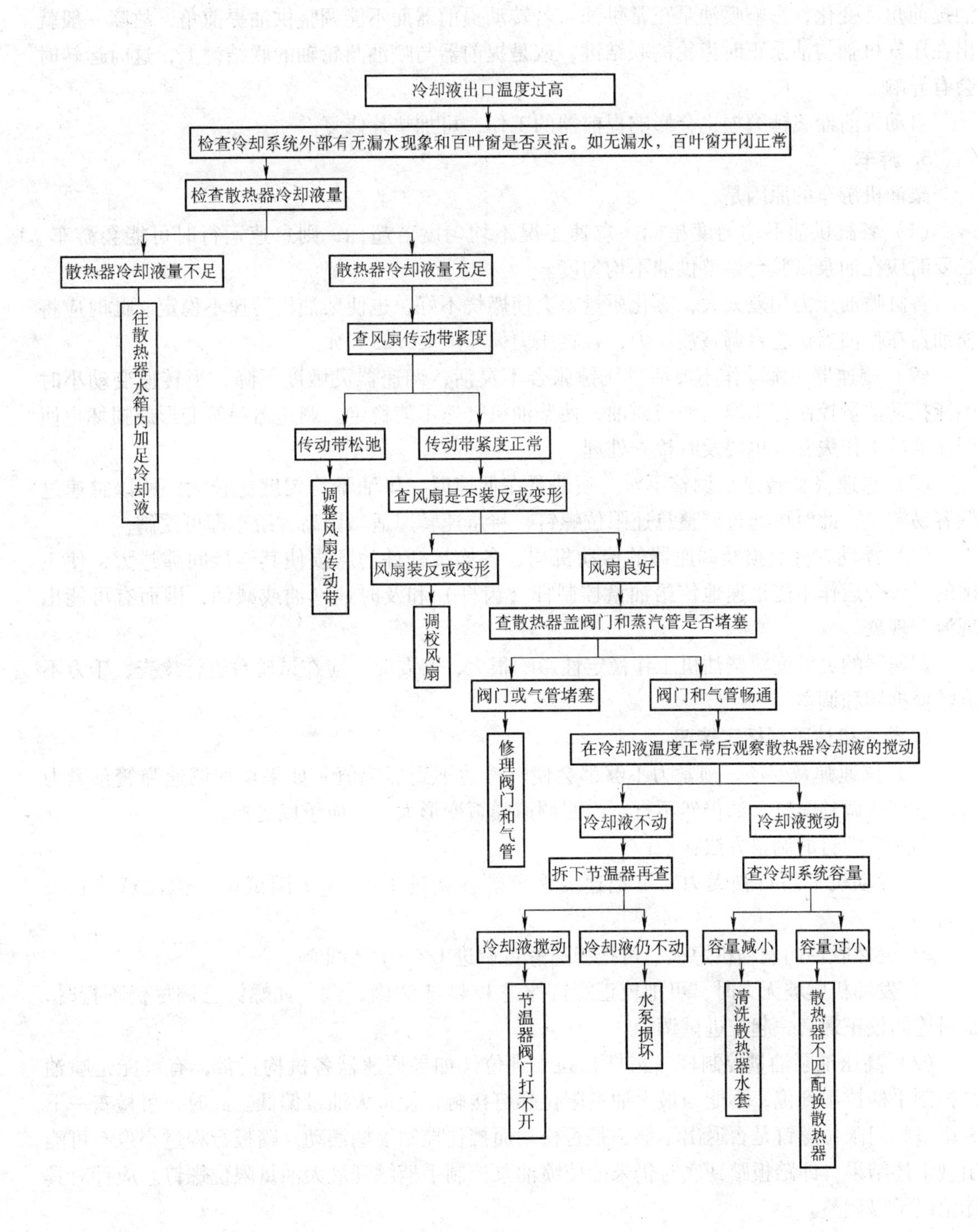

图 2-32 冷却液出口温度过高诊断流程图

（5）其他故障　喷油泵供油自动提前器松脱、提前器与轴的联结键损坏等，将导致供油提前角度变化，影响喷油泵正常供油。若转动提前器而不能调整供油提前角，故障一般就出在压气机轴与油泵正时齿轮的联结键，或是提前器与喷油凸轮轴的联结键上，这时运转时会有异响。

自动提前器飞锤磨损也会影响提前器的工作，可加垫片修复。

3. 游车

柴油机游车的原因是：

（1）各缸供油不均匀度超标　怠速工况不均匀度若超标，则怠速运行时可能会游车。必要时应在油泵试验台调整供油不均匀度。

各缸喷油压力相差太大，雾化质量差会使燃烧不好，也使柴油机转速不稳定。此时应将喷油器在喷油器试验台调整油压力，各缸压力偏差应≤0.25MPa。

（2）调速器飞锤动作不灵活　飞锤张合不灵活，调速器灵敏度下降，当转速变动小时不能拉动油量控制杆迅速增油或减油，使柴油机转速不能稳定。调速器弹簧变形或损坏也使调速器的工作失常，也要及时检查处理。

（3）怠速（低转速）调整不对　喷油泵在低速时，供油不均匀度比较大，所以怠速过低容易游车，此时可通过调整怠速限位螺钉，将怠速转速适当调高，游车即可缓解。

（4）浮动杠杆磨损及调速器的传动机构、各连接杆件的磨损使其连接间隙过大，使飞锤的张、合运作不能迅速地传给油量控制杆（齿杆）和及时地增油或减油，因而有可能出现游车现象。

调速器的灵敏度对柴油机工作稳定性影响很大，必要时，应在试验台进行检查，千万不能随便拆卸和调整。

4. 柴油机达不到标定转速

（1）调速弹簧变形、预紧力不够都会使转速达不到标定值　如果增加调速弹簧预紧力可旋进高速调整螺钉。如仍然不行，说明调速弹簧变形太大，应予以更换。

调速器螺钉的调整方法：

1）发动机平路行驶无力，可把速度调整螺栓调进1/4～1/2圈试调（但注意防止飞车）。

2）突然收油门发动机熄火，可把稳速螺钉调进1/4～1/2圈。

3）发动机爬坡无力时，可把校正螺钉拧进1/4～1/2圈试调。如螺钉已调尽仍不行时，也可连同校正螺套一起拧进试调。

（2）高压油泵油量控制杆（齿杆）拉不到位　如果调速器各机构正常，有可能是喷油泵控制手柄拉不到位，不能与最大油量限位螺钉接触，使最大油量偏低。此时，可检查一下二级节气门限位螺钉是否退出不够、是否松动而挡住控制手柄摆动。踏板行程过小也有可能出现上述结果，即踏板踏到底时仍未能使喷油泵控制手柄触到最大油量限位螺钉。应针对具体情况予以调整。

（3）齿杆（喷油泵油量控制杆）卡滞　齿杆移动不灵活或油量调节齿圈松动（使柱塞有效行程减小）都会使供油量减小，如喷油泵转速在1400r/min（标定工况）供油量达不到规定值应上试验台调整。

5. 柴油机飞车

通常出现飞车故障的主要原因如下：

1）喷油泵油量调节齿杆卡死或节气门拉杆卡死。

2）喷油泵油量调节齿杆与拉杆联接销脱落。

3）调速弹簧折断。

对喷油泵及调速器的一切故障都不允许在车上调整与维修必须在试验台调整、检查修理。

对飞车故障应采取的紧急措施：

1）立即把节气门拉到停车位置，即拉动喷油泵“断油装置”，拉到断油位置。

2）立即拉动减压装置手柄（如果有此装置的话），降低气缸压缩压力。

3）立即松脱喷油泵进油管，切断燃油油路。

4）立即堵住柴油机进气口，切断气路，迫使柴油机熄火。高压油泵故障诊断流程如图 2-33 所示。

2.7.7　喷油器常见故障诊断

1. 喷油器偶件卡死、喷孔堵塞

1）供油量过大，燃烧不良，积炭严重，使喷孔堵塞；喷油器冷却不良，喷油器偶件因过热变形而卡死。对此应仔细查找过热的原因，清洗喷油器，然后在试验器上调整喷油压力。

2）燃油有杂质或燃烧不完全，积炭过多。平时应注意清洗维护喷油器。喷油器若不能继续使用应换件，更换后的喷油器应重新在试验器上调定喷油压力。

2. 喷油器喷油雾化不良

1）喷油压力过低。应在喷油压力试验器上重新调定喷油器时，需将喷油器偶件拆出，用加薄垫片的方法提高喷油器弹簧的预紧力（喷油压力）。喷油器装好后再在试验器上检验，直到喷油压力达到标准值为止。

2）喷油器偶件磨损。应换用新偶件，并在喷油器装好后，在试验器上调定喷油压力。

3）喷油器偶件的针阀表面有污物或喷孔堵塞。应清洗干净，装好后重新调整。

注意：在清除喷油器头部的积炭时，应先用木片刮去针阀体外部的积炭，接着用直径 0.25mm 的通针，再用直径 0.28mm 的通针边转边通喷孔。不可以用粗钢针清除喷孔积炭。

3. 喷油器漏油

1）针阀偶件密封性差。若研修不能解决问题，则应更换。

2）针阀关闭不严。若针阀密封面因积炭关闭不严，可在清洗后再行检验，若因针阀变形使关闭不严则应更换针阀偶件。

3）喷油器喷嘴紧帽变形或针阀密封面受损。此种损伤均不宜修复再用，均应换用新件。喷油器常见故障诊断流程如图 2-34 所示。

2.7.8　柴油机运行中突然停机

发动机突然停机的故障原因与排除方法如下：

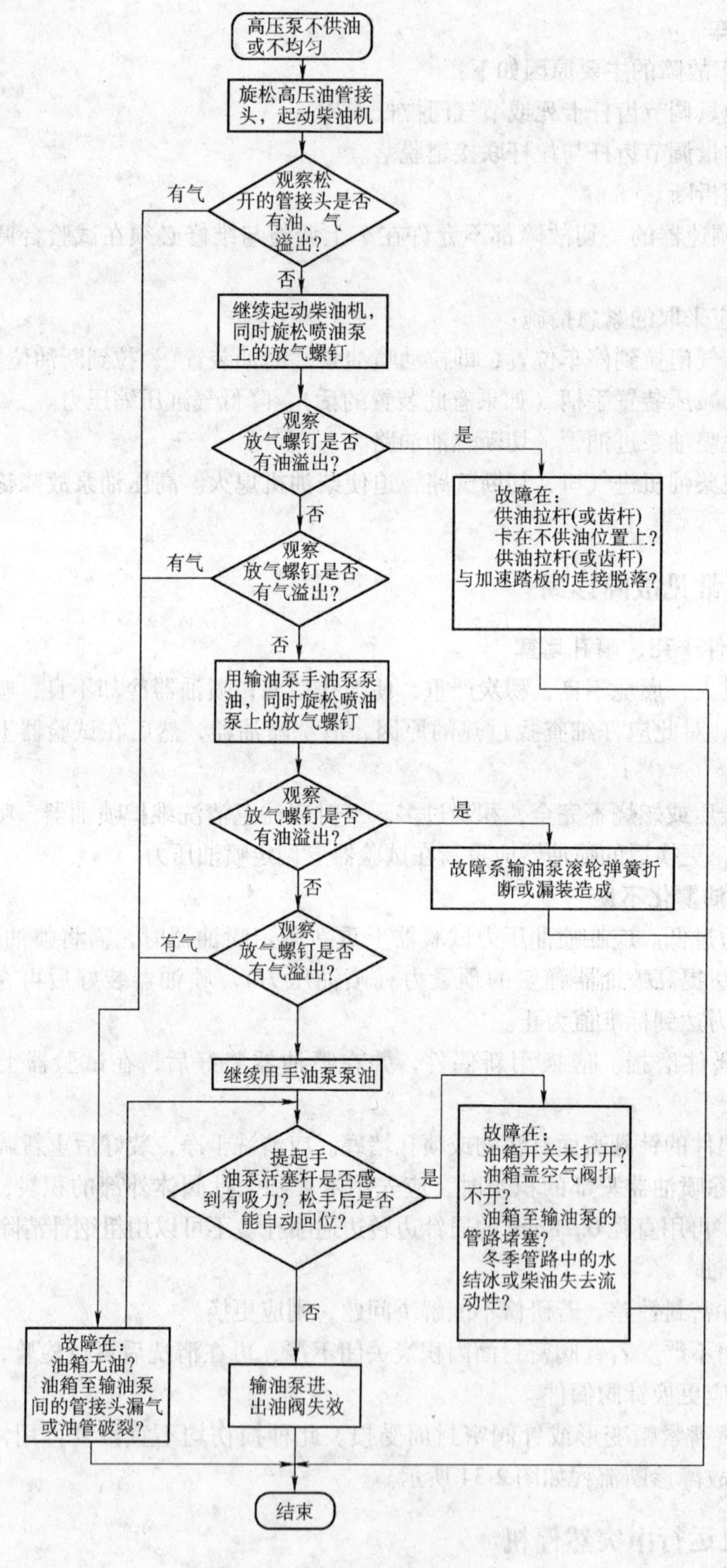

图 2-33 高压油泵故障诊断流程图

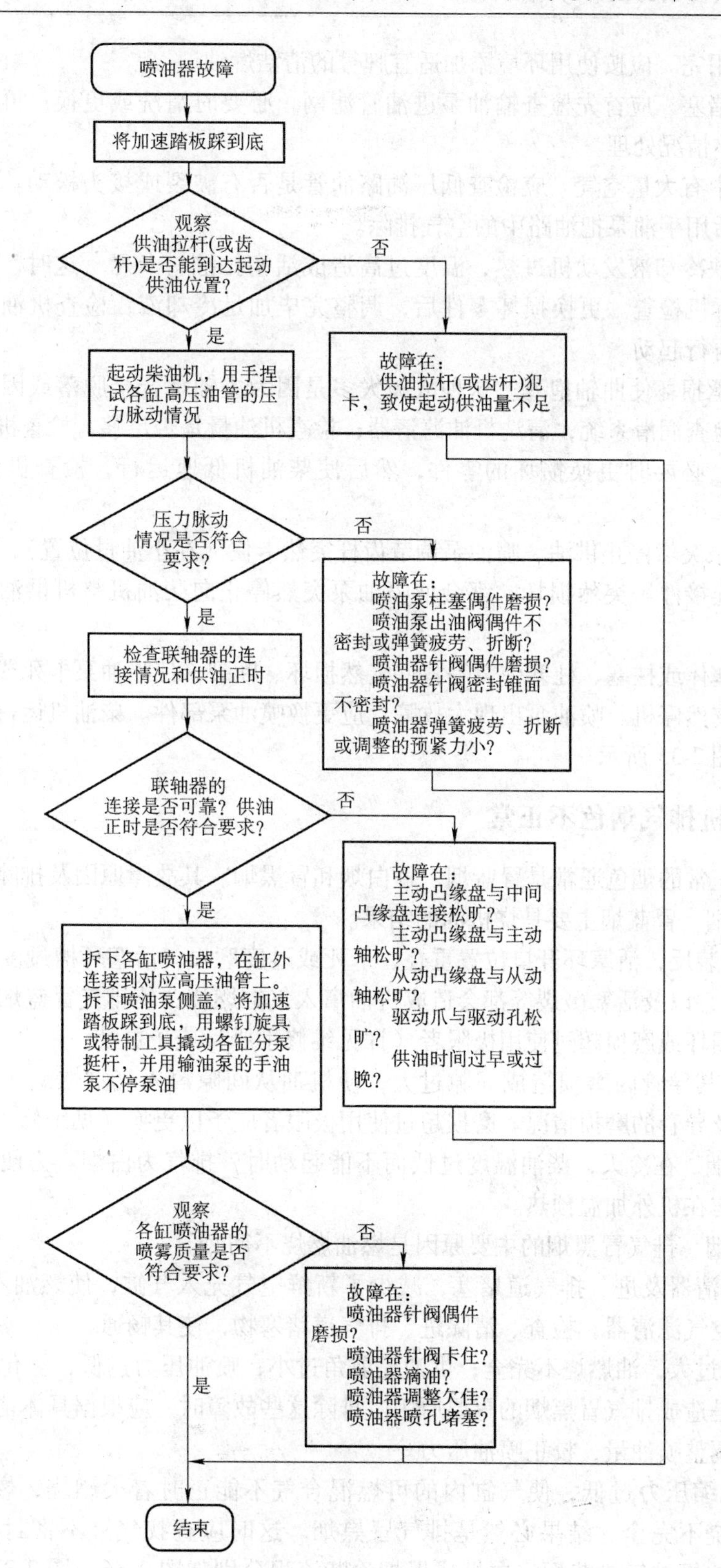

图 2-34　喷油器常见故障诊断流程图

（1）燃油用完　应按使用环境添加适宜牌号的清洁燃油。

（2）油路堵塞　应首先检查输油泵进油管滤网，必要时清洗或更换；再检查管路其他部分，根据具体情况处理。

（3）油路中有大量空气　应检查低压油路油管是否有破裂或接头松动。若仅是油管接头松动则上紧后用手油泵把油路中的空气排除。

（4）由于缺冷却液发动机过热，温度过高造成活塞拉缸、卡死　这时，应让发动机自然冷却，然后拆机检查。更换损坏零件后，调整完毕加足冷却液，检查机油是否损耗、变质，加足机油再行起动。

（5）主轴承损坏使曲轴抱死　这种故障大多是因为主轴承合金脱落或因润滑不良烧轴承。此时，应检查润滑系统，清洗机油滤清器；检查机油量是否足够，检查机油泵是否过度磨损或损坏等。必要时更换损坏的零件，然后使柴油机低速运行，检查机油压力是否正常。

（6）喷油泵突然停止供油　喷油泵调节齿杆突然卡住（在小油量位置），或喷油泵轴与自动提前器的连接件等突然损坏，都会使喷油泵突然停止向柴油机整机供油，使之突然停机。

喷油泵柱塞体或柱塞、柱塞弹簧等零件突然损坏、断裂，使喷油泵卡死或严重损坏，也必然使柴油机突然停机。喷油泵出现大故障，应更换喷油泵部件。柴油机运行中突然停机故障诊断流程如图 2-35 所示。

2.7.9　柴油机排气烟色不正常

柴油机不正常的烟色通常是冒蓝烟、冒白烟和冒黑烟。其故障原因及排除方法如下：

（1）冒蓝烟　冒蓝烟主要是烧机油的结果。

1）活塞环装反，活塞环开口位置重叠、卡死或过度磨损，活塞环槽过度磨损（与活塞环的间隙过大），以及活塞破裂等都会造成机油窜入气缸燃烧，使排气冒蓝烟，应对上述零件进行检查，损坏或磨损超过使用极限者（详见维修手册）应予更换。

2）气门与其导管因磨损造成间隙过大，使机油从间隙窜入气缸燃烧，对此应拆出气门，检查气门及导管的磨损情况。磨损超过使用极限者应予以更换（见维修手册）。

（2）冒白烟　在冷天，柴油温度过低而不能起动时，排气为白烟。为便于起动应关闭百叶窗或起动前在机外加温预热。

（3）冒黑烟　排气冒黑烟的主要原因是燃油燃烧不彻底。

1）空气滤清器及进、排气道堵塞，减少了新鲜空气充入气缸，使燃油不能充分燃烧。对此，应清洗空气滤清器，检查、清除进、排气道堵塞物，使其畅通。

2）喷油量过大，油燃烧不完全；供油提前角过小；喷油压力过低，雾化不良使燃油燃烧不尽等，都是造成排气冒黑烟的重要原因。排除这些故障时，应根据具体情况做针对性处理，重新检查调整喷油量，校正喷油压力。

3）气缸压缩压力过低，使气缸内的可燃混合气不能正时着火燃烧，燃烧过程拖长，后燃增加或燃烧不完全，结果必然是排气冒黑烟。这时应查找气缸不密封的原因，逐项加以排除。柴油机排气排蓝烟、白烟或黑烟诊断流程分别如图 2-36、图 2-37 和图 2-38 所示。

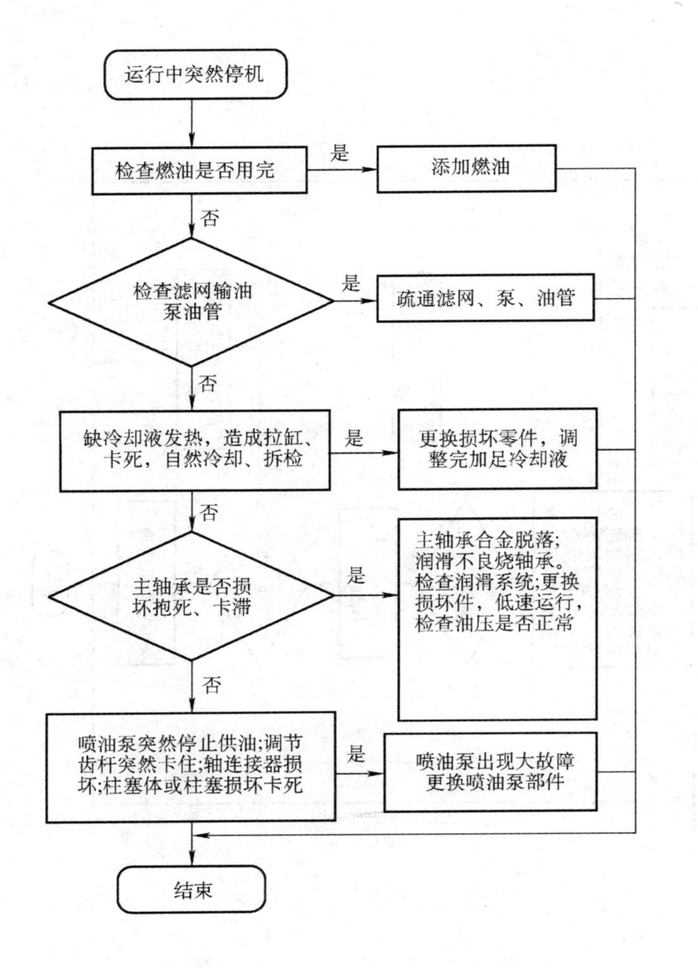

图 2-35　柴油机运行中突然停止故障诊断流程图

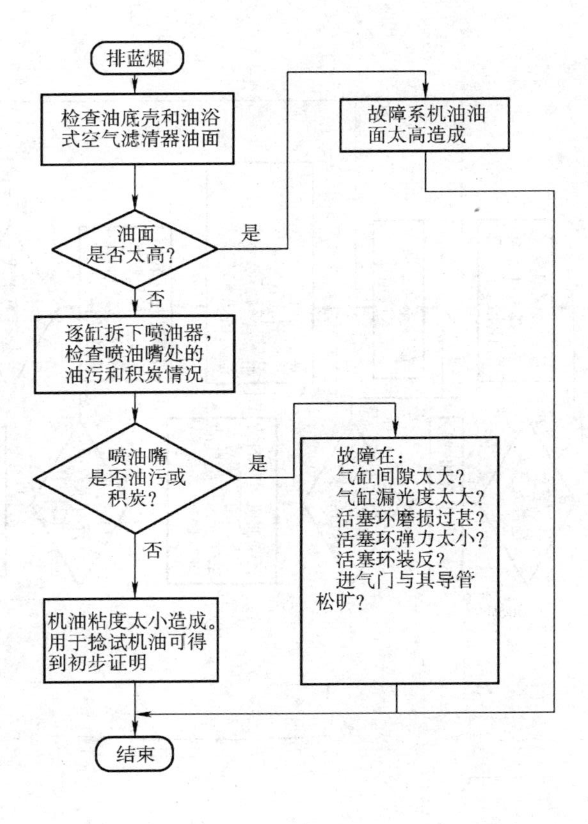

图 2-36　排蓝烟诊断流程图

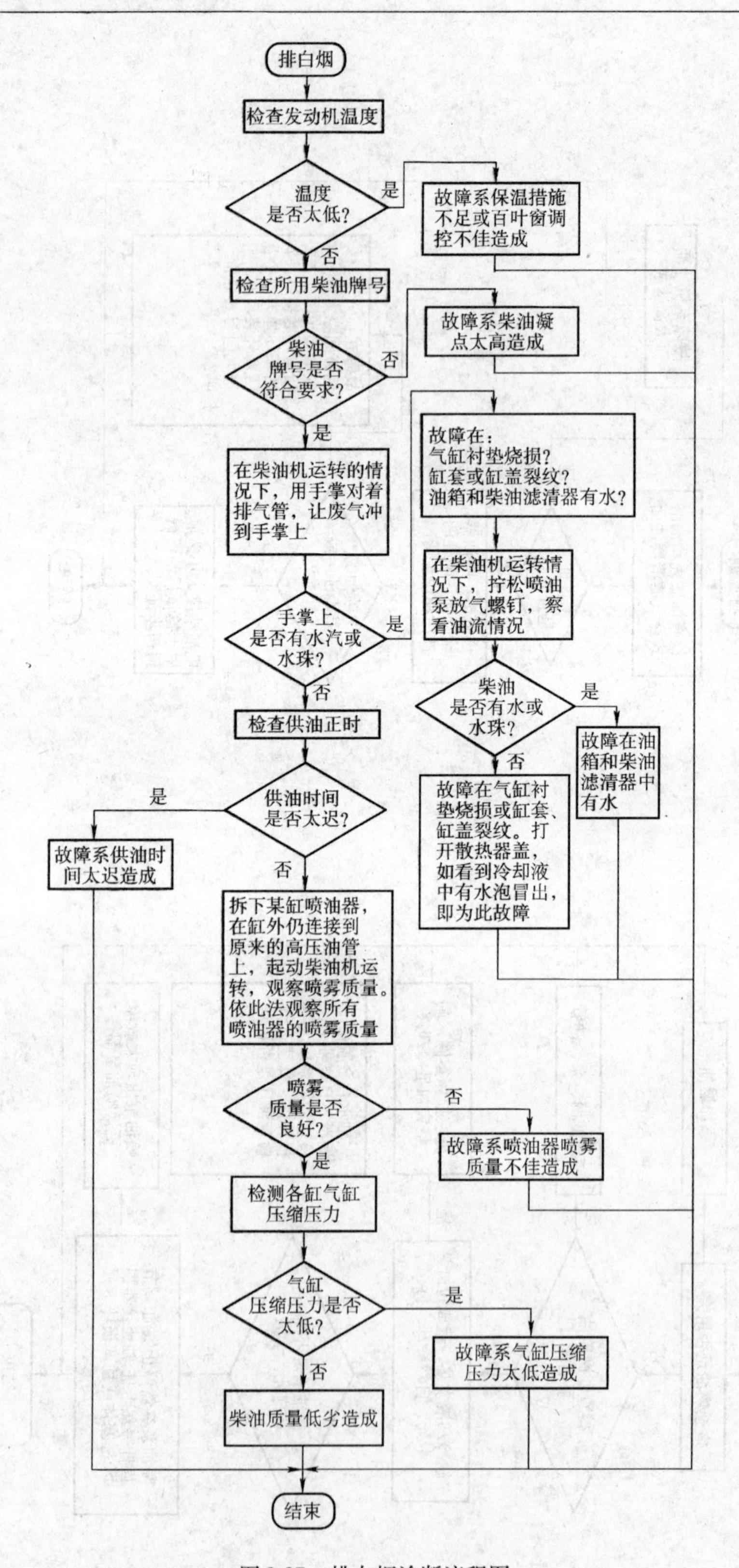

图2-37　排白烟诊断流程图

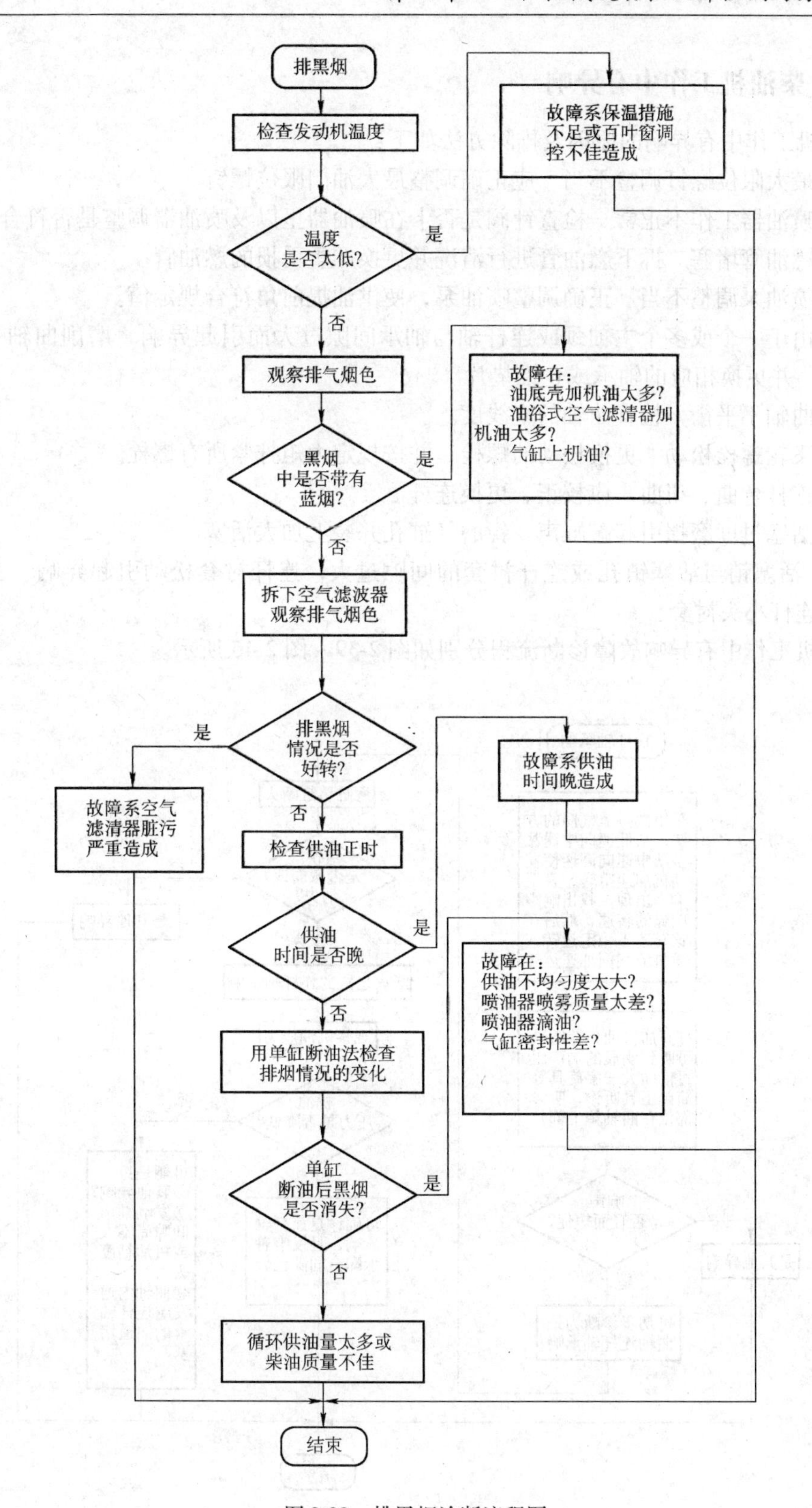

图 2-38　排黑烟诊断流程图

2.7.10　柴油机工作中有异响

发动机工作中有异响的原因及排除方法如下：

（1）最大限位螺钉调整不当　应正确调整最大油门限位螺钉。

（2）喷油器工作不正常　检查针阀是否卡在喷油器里以及喷油器调整是否符合规定。

（3）燃油管堵塞　拆下燃油管进行清洗并更换严重受损的燃油管。

（4）喷油泵调整不当　正确调整喷油泵，使供油提前角符合规定值。

（5）由于一个或多个主轴颈或连杆轴与轴承间隙过大而引起异响　磨削曲轴主轴颈或连杆轴颈，并更换相应的轴承或止推垫片。

（6）曲轴不平衡　检查曲轴的直线度。

（7）飞轮螺栓松动　更换松动的螺栓，并按规定力矩拧紧所有螺栓。

（8）连杆弯曲、扭曲　应校正、更换连杆。

（9）活塞过度磨损引起敲缸声　镗磨气缸孔并装上加大活塞。

（10）活塞销与活塞销孔或连杆衬套的间隙过大，连杆衬套松动引起异响　更换活塞销，更换连杆小头衬套。

柴油机工作中有异响故障诊断流程分别如图2-39～图2-46所示。

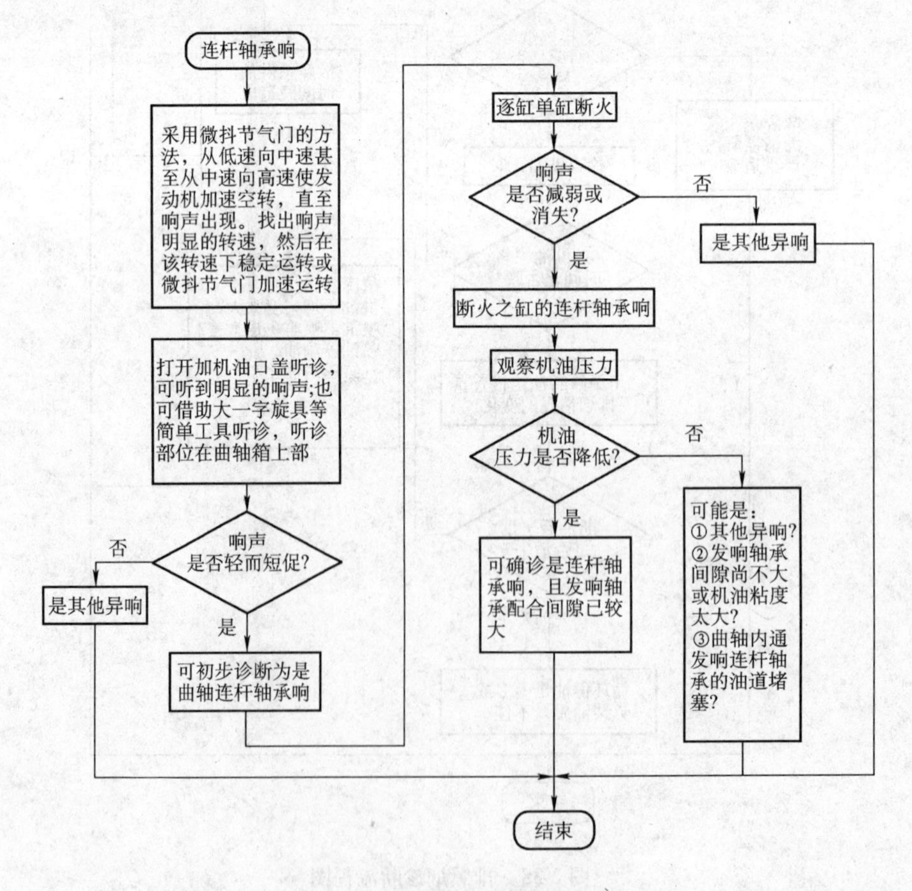

图2-39　连杆轴承响诊断流程图

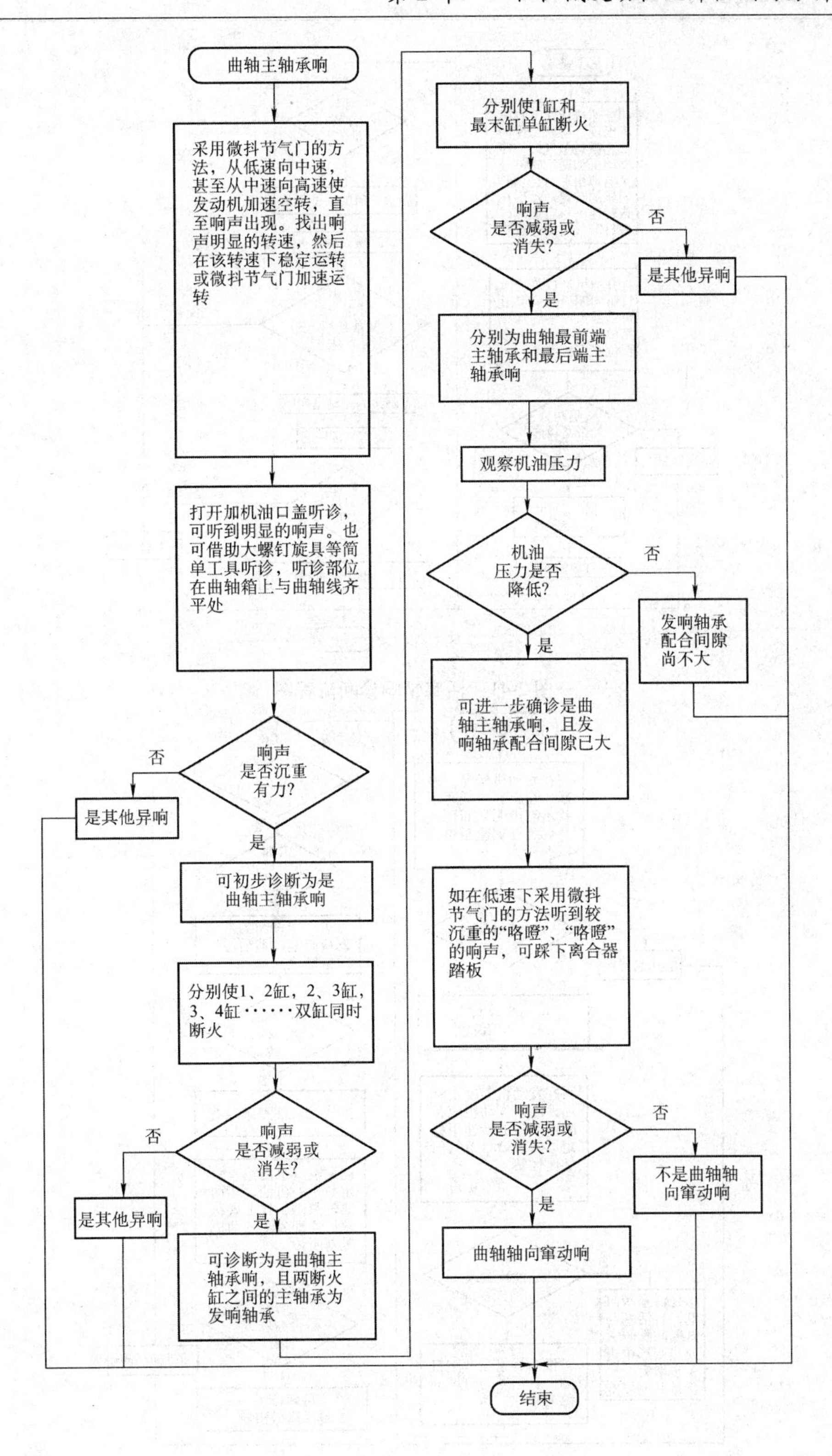

图 2-40　曲轴主轴承响诊断流程图

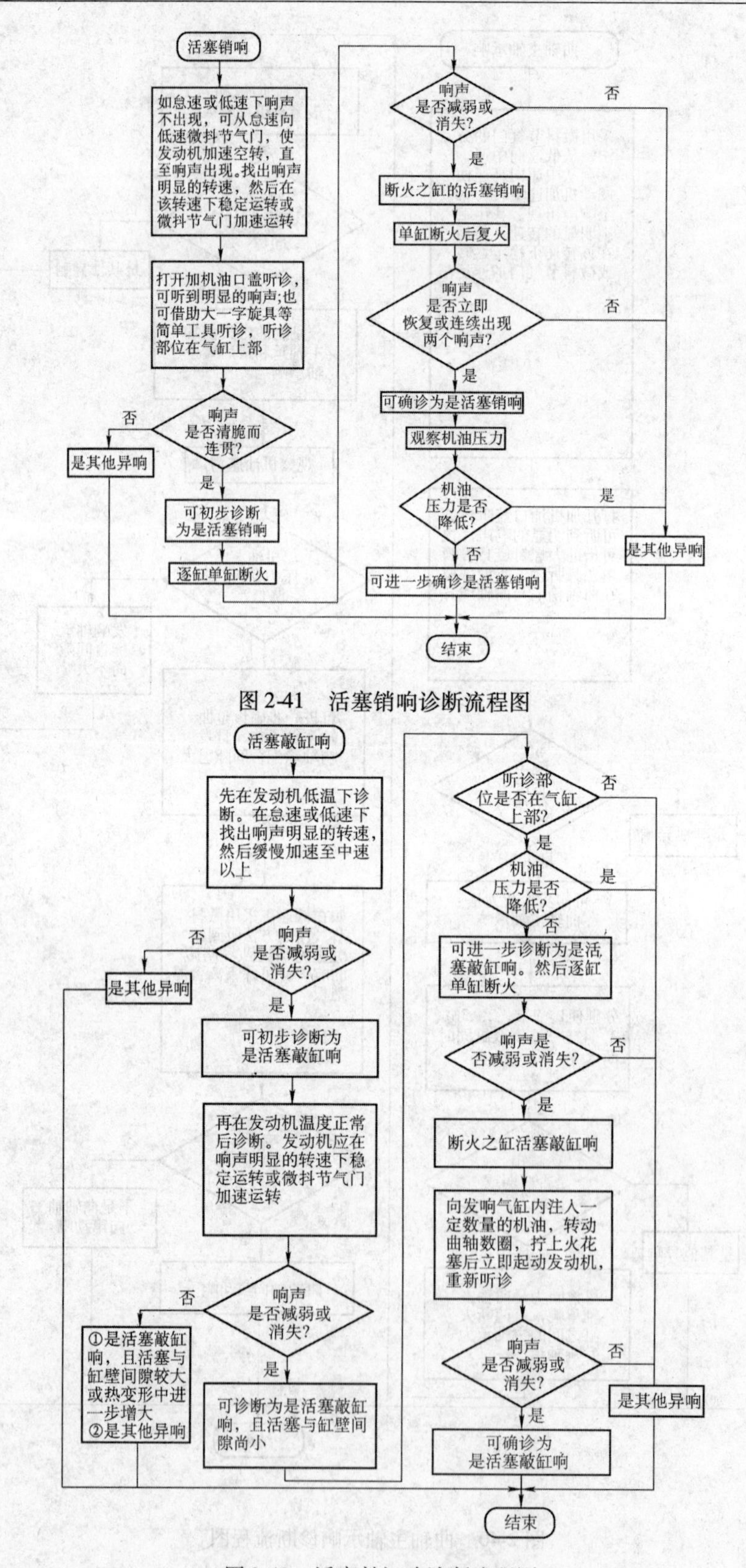

图 2-42 活塞敲缸响诊断流程图

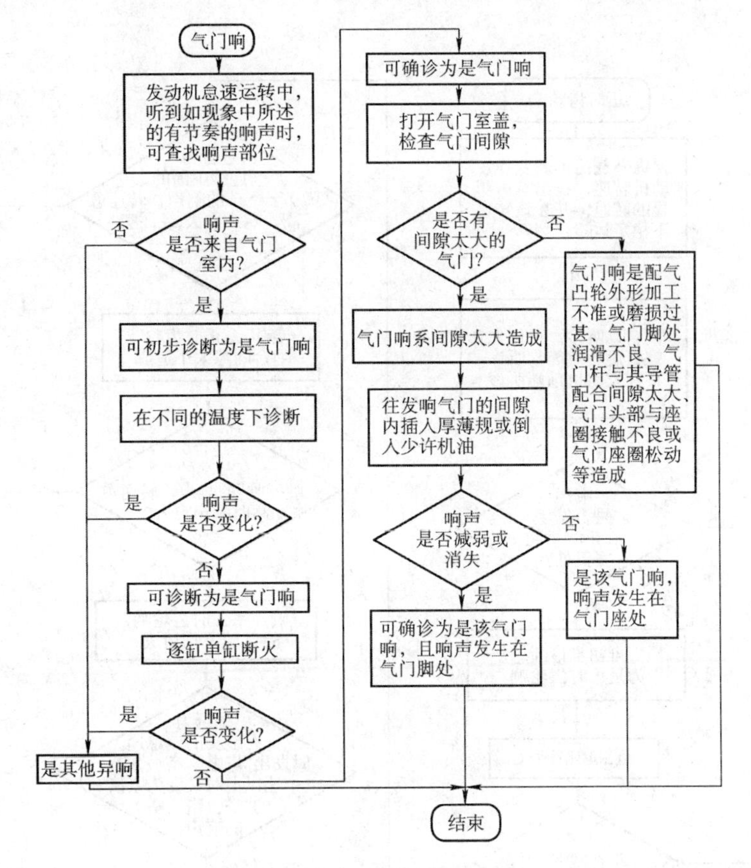

图 2-43　气门响诊断流程图

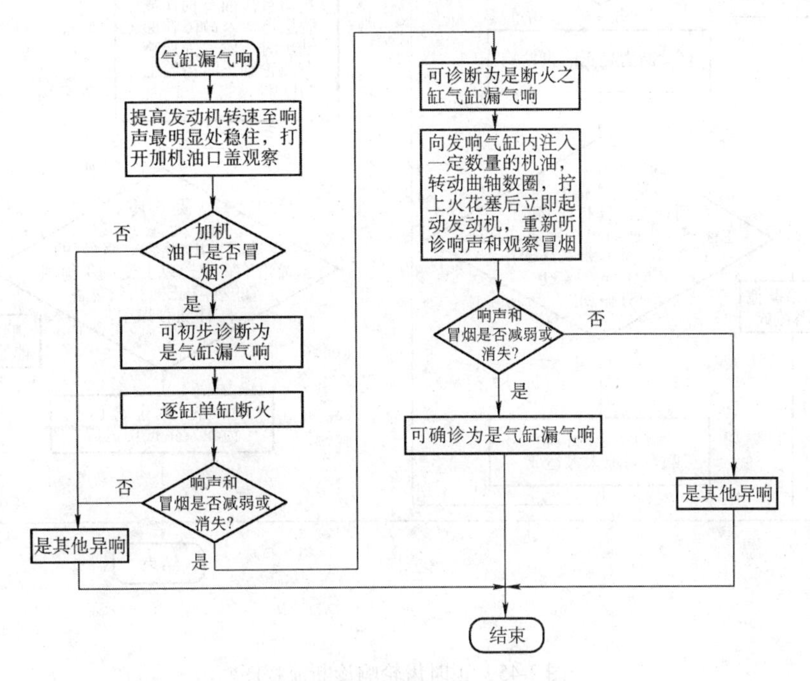

图 2-44　气缸漏气响诊断流程图

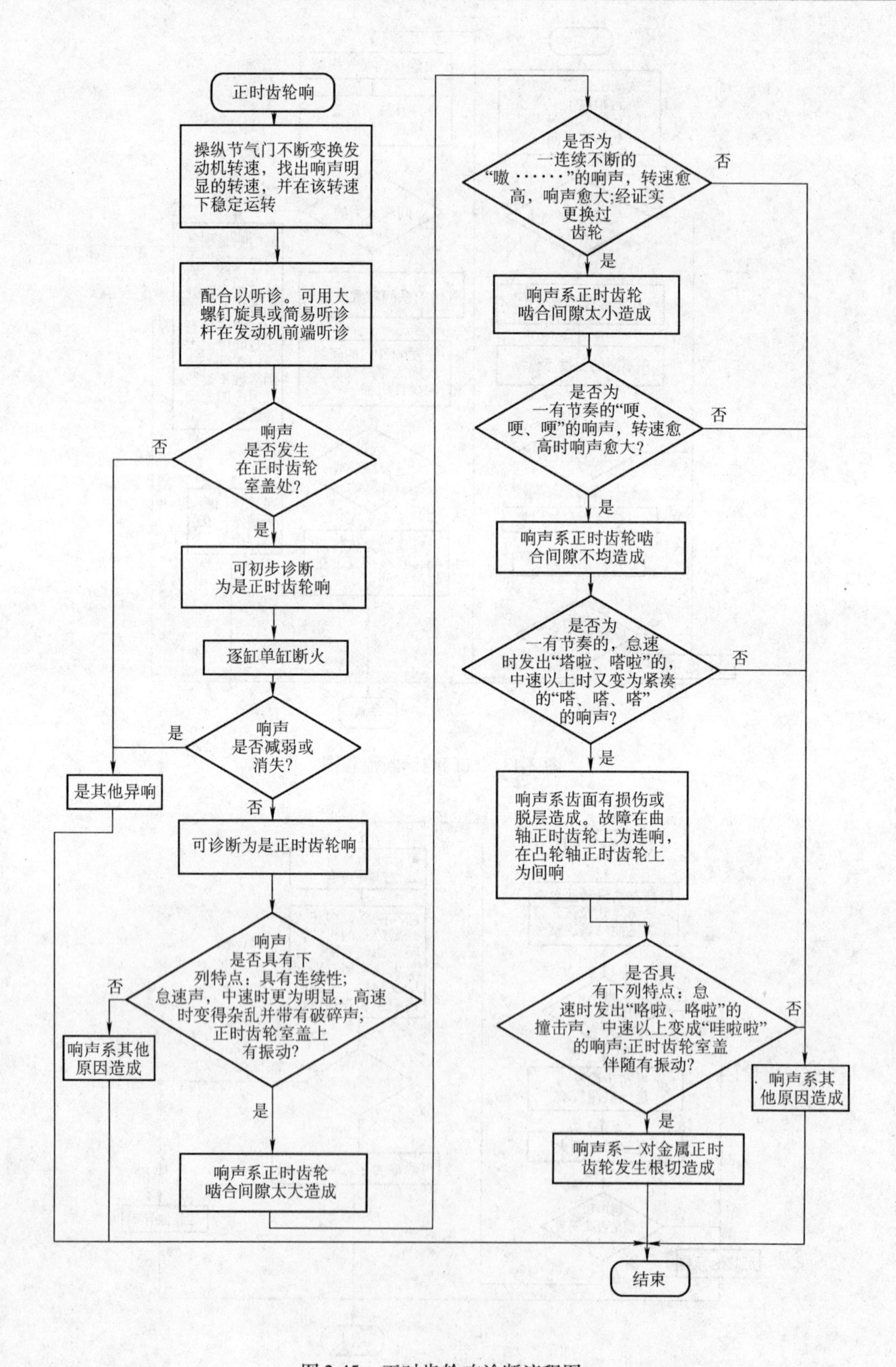

图 2-45　正时齿轮响诊断流程图

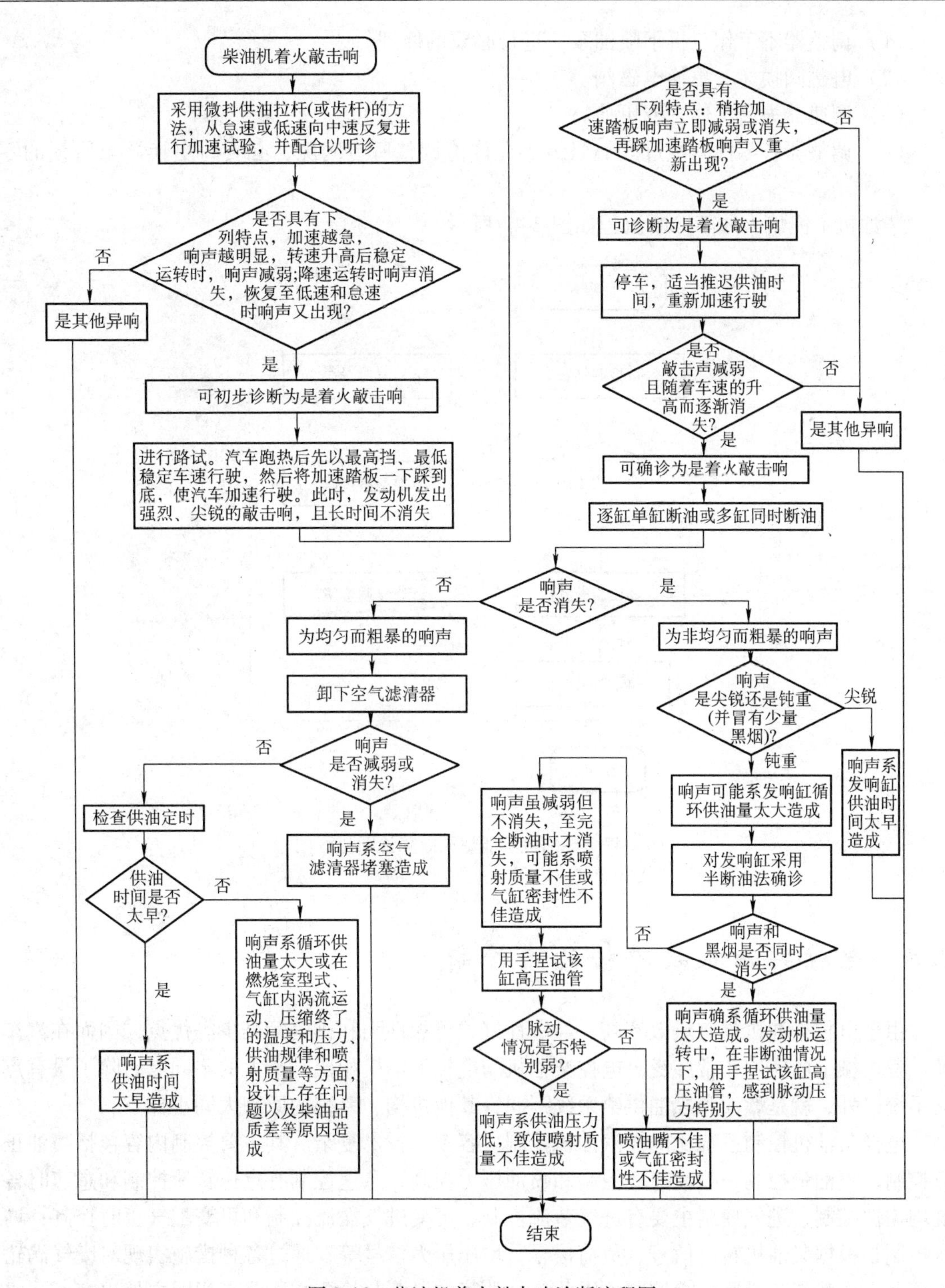

图2-46　柴油机着火敲击响诊断流程图

2.7.11　柴油机不能熄火

柴油机不能熄火的原因及排除方法如下：

（1）调整器不工作　拆下喷油泵，进行必要的修理。

（2）电磁阀损坏　更换电磁阀。

（3）调速器失灵　修理或更换。

（4）调整器各零件间隙过大　以最小允许值调整所有间隙，必要时更换严重磨损的零件。

柴油机不能熄火故障诊断流程如图2-47所示。

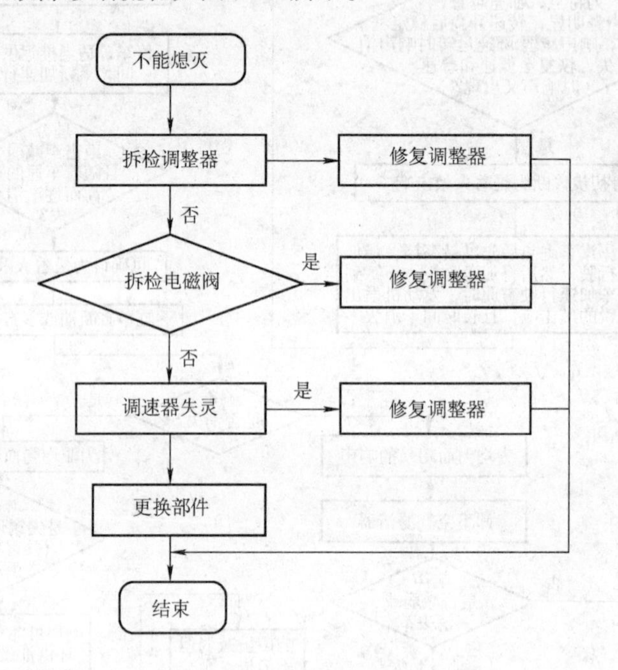

图2-47　柴油机不能熄灭故障诊断流程图

2.8　电控柴油机故障检测与诊断

由于电控柴油机具有热效率高、经济性好、可靠性强和排气污染少等优点，因而在汽车及工程机械上的应用非常广泛。电控柴油机与电控汽油机相比，最大的不同点，除了没有点火系统以外，就是燃油和燃油供给系统不同，其他机构、系统的原理大同小异。

电控柴油机控制系统比电控汽油机控制内容多、技术复杂。其主要控制内容包括喷油正时控制、喷油量控制、喷油速率控制和喷油压力控制；怠速控制有怠速转速控制和怠速时各缸均匀性控制；进气控制主要有进气节流控制、可变进气涡流控制和可变配气正时控制；增压控制是根据柴油机转速信号、负荷信号、增压压力信号等，通过各种措施实现对废气涡轮增压器工作状态和增压压力控制。因此，其故障的诊断与检测方法既有相同之处也有不同之处。

2.8.1　电控柴油机电控系统检测的注意事项

现代工程机械柴油机电控系统是一个较复杂的机电一体化综合控制系统，由于电控柴油机其结构的多样化，因此，在诊断检测故障时，需要首先系统全面地掌握整个系统的结构、原理和电气线路，并要掌握检测的基本方法和步骤。

在对柴油机电控系统进行检测和故障诊断时，需要掌握系统的检测方法和步骤，切不可随意乱动或用一般电路故障的检查方法进行检查。检测时应注意以下几点：

1）检测维修时不要打开计算机，因为打开后很可能将计算机损坏，或破坏其密封性能。

2）雨天检测及清洗发动机时，应防止将水溅到电子设备及线路上。

3）在拆出导线连接器时，要注意松开锁紧弹簧或按下锁扣。在装插连接器时，应插到底并锁止。

4）检测线路断路故障时，应先脱开计算机和相应传感器的连接器，然后测量连接器相应端子间的电阻以确定是否断路或接触不良。

5）检测导线是否有搭铁短路故障时，应拆开线路两端的连接器，然后测量连接器被测端子与车身搭铁之间的电阻值，电阻值大于 1MΩ 为合格。

6）严禁在发动机高速运转时将蓄电池从电路中断开，以防产生瞬变过电压将计算机和传感器损坏。

7）当发动机出现故障，指示灯点亮时，不能将蓄电池从电路中断开，以防止计算机中存储的故障码及有关资料信息被清除。只有通过自诊断系统将故障码及有关信息资料调出并诊断出故障原因后，方可将蓄电池从电路中断开。

8）当检测出故障原因，对电控系统进行检修时，应先将点火开关关掉，并将蓄电池搭铁线拆下。

9）除在测试过程中特殊指明外，不能用指针式万用表测试计算机及传感器，应用高阻抗数字式万用表进行测试。

10）蓄电池搭铁极性切不可接错，必须负极搭铁。

11）不要用普通指示灯去测试任何和计算机相连接的电气装置。

12）计算机必须防止受剧烈振动。

2.8.2　电控柴油机故障诊断程序

故障诊断程序如图 2-48 所示。

2.8.3　用自诊断系统检测发动机故障

现代电控柴油机的计算机控制系统都具有故障自诊断功能，当系统出现故障时，发动机指示灯点亮，同时 ECU 将故障信息存入存储器。在检测维修时，通过一定的程序将故障码从 ECU 中调出，根据故障码所显示的内容，迅速准确地确定故障的性质，有针对性地检查有关部位、元件和线路，并将故障码清除。所以调取故障码诊断计算机控制系统故障是检修现化工程机械很重要的基本方法。

故障代码的消除方法：将内存清除开关按到插座里消除故障代码，或者利用专用的诊断仪消除故障代码。

注意：利用专用的诊断仪确认故障代码时，可以同时确诊当时发生的故障代码和以前发生的、记忆了的代码，与发动机的运行状态无关。但是，通过诊断指示灯确诊故障代码的时候，在发动机运行状态下显示的内容和停机状态下显示的的内容会有所不同。发动机在停机状态，当时产生的诊断代码和以前产生的、记忆了的代码同时显示；而发动机在运行状态时，只显示当时产生的故障代码。

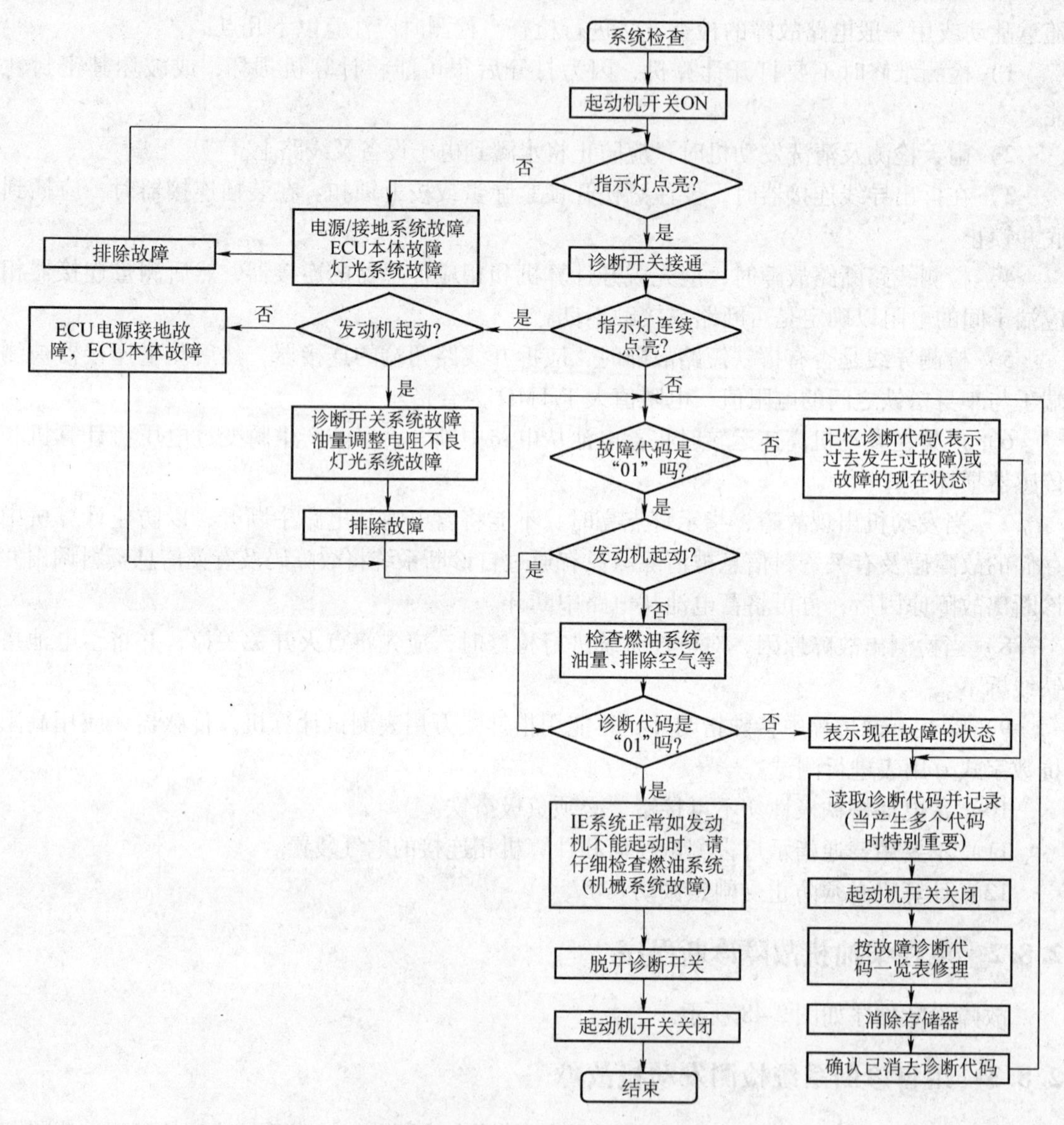

图 2-48 电控柴油机故障诊断程序

由于电控柴油机喷油系统结构复杂，种类繁多，目前为止厂商不同，自诊方法也不同。下面以康明斯 ISBe 共轨柴油机为例，介绍其故障指示灯自诊断系统。

康明斯高压共轨电控发动机 ISB 系列有 ISB（四缸发动机）和 ISBe（四缸发动机和六缸发动机）之分，四缸发动机排量为 3.9L，六缸发动机排量为 5.9L。我国常用的是 ISBe 型六缸发动机，该发动机为直列六缸、四冲程水冷、增压中冷、高压共轨电控柴油机，使用博世 CP3 电控分配式喷油泵。由发动机主电控单元（ECM）进行综合控制。

1. 故障码的显示

康明斯 ISBe 高压共轨柴油机的电控系统具有故障诊断功能，当诊断系统检测到故障时，就会在存储器中记录下该故障及相应的发动机运行参数值。诊断系统还可根据现行故障的类型和严重程度，使不同的故障指示灯点亮。

故障指示灯包括：报警指示灯（WARNING）、停机指示灯（STOP）、待起动指示灯（WAIT-TO-START）和维护指示灯（MAINTENANCE），如图 2-49、图 2-50 所示。

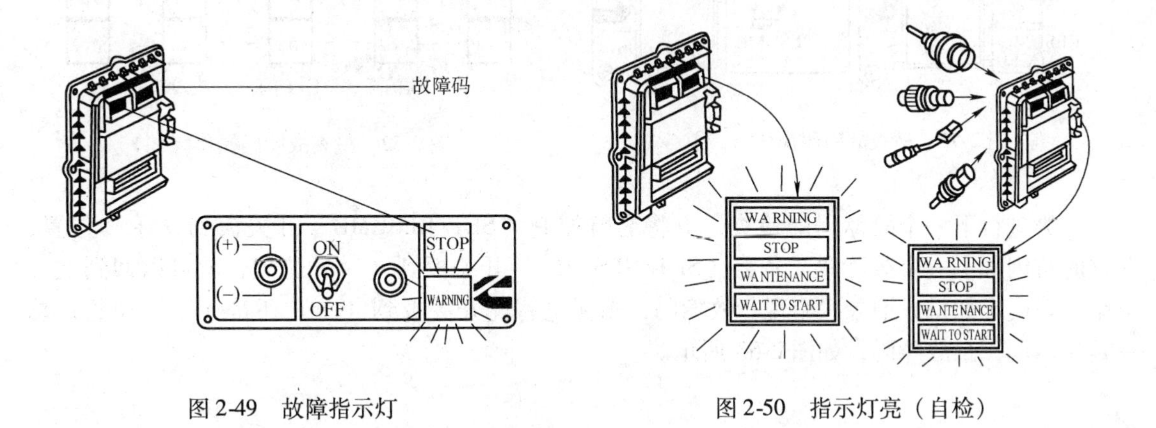

图 2-49　故障指示灯　　　图 2-50　指示灯亮（自检）

2. 故障指示灯自检

故障指示灯自检是当点火开关转到“ON”位置时，同时诊断开关在“OFF”位置时，四种指示灯（报警、停机、保养和等待起动指示灯）将依次点亮约 2s，然后熄灭，以进行自检。如果指示灯按上述条件点亮，说明指示灯工作正常、接线正确，如图 2-52 所示。

若报警指示灯（WARNING）点亮，表明系统有故障；若停机指示灯（STOP）点亮，说明应尽快使机械安全停驶进行检修，以保护发动机。

康明斯 ISBe 高压共轨柴油机的故障代码分为现行故障代码和非现行故障代码，现行故障代码表示现在的故障代码，故障排除后变成非现行故障代码，利用原始制造商（OEM）提供的便携式计算机诊断才能将其从存储器中消除掉。

有些故障状况与发动机保护相关连。如果选用发动机保护性停机功能，ECM 可能由于故障码而使发动机停机。有些原始设备制造商（OEM）在发动机出现保护性故障时，通过蜂鸣器发出声音，使驾驶员知道有严重故障，并应立即停机。

3. 用诊断指示灯读取故障码

检查故障的操作，如图 2-51 所示。将点火开关转到“OFF”位置，将诊断开关转到“ON”位置，再将点火开关转到“ON”位置，发动机不运转。如果未记录下现行故障码，红色和黄色指示灯将依次点亮，然后熄灭并且保持熄灭状态。如果记录下现行故障码，两个指示灯都将瞬间点亮，然后开始闪烁出已记录的现行故障码。

故障码闪烁顺序，如图 2-52 所示。首先，“WARNING”（黄色）报警指示灯将闪烁，然后停留 1s 或 2s，然后“STOP”（红色）停机指示灯闪烁已记录的故障码，各号码间会有 1 s 或 2s 的停顿。在红色指示灯闪烁完故障码之后，黄色指示灯再次闪亮。三位数的故障码将以相同的顺序重复闪烁。

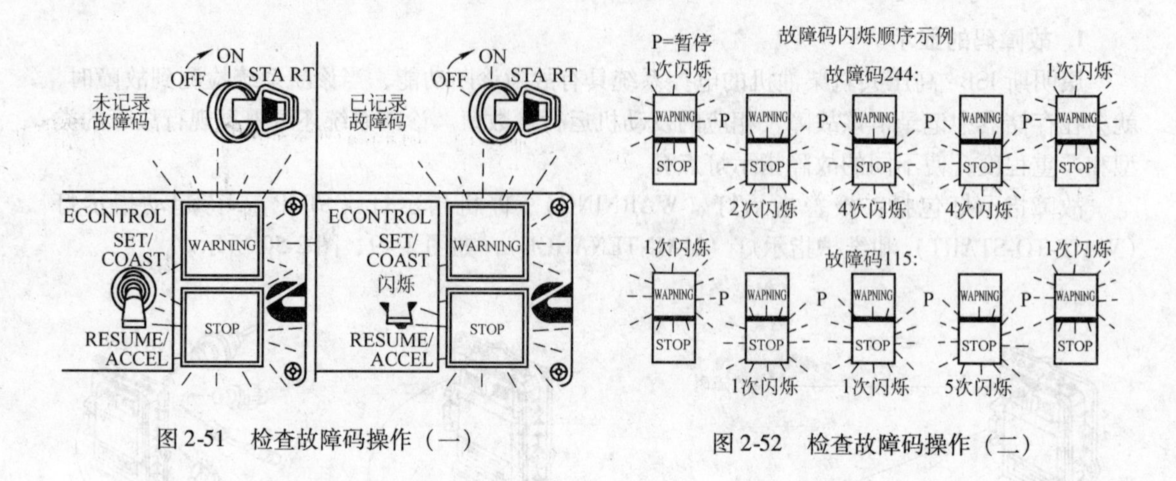

图 2-51 检查故障码操作（一）

图 2-52 检查故障码操作（二）

为进行下一个故障码的检查，应将巡航控制“SET/RESUME”开关扳到（+）位置，这时将闪烁下一个故障码。若将“SET/RESUME”开关扳到（-）位置，就可以回到上一个故障码。如果只记录一个现行故障码，则无论将此开关扳到（+）还是（-）位置，总是显示同一个故障码，如图 2-53 所示。

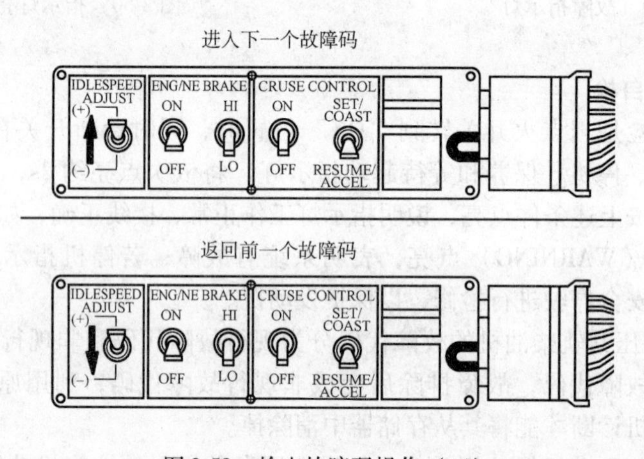

图 2-53 检查故障码操作（三）

故障代码的清除：调出故障代码后，经过维修，使发动机运转 1min，再确诊现行故障代码已转变成非现行故障代码，再用原始制造商（OEC）提供的便携式计算机清除非现行故障代码。

2.8.4 用故障诊断仪读的故障码

使用电子服务工具（INSITE™）或称手提诊断电脑，能够显示现行和非现行故障码。只有排除故障后，将现行故障码变成非现行故障码，用电子服务工具才能将非现行故障码和相关故障信息从 ECM 存储器中清除掉。电子服务工具 INSITE™具有发动机监测和特殊诊断测试功能。

使用 INSITE™可以得到附加的故障码信息，这些存储数据记录着故障发生时控制系统传感器和开关的数值或状态。该数据储存着自存储器清零后从第一次存储直到最近一次存储的故障，如图 2-54 所示。

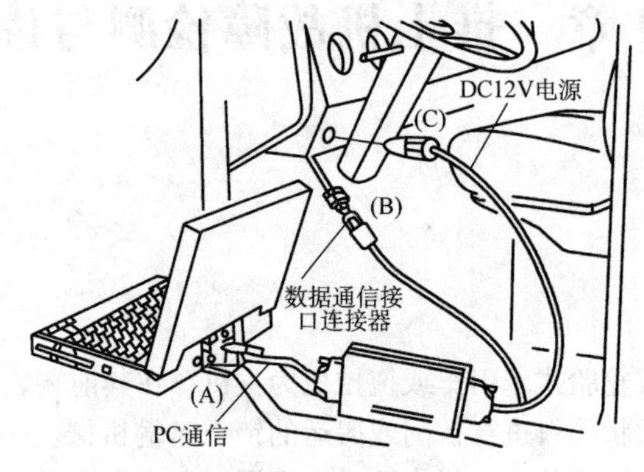

图 2-54　读取故障码信息

使用电子服务工具读取故障码时，应将 INSITE™工具与 J1708 数据通信接口相连，并连接好所有部件，将点火开关转到“ON”位置，开始读取故障码。

用原始设备（OEM）提供的 INSITE™工具能够显示现行和非现行故障码。只有经过维修后，排除了故障，用 INSITE™确认现行故障码不再起作用，并且已转变成非现行故障码时，才能用 INSITE™清除掉非现行故障和相关故障信息。也就是经过维修后，发动机运转 1min，用电子服务工具确认现行故障码不再起作用，再用 INSITE™清除非现行故障码。

复习与思考题

1. 什么是直观诊断方法？要求是什么？
2. 什么是随车故障自诊断系统？
3. 什么是无负荷测功？
4. 气缸压缩力检测的条件是什么？
5. 进气管真空度检测方法有哪些？
6. 工程机械发动机出现异响的原因有哪些类型？
7. 发动机异响的特征有哪些类型？
8. 怎样区分发动机连杆轴承响与曲轴轴承响？
9. 发动机异响故障诊断注意事项有哪些？
10. 气门响如何诊断？
11. 气门漏气响怎样诊断？
12. 发动机常温和转速正常下，机油压力表读数过高应怎样诊断？
13. 冷却系统怎样检测？
14. 柴油机燃油供给系统常见故障有哪几种？
15. 柴油机综合故障有哪几种？
16. 电控柴油机电控系统检测时应注意哪些事项？
17. 怎样用诊断指示灯读取故障码？
18. 怎样用诊断仪读取故障码？

第3章　推土机故障检测与诊断

3.1　概述

1. 推土机用途

推土机是以履带式或轮胎式牵引车或拖拉机为主机，在其前端装有推土装置，依靠主机的顶推力，对土石方或散状物料进行铲削或搬运的铲土运输机械。一般适用于100m运距内进行开挖、推运、回填土壤或其他物料作业，还可用于完成牵引、松土、压实、清除树桩等作业。由于其结构成熟，操作灵活，作业效率高及能适应多种作业等特点，在国民经济建设的各部门均得到了广泛的应用。

2. 推土机分类

推土机的种类较多，分类方法也较多，常见的分类如下：

（1）按发动机功率大小分类　分为小型、中型、大型和特大型推土机。小型推土机的功率在44kW以下；中型推土机的功率在44~103kW之间；大型推土机的功率在103~235kW之间；特大型推土机的功率在235kW以上。截至2010年，我国已生产出的国内最大功率履带式推土机的SD52—5型，最大功率可达382kW（520马力）。

（2）按行走方式分类　分为履带式和轮胎式推土机。履带式推土机质心低，稳定性好，接地面积大，接地比压小，附着性能和通过性能好，适于在松软土壤和复杂地段作业；但其质量大，行驶速度低，机动性差，对路面破坏较为严重，转场时需要载运。轮胎式推土机行驶速度快，机动性能好；但其轮胎的接地面积小，接地比压大，通过能力差，在松软地段上作业时易打滑和下陷，作业效率低。

（3）按传动方式分类　分为机械传动式、液力机械传动式和全液压传动式推土机。机械传动式推土机采用机械式传动，具有工作可靠、制造简单、传动效率高、维修方便等优点；但操作费力，传动装置对负荷的自适应能力差，容易引起柴油机熄火，降低了作业效率。目前，小型推土机主要采用机械式传动。

液力机械传动式推土机采用液力变矩器与动力换挡变速器组合的传动装置，具有自动无级变扭、自动适应外负荷变化的能力，柴油机不易熄火，可带载换挡，减少了换挡次数，操作轻便灵活，作业效率高。其缺点是液力变矩器在工作中容易发热，降低了传动效率，同时传动装置结构复杂，制造精度高，提高了制造成本，也给维修带来了不便和困难。目前，大中型推土机用这种传动形式的较为普遍。

全液压传动式推土机由液压马达驱动，驱动力直接传递到行走机构。因取消了主离合器、变速器和后桥等传动部件，所以结构紧凑，大大方便了推土机的总体布置，使整机重量减轻，操纵轻便，并可实现原地转向；但其制造成本较高，耐用度和可靠性较差，维修困难。目前，只在中等功率的推土机上采用全液压传动。

3. 推土机技术性能参数

目前，履带式推土机从社会保有量看主要有 TY120 型、TY140 型、TY160 型、TY220 型等。轮胎式推土机主要用于军事工程，很少用于民用。TY120 型和 TY140 型推土机结构相似，TY160 型和 TY220 型推土机结构也相似，所以本书以 TY120 型和 TY220 型推土机为主介绍履带式推土机。常用推土机的主要技术性能见表 3-1。

表 3-1　推土机主要技术性能

参数名称 \ 机型			TY120A	TY160C	TY220	TL180	TLK220
整机质量/kg			16200	17240	23670	17400	17850
乘员/人			2	2	2	2	2
最大牵引力/kN			130	130	450	136	134
最大纵向爬坡能力/(°)			30	30	30	25	25
最小转弯半径/mm					3.3	6.5	6.5
最小离地间隙/mm			300	400	405	400	400
外形尺寸/mm	长		5366	5134	5750	3907	7090
	宽		3760	3970	3725	3354	3390
	高		2947	3203	3548	3320	3320
行驶速度/(km/h)	前进	Ⅰ挡	2.23	0~3.6	0~3.6	0~4.89	0~7
		Ⅱ挡	3.57	0~6.4	0~6.5	0~9.71	0~14
		Ⅲ挡	5.10	0~10.3	0~11.2	0~21.25	0~30
		Ⅳ挡	7.34			0~42.25	0~50
		Ⅴ挡	10.23				
	后退	Ⅰ挡	2.68	0~4.7	0~4.3	0~4.89	0~7
		Ⅱ挡	4.28	0~8.2	0~7.7	0~9.71	0~14
		Ⅲ挡	6.12	0~13.2	0~13.3	0~21.25	0~30
		Ⅳ挡	8.82			0~42.25	0~50
柴油机	型号		6135K-2a	NT855-C280	NT855-C280	6135k	M11-C225
	额定功率/kW		88	118	162	132	168
	额定转速/(r/min)		1500	1850	1800	2100	2100
制造工厂			上海彭浦机器厂	天津建筑机械厂	山东推土机总厂	郑州工程机械厂	

4. 结构及特点简介

TY120 型推土机为我国推土机中生产时间长、比较成熟的产品，在社会上的保有量较大。它具有结构简单、操作方便、使用可靠、良好的附着性和通过性能、作业效率较高等特点。上海彭浦机器厂的上海 TY120 和天津建筑机械厂的移山 TY120 型推土机的构造、操作驾驶和检测维护保养基本相同，本书以上海 TY120 型推土机为例进行介绍，其外形如图 3-1 所示。

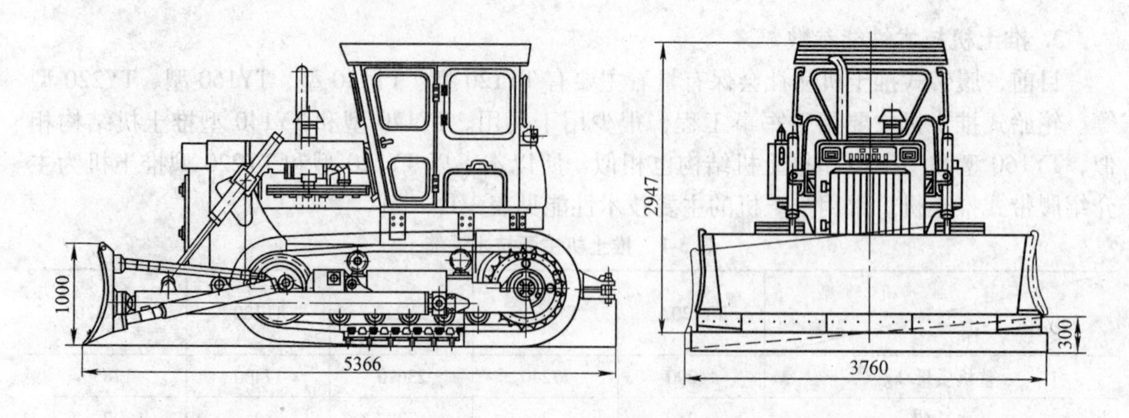

图 3-1 上海 TY120 型推土机

TY120 型推土机由发动机、传动系统、行驶系统、工作装置及其操纵系统和电气设备等组成。

（1）发动机 发动机采用 6135K—2a 型直列六缸四冲程柴油机。

（2）传动系统 传动系统为机械传动式，按照动力传递的途径，主要由主离合器、变速器、主减速器、转向离合器、侧传动装置等组成。

主离合器为单盘干式杠杆压紧常结合摩擦式离合器。变速器为滑动直齿机械换挡变速器，共 5 个前进挡、4 个倒退挡。挂前进 V 挡时，进退齿轮不起传动作用，但应与传动齿轮相啮合，以保证变速器内各齿轮和轴承的润滑。主减速器为一级锥齿轮传动。转向离合器为多片干式弹簧压紧常结合摩擦式离合器。侧传动装置主要由侧减速器、驱动轮和油封等组成，侧减速器为双级直齿减速。

（3）行驶系统 行驶系统由行驶装置、悬架装置和车架等组成。行驶装置包括负重轮、托带轮、引导轮、履带及缓冲装置等；缓冲装置主要用于保持履带具有一定的紧度，并在引导轮前遇有障碍物或履带中卡入硬物而使履带过紧时，起保护作用，以防损坏行驶装置；其履带松紧度的调整采用油压式，调整方便省力。悬架装置为半刚性悬架，主要由轮架和弹性平衡机构组成；机械前部重量经弹性平衡机构传给轮架，后部重量则通过半轴传给轮架。车架为半梁式，主要用于安装发动机和传动系统等。

（4）工作装置及其液压操纵系统 工作装置包括铲刀和松土器。松土器为选装件，松土器安装在推土机的后部，其作用是当遇到较硬土壤用铲刀难以作业或作业效率较低时，先用松土器将土壤疏松，然后再用铲刀作业。

铲刀由推土板、推架和上下撑杆等组成。推土板为一弧形板，下部装有 5 块可翻转使用的刀片，中间用球铰与推架连接，两侧通过撑杆和销轴与推架上的销孔连接。U 形推架的前端与推土板通过球铰铰接，两后端分别与左右轮架的球形销铰接。推架上左右各有 3 个销孔，改变销轴在销孔中的位置，即可改变铲刀的平面角。上、下撑杆可以改变长度，根据作业需要调整铲刀的倾斜度和铲土角。

液压操作系统为单泵、定量、串联油路开式系统，主要由液压泵、操纵阀、液压缸、油箱和滤油器等组成。油泵位于发动机前端，经万向节由发动机的曲轴驱动；操纵阀装在油箱内，它由两联换向阀和溢流阀等组成。

3.2　推土机各系统常见故障检测与诊断

TY120、TY220型推土机除发动机(第二章已讲)外,主要由传动系统、转向系统、行驶系统和液压系统组成,其常见故障现象、故障诊断、检测工艺和排除故障分别见表3-2、表3-3、表3-4。

表3-2　传动系统常见故障检测与故障诊断工艺

常见故障现象	故障诊断分析	检测工艺	排除故障
涡轮输出轴不转动: 1. 发动机动力传不出去 2. 推土机不能行走(TY220型)	1. 与发动机连接部位损坏,如花键损坏、齿轮折断等 2. 供油箱油面太低,吸入空气,或工作油中有气泡 3. 液力变矩器缺油,如油泵损坏,调压阀卡死,油管堵塞等	1. 检测发动机的连接状态;听声响是否有异常 2. 检测油箱油面 3. 用油压表检测泵出口压力,安全阀后各点的压力,变矩器进、出口压力等	1. 重新安装或更换新件 2. 加足油,使其符合标准值 3. 调整和疏通压力点
涡轮轴输出力矩不足: 1. 涡轮轴输出力矩减少 2. 推土无力(TY-220型)	1. 油箱充油不足,油面低,导致供油器吸油不足,使油量减少,使输出力矩不足 2. 进油压力过低,并有大量气泡,油变质,同时工作油温过高,安全阀压力低,进入变矩器的入口压力偏低 3. 发动机功率不足或转速下降 4. 内泄漏大,使得进出口压力偏低 5. 轴承损坏,使密封圈磨损过快	1. 检测油位高度 2. 检测油压力,油液变质状态及油液温度 3. 检测发动机功率 4. 有无系统油路泄漏 5. 有无轴承损坏或密封磨损过甚	1. 补充油量 2. 更换油液 3. 维修发动机 4. 维修泄漏点 5. 更换轴承或密封圈
主离合器打滑: 1. 发动机转速正常,不冒黑烟,工作装置工作正常 2. 爬坡吃力 3. 不能行走(TY-120、TY180)	1. 主、从动片轻度磨损 2. 主、从动片过度磨损 3. 调整盘动锁销开焊 4. 主离合器操纵杆调整不到位 5. 摩擦片上沿有油污 6. 从动盘翘曲变形	1. 检测调整盘观察调整盘旋进飞轮盖端较少,调整盘螺纹有明显露出 2. 检测观察调整盘,是否旋进飞轮盖端较多,从飞轮盖端几乎看不到调整盘螺纹。反复旋转调整盘、到无法接合主离合器 3. 拆下主离合器上盖,轴向可晃动锁销 4. 观察可发现 5. 拆下上盖观察,拆下摩擦片 6. 检测翘曲程度	1. 顺时针旋进调整盘,一般每次半圈,边调整边结合主离合器,直到拉主离合器手把时,能清晰地听到过死点的清脆响声即可 2. 更换新片 3. 拆下调整盘焊牢锁销 4. 调整拉杆叉的长度至合适位置 5. 彻底清除 6. 轻微则校正,严重则更换

（续）

常见故障现象	故障诊断分析	检测工艺	排除故障
主离合器分离不彻底现象： 1. 操纵杆拉力过大，操纵费力，离合器有自动分离现象 2. 变速时打齿有撞击声 3. 严重时挂不上挡（TY120、TY180）	1. 主离合器松紧度调整不当 2. 压盘或从动盘翘曲变形 3. 离合器前轴承损坏 4. 各压紧弹簧力不够 5. 摩擦衬片过厚，铆钉松动，摩擦衬片破碎 6. 液压操纵机构有故障 7. 在安装胶布节时各垫片厚度不均匀，使中盘工作时偏摆	1. 检测离合器踏板自由行程；检测分离杠杆内端面；回位弹簧是否过软或折断 2. 拆下检测盖板，用旋具拨动从动盘，看是否费力 3. 拆下轴承检查 4. 检测各个弹簧 5. 检查衬片厚度或松动情况 6. 检查液压系统泄漏 7. 检测5个胶布节垫片厚度	1. 重新调整 2. 应更换衬片 3. 更换新轴承 4. 更换新弹簧 5. 重新更换新片 6. 更换液压件或排除空气 7. 调整垫片厚度一致为止
主离合器有异常响声： 1. 有异响 2. 有异味出现（TY-120）	1. 主动盘轴承、分离轴承缺油而出现干磨声和轴承损坏声 2. 摩擦片破裂，磨损过甚，铆钉外露	1. 检测主动盘轴承、分离轴承是否缺油及磨损状态 2. 检测摩擦片磨损和破裂状况	1. 注油或更换轴承 2. 更换摩擦片
变速器跳挡现象： 1. 行驶或作业中突然停车 2. 变速杆自行跳回空挡（TY120）	1. 闭锁机构调整不当 2. 拨叉固定螺钉松脱 3. 锁销、销轴和拨叉轴V形槽磨损过甚 4. 齿轮的齿端面磨损成锥形 5. 拨叉或齿轮环槽磨损严重 6. 轴承径向间隙过大，使各轴不平行 7. 锁销导向板的导向孔磨损	1. 调整叉头，转动1.5～2转 2. 拆下变速机构，对4个拨叉逐一检测并紧固，重点检查发生跳挡的拨叉 3. 应分解变速箱，逐一检测磨损件 4. 分解变速箱，检测齿轮端面磨损 5. 检测磨损情况 6. 拆下轴承，检测磨损程度 7. 分解变速器检测	1. 重新调整 2. 紧固并穿好防松铁丝 3. 修复或更换 4. 修复或更换 5. 更换 6. 更换轴承 7. 修复

（续）

常见故障现象	故障诊断分析	检测工艺	排除故障
变速器乱挡现象： 1. 变速杆在某一挡位无法摘下 2. 行走速度和所挂档位不一致 3. 推土机不能行走	1. 变速杆球形座固定螺钉松脱；或变速杆球部过度磨损 2. 变速杆下端方头拨叉缺口和限止器卡铁磨损过甚 3. 进退杆、内杠杆与横轴的固定螺钉松动，或横轴端挡盖脱落使横轴窜动移位 4. 变速时用力过猛，角度不对	1. 拧下固定螺钉，取出变速杆，检测磨损状态 2. 用小撬棍把所有拨叉缺口撬到与导板缺口一致位置上（空挡） 3. 把变速杆插到中间拨叉缺口内，并均匀对称地拧好球形盖螺栓，反复变速验证 4. 零件检测磨损严重时应予修理或换件	1. 紧固或修复 2. 修复 3. 紧固或修复 4. 正确操纵
变速困难	1. 闭锁机构锈死或调整不当 2. 主离合器分离不彻底 3. 主离合器制动器失灵 4. 轴弯曲或花键上有脏物 5. 滑油过脏或粘度过大 6. 轴承磨损过甚	1. 拆下检测闭锁机构或重新调整 2. 检测主离合器机构 3. 检测并重新调整主离合器制动器松紧度 4. 校正轴弯曲度和清洗花键脏物 5. 检测润滑油状态 6. 检测轴承磨损状态	1. 清洗或调整 2. 按主离合器检修 3. 清洗或换摩擦片 4. 校正或清洗 5. 更换齿轮油 6. 更换轴承
变速器有异响现象： 变速器在工作中，内部发出不正常的响声	1. 齿轮和轴的花键严重磨损而松旷；齿内侧间隙过大或个别齿轮折断 2. 变速箱花键轴弯曲 3. 轴承磨损严重或损坏 4. 润滑油不足或质量不好	1. 拆下变速箱，检测齿轮、轴和花键 2. 拆下检测轴弯曲状态和方向 3. 拆下轴承逐一检测 4. 检测润滑油	1. 修复或更换 2. 校正 3. 更换 4. 加添或更换新油
变速器漏油	1. 变速箱前轴承座固定螺钉松动 2. 油封磨损或密封垫片损坏 3. 变速箱壳体破裂	1. 检查变速箱前轴承座螺钉 2. 检测油封磨损及密封垫片损坏状态 3. 清洗检测壳体	1. 紧固 2. 更换新件 3. 焊接修复
侧传动装置漏油	1. 油封损坏 2. 油封压缩量（4～8mm）不够 3. 滑环、软木环磨损严重 4. 轮毂轴承间隙过大 5. 半轴过度弯曲	1. 检测油封损坏状态 2. 检测压缩量 3. 检测滑环磨损严重 4. 重新调试 5. 拆下重新校正	1. 更换油封 2. 紧固驱动轮固定螺母 3. 修复或更换 4. 调整轮毂轴承间隙 5. 校正

（续）

常见故障现象	故障诊断分析	检测工艺	排除故障
侧传动装置有异常响声	1. 齿轮磨损严重或轮齿断裂 2. 轴承损坏或松旷	1. 拆捡齿轮磨损程度；找出断裂块清洗侧传动装置 2. 检测轴承损坏状况	1. 更换 2. 更换

表3-3　转向系统常见故障检测和故障诊断工艺

常见故障现象	故障诊断分析	检测工艺	排除故障
转向离合器打滑现象： 1. 行驶无力 2. 自行跑偏	1. 操纵杆自由行程过小或没有 2. 摩擦片上沾有油污 3. 复式弹簧弹力不足或折断 4. 摩擦片严重磨损或铆钉外露	1. 检测自由行程（20～40mm） 2. 拆下摩擦片清洗 3. 分解检测弹簧 4. 检测摩擦片磨损程度	1. 重新调整自由行程 2. 调试或更换油封 3. 更换弹簧 4. 更换摩擦片
转向操纵杆拉动沉重	1. 助力器油封、密封垫损坏，漏油使机油量不足 2. 油泵磨损严重，油压过低 3. 推杆和顶杆之间间隙过大，而同时滚轮与顶套之间间隙过小 4. 顶套、滑阀及阀套磨损严重，间隙过大 5. 节流阀封闭不严	1. 拆检助力器油封，密封垫等 2. 拆检油泵，测试压力 3. 检测推杆和顶杆，滚轮和顶套间隙 4. 检测顶套、滑阀磨损程度 5. 检测节流阀封闭情况	1. 更换油封及密封垫 2. 修复 3. 按调整方法的详细步骤调好操纵杆的自由行程 4. 修复或更换 5. 修复或更换
履带脱落	1. 履带过松 2. 引导轮、支重轮、托链轮凸缘磨损过甚，驱动轮轮齿磨损严重 3. 轮架变形	1. 检测松紧度（撬杠底：正常值40～50mm） 2. 拆检清洗三轮内腔，检测磨损程度；检查引导轮与轮架侧向间隙；引导轮轴座与轮架导板的侧向间隙为0.5～1mm；托链轮轴向间隙为：0.03～0.15mm 驱动轮轴向间隙：0.125mm 3. 拆检轮架	1. 调整履带松紧度 2. 更换或修复 3. 检查校正

（续）

常见故障现象	故障诊断分析	检测工艺	排除故障
链轨和各滚轮磨损迅速 现象： 1. 磨损加快 2. 磨偏	1. 滚轮轴承间隙过大或过小 2. 轮架变形 3. 驱动轮、支重轮和托链轮的对称中心线不在同一个垂直平面内： 1）引导轮偏斜 2）驱动轮装配靠里或靠外 3）半轴弯曲、驱动轮歪斜 4）托链轮歪斜 5）同侧支重轮对称中心线不在一直线上 6）斜撑梁轴承间隙过大或固定螺钉松动	1. 拆下轴承，检测间隙 2. 检测轮架位置 3. 分别作如下检修 1）检查轴承间隙和内外端盖与上、侧导板的间隙是否过大；两侧轴座内支承弹簧是否弹力一致；调整螺杆是否弯曲；叉臂长短是否一致 2）重新检查、装配 3）校正半轴，检查花键磨损情况 4）检查托链轮轴或支架 5）检查校正 6）检查、紧定或更换	1. 调整到规定间隙 2. 检查校正 3. 经检测，好的安装使用，否则更换新件
推土机不能急转向	1. 制动踏板行程过大 2. 制动带摩擦片上有油污 3. 摩擦片硬化、翘曲、磨损过甚，铆钉外露 4. 内、外摇臂与其轴的半圆键或与拉杆的连接销脱出	1. 检测踏板行程（TX120：制动器踏板行程为：150 ~ 190mm） 2. 拆下用汽油清洗 3. 拆下检测，不符合标准应更换 4. 检测修复	1. 调整 2. 清洗 3. 修复、更换摩擦片 4. 检查装复
转向离合器温度过高 现象： 1. 严重时发热 2. 冒烟 3. 有焦臭味	1. 摩擦片沾有油污 2. 制动带过紧 3. 新铆摩擦片较厚 4. 制动卡爪没放松	1. 拆检清洗油污 2. 拆检制动带，重新调整间隙 3. 检测间隙，重新调整	1. 清洗 2. 调整 3. 磨合或修复 4. 扳起卡爪
转向制动系有异常响声	1. 接盘固定螺钉松动或脱出 2. 轴承磨损松旷或烧坏 3. 复式弹簧、弹簧杆或摩擦片断裂	1. 拆检紧固 2. 拆检轴承磨损程度 3. 拆检更换	1. 检查紧定 2. 检查润滑情况、更换轴承 3. 更换

表 3-4 行驶系统常见故障检测和故障诊断工艺

常见故障现象	故障诊断分析	检测工艺	排除故障
支重轮、引导轮、托链轮漏油	1. 各橡胶密封圈硬化、变形或损坏 2. 外挡板与垫圈密封面间有脏物使贴合不严 3. 有泥砂进入内、外端盖内,油封被挤坏 4. 油封压紧弹簧折断 5. 装配不当,油封位置改变	1. 拆下密封圈,检测磨损程度 2. 拆检密封面 3. 拆检外端盖,油封检测 4. 检测油封压紧弹簧 5. 拆下重装或换新件	1. 更换 2. 清洗或修复贴面 3. 清洗更换油封 4. 更换 5. 重新正确安装
铲刀不能升起或升起缓慢	1. 液压油不足 2. 安全阀调整不当 3. 操纵阀操作或磨损 4. 油泵磨损或损坏 5. 活塞密封圈损坏	1. 检视液压油位 2. 调整规定压力 3. 检测操纵阀 4. 拆检油泵及压力 5. 拆下活塞密封圈	1. 按油标加油 2. 重新调整 3. 修理或更换 4. 修理或更换 5. 更换
铲刀自动下降	1. 操纵阀泄漏 2. 活塞密封圈磨损或损伤 3. 油路中有空气	1. 拆检操纵阀 2. 拆检活塞密封圈 3. 分段排除	1. 修理或更换零件 2. 更换 3. 排除空气
油压不足	1. 安全阀关闭不严 2. 安全阀弹簧失效或调整不当 3. 油量不足,吸入空气 4. 在油路中有泄漏	1. 检测安全阀 2. 重新调整压力 3. 检视油压力 4. 检测油管及接头	1. 检查并清理 2. 更换或重新调整 3. 补充加油 4. 修理或更换有问题的零件
油温过高(>75℃)	1. 滤油安全阀压力过高 2. 滤网被污物堵住 3. 油量不足	1. 拆检滤油安全阀 2. 清洗滤网污物 3. 检视油量	1. 重新调整 2. 清洗 3. 补充加油

3.3 推土机故障检测与诊断实例分析

【实例 1】

故障现象：某施工单位有一台 TY120 型推土机，工作状况一直良好，各方面均正常。有一天，在推土作业中现场有一定坡度，驾驶员感觉推土机爬坡吃力，减挡后能强些，但还觉吃力，有时甚至不能行走，检查发动机转速正常，不冒黑烟，工作装置正常工作。请来维修人员现场检查状况，同驾驶员描述相同。

故障诊断：根据驾驶员描述状态和实际观察，维修人员分析诊断为主离合器打滑而引起的爬坡吃力，甚至不能正常行走。主离合器打滑主要原因及相应部件问题主要有以下几点：

1）摩擦片使用时间较长，磨损过甚，烧蚀、断裂或铆钉外露。

2）各活动连接部磨损、断裂、脱落、调整不当或前后盘固定螺母松脱。

3）摩擦片沾有油污，摩擦力大大下降，传递发动机动力的效率降低。

检测工艺：

1）挂上某一挡位，拉紧驻车制动，此时若能用工具转动发动机，则说明主离合器打滑（此项检测为静态检测）。

2）挂上低速挡，拉紧驻车制动，在慢慢放松离合器踏板的同时，逐渐加大油门让推土机起步。若不能行走，发动机继续运转而不熄火，表明离合器打滑（此为动态检测）。

3）拆下离合器壳上的检视口盖板或底盖，发现从动盘磨损严重。

排除故障：更换新从动盘后，故障消失。

【实例 2】

故障现象：有一台 YT120 型推土机，驾驶员扳动离合器操纵杆使离合器分离后，换挡时感到摘挡或挂挡困难。

故障诊断：由变速器的构造和工作原理可知，变速器内设有联锁装置，其作用是防止变速叉轴自行移动而造成变速器脱挡或乱挡。它是通过离合器操纵杆来对变速叉轴进行锁止或解除的，其锁止和解除的可靠程度又是靠正确的调整来保证的，否则，便出现摘挡困难。

正常情况下，将离合器操纵杆推向最前位置，此时离合器分离，与此同时与离合器操纵转轴有联系的联锁拉杆，便推动联锁摇臂向后倾斜 13°，这时锁轴也转过 13°，其轴的 V 形长槽转动对准了锁定销的末端，则锁定锁销便有了退止锁止深度的活动余地。操纵变速杆使拨叉轴移动，锁定销便会有条件从拨叉轴的 V 形槽内退出。如果离合器调整拉杆调整过长或联锁拉杆锁定销松脱，均会使定位销轴摇臂向后倾斜的角度小于 13°。锁轴上的 V 形长槽难以对准锁定销的末端，致使在换挡时，锁定没有退让的余地，故仍对拨叉轴起锁定作用，即摘挡困难。

离合器调整拉杆调整过短，造成换挡时离合器还未完全分离，联锁装置便出现不顺利，若再强制向前推动离合器操纵杆，便会使锁轴的摇臂向后挤压锁销末端的锥面，使其轴向向锁定变速叉轴方向滑移，同时与弹簧弹力重合将变速轴顶紧，从而使变速叉轴滑移困难，即挂挡困难。

检测工艺：如果出现换挡困难时，应先将离合器操纵杆推在最前位置，此时检查锁轴摇臂向后倾斜是否为 13°。否则，应调整离合器的调整拉杆有效长度。其调整方法是：松开调整拉杆上的锁紧螺母，转动拉杆叉并旋出，使拉杆有效长度增大；反之，旋入使拉杆有效长度减小，使锁轴摇臂向后倾斜 13°。调整后将拉杆叉的锁紧螺母锁紧，如果联锁拉杆连接脱节，可将交接销重新装好即可。

另外，支承离合器操纵杆的转轴两端相关件夹紧螺栓松动，也会影响联锁拉杆的有效行程，致使锁轴摇臂摆动不符合要求，应酌情处理。

排除故障：按照检测要求调整，使锁轴摇臂向后倾斜 13°，将拉杆叉的锁紧螺母锁紧，装好试挂挡，故障排除。

复习与思考题

1. 推土机的用途是什么？
2. 推土机怎样分类？

3. 推土机由哪些系统组成？
4. 推土机传动系统常见故障有哪些？
5. 推土机涡轮输出轴不转动怎样检测？怎样诊断？
6. 怎样诊断和检测主离合器打滑故障？
7. 怎样诊断和检测主离合器有异常响声？
8. 变速器跳挡故障怎样诊断和检测？
9. 变速器乱挡故障怎样诊断和检测？
10. 怎样诊断变速器漏油故障？
11. 怎样诊断转向离合器打滑故障？
12. 怎样诊断和检测履带脱落故障？
13. 链轨和各滚轮磨损迅速故障怎样诊断和检测？
14. 转向制动系统有异常响声怎样诊断和检测？
15. 支重轮、引导轮和托链轮漏油怎样诊断与检测？
16. 铲刀不能升起或升起缓慢怎样诊断和检测？

第4章　装载机故障检测与诊断

4.1　概述

1. 装载机用途

装载机是一种在轮胎式或履带式基础车上装设一个装载斗所构成的铲土运输机械，被广泛用于公路、铁路、矿山、建筑、水电、港口等工程的土方施工，主要用来铲、装、卸、运土与沙石等散状物料，也可对岩石、硬土进行轻度铲掘作业。如果换上不同工作装置，还可以扩大其使用范围，如完成推土、起重、装卸其他物料的作业。

2. 装载机分类

装载机通常按下列几种方法进行分类：

（1）按发动机功率大小分类　分为小型、中型、大型和特大型装载机。小型装载机的功率在74kW以下；中型装载机的功率在74～147kW；大型装载机的功率在147～515kW；特大型装载机的功率在515kW以上。

（2）按行走方式分类　分为履带式和轮胎式装载机。轮胎式装载机按机架形式不同又分为铰接式和整体式装载机。铰接式装载机具有转向半径小、纵向稳定性好、作业效率高、应用范围广泛等优点；但转弯和高速行驶时，横向稳定性差。目前，绝大多数装载机采用铰接机架式结构。整体式装载机的转向方式有后轮转向、前轮转向、全轮转向及差速转向（滑移转向）四种。这种装载机转向半径大，机动灵活性差，结构复杂，因而目前仅小型全液压驱动和挖掘装载机上以及大型电动装载机上采用。

履带式装载机具有接地比压小、通过性好、重心低、稳定性好、附着性能好、牵引力大、比切入力大等优点；但行驶速度低，机动灵活性差，制造成本高，行走易损坏路面，转移场地需载运。因此，只适于工程量大、作业点集中、松软泥泞等条件下作业。

（3）按装载方式不同分类　分为前卸式、后卸式、回转式、侧卸式装载机。前卸式装载机在其前端铲装卸载。其结构简单，工作可靠、安全，便于操作，适应性强，应用较广。

后卸式装载机在其前端装料，后端卸料。其机械运料距离短，作业效率高；但安全性差，应用较少。

回转式装载机的工作装置安装在可回转90°～360°的转台上。侧面卸载不需要调整机械位置，作业效率高；但结构复杂，质量大，成本高，侧向稳定性差。适于狭小的场地作业。

侧卸式装载机在其前端装载，侧面卸料。装载作业时，不需调整机械位置，可直接向停在其侧面的运输车辆上卸料，作业效率高；但卸料时横向稳定性较差。

3. 技术性能参数

工程上常用装载机的主要技术性能见表4-1。

表 4-1 常用装载机的主要技术性能

参数名称 \ 机型		ZL40 型	ZL50 型	ZLK50
整机质量/kg		12000	16800	19650
最小离地间隙/mm		470	300	400
最小转弯半径（运输状态、铲斗外侧）/mm		6200	6700	6000
最大爬坡能力/(°)		30	30	25
行驶速度/(km/h)	前进Ⅰ挡	0~10	0~10	0~7
	前进Ⅱ挡	0~35	0~34	0~14
	前进Ⅲ挡	0~30		
	前进Ⅳ挡			
	倒挡Ⅰ挡	0~14	0~13	0~7
	倒挡Ⅱ挡			0~14
	倒挡Ⅲ挡			0~30
	倒挡Ⅳ挡			0~50
外形尺寸/mm	长（斗平放地面）	6525	6940	7950
	宽（斗宽）	2500	2940	3090
	高	3168	3250	3320
轴距/mm		2660	2760	3000
轮距/mm		1950	2250	2220
柴油机	型号	6135AK-2	6135AK-9a	康明斯 M11-C225
	额定功率/kW	117.7	154.4	168
	额定转速/(r/min)	2200	2200	2100
转向角度（前后车架折腰）/(°)		±35	±35	±35
轮胎	型号	16.00-25	24-25	23.5-25
铲斗	斗容量/m^3	2	3	2.5
	额定负荷/kg	3600	5000	5000
	动臂提升时间/s	6.5	5	
	铲斗倾斜时间/s	3	3	
	最大卸载高度/m	2800	3033	2910
制造厂家		柳州工程机械厂		郑州工程机械厂

4. 装载机结构与特点简介

ZL 系列装载机具有生产历史长、技术成熟、性能稳定、质量可靠、配件充足、维修方便、机动性好、作业范围广、作业效率高等优点。其外形结构如图 4-1 所示。

ZL50 型装载机由发动机、传动系统、行驶系统、转向系统、制动系统、工作装置及其液压操纵系统和电气设备等组成。

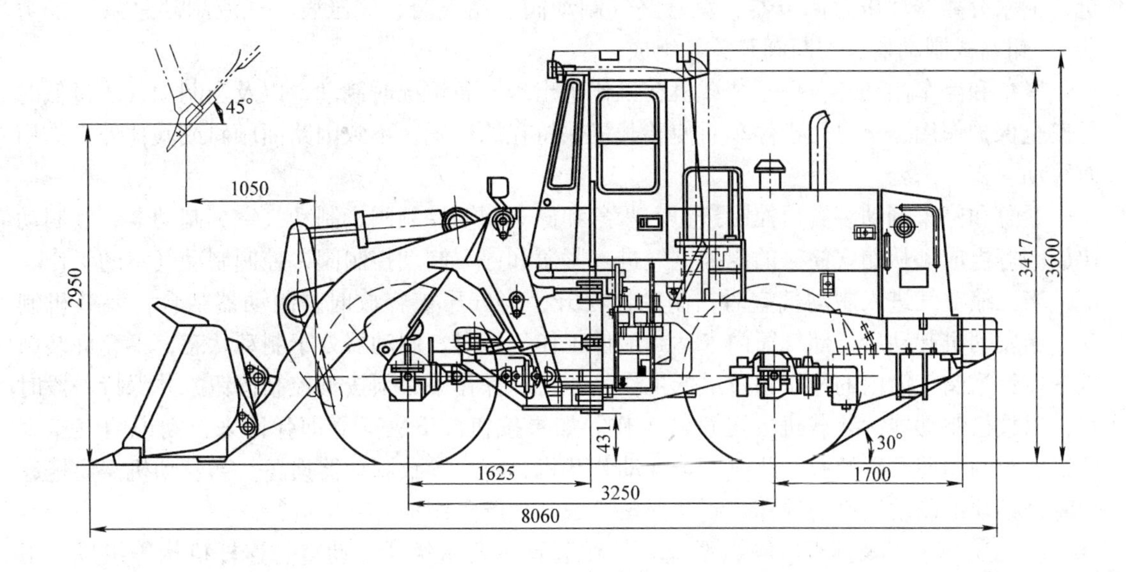

图 4-1　ZL50 型装载机外形图

（1）动力装置　动力装置为 6135K-9c 型四冲程、水冷、直喷式柴油机。

（2）传动系统　传动系统主要由液力变矩器、变速器、传动轴和驱动桥等组成。

变矩器采用双涡轮液力变矩器，为油冷压力循环式。该变矩器有两个涡轮，在装载机工作中，当低速重载工作时，一、二级涡轮同时工作；当轻载高速工作时，只有二级涡轮工作，使低速、重载工况与高速、轻载工况过渡中相当于两挡速度自动调节，减少了变速器的排挡数，简化了变速器的结构。

变速器采用行星齿轮式、动力换挡变速器，有 2 个前进挡，1 个倒退挡。

前后驱动桥主要由桥壳、主传动装置、差速器、半轴和轮边减速器等组成。主传动装置为一级螺旋锥齿轮减速器；差速器是由两个锥形的直齿半轴齿轮、十字轴及 4 个锥形直齿行星齿轮、左右差速器壳组成的行星齿轮传动副。

轮边减速器为直齿圆柱齿轮行星减速器。

（3）行驶系统　行驶系统包括机架和车轮。机架由前机架、后机架和副机架三部分组成。前、后机架以轴销铰接为一体，前、后机架可相对左右摆动 35°。前机架通过螺栓与前桥固定联接，后机架通过副机架与后桥铰接连接；后桥相对后机架可上下摆动，从而保证了机械的四轮充分着地，提高了机械的稳定性和牵引性能。

（4）转向系统　ZL50 型装载机转向液压系统，主要由转向液压缸、流量放大阀、转向液压泵、先导油路溢流阀、全液压转向器等组成。该转向系统采用了流量放大系统，油路由先导油路与主油路组成。所谓流量放大，是指通过全液压转向器以及流量放大阀，可保证先导油路流量变化与主油路中进入转向液压缸的流量变化具有一定的比例，达到低压小流量控制高压大流量的目的。司机操作平稳轻便，系统功率利用充分，可靠性明显提高。

（5）制动系统　制动系统包括制动踏板装置以及紧急和停车制动装置。

制动踏板装置采用双管路气压液压式制动传动机构和钳盘式制动器，主要由空气压缩机、油水分离器、压力调节器、双管路气制动阀、储气筒、气压表、气液制动总泵（加力器）、钳盘式制动器、切断阀开关等组成。

紧急和停车制动装置用于装载机在工作中出现紧急情况时制动，以及当制动气压过低时起安全保护作用，也可用于停车后使装载机保持在原位置，不致因路面倾斜或其他外力作用而移动。

紧急和停车制动装置由控制按钮、紧急和停车制动控制阀、制动气室、制动器、气制动快放阀等组成。从储气筒来的压缩空气进入紧急和停车制动控制阀，控制制动气室的工作。

当压缩空气进入制动气室时，制动器松开，当气压被释放时，制动器结合，装载机制动。当发动机起动后，储气筒内未达到最低工作气压时，制动器处于制动状态，不允许装载机工作；当储气筒内的气压超过最低工作气压时，操作手必须按下控制按钮，并保持一段时间，以放松制动器，装载机方可正常工作。如果按钮按下去又立即弹回来，则说明气压太低，停车制动器没有松脱。此时，若开动装载机，将会导致制动器损坏。当发动机需要拖起动时，必须把制动气室的顶杆与制动器拉杆脱开，解除制动后方可进行。

（6）工作装置及其液压操纵系统　工作装置主要由铲斗、动臂、连杆机构等组成。工作装置的液压操纵系统主要用于控制动臂的上升、下降、浮动及铲斗的转动，由液压泵、动臂操纵阀、铲斗操纵阀、双作用安全阀、动臂液压缸、铲斗液压缸和油管等主要部件组成。此系统设计为优先保证铲斗液压缸的动作，当铲斗操纵阀不在中位时，动臂液压缸因油路被铲斗操纵阀切断而无法动作，其目的是为了减轻操作人员的劳动强度。

（7）电气设备　电气设备包括硅整流发电机及调节器、起动机、蓄电池和灯系等。额定电压24V，负极搭铁，线路采用单线制。

4.2 装载机各系统常见故障检测与诊断

ZL50型装载机的传动系统、制动系统、工作装置液压操纵系统、电气系统的常见故障、故障诊断分析、检测工艺和排除故障分别见表4-2、表4-3。

表4-2 传动系统常见故障检测和故障诊断工艺

常见故障	故障诊断分析	检测工艺	排除故障
变矩器油温过高 现象：油温超过110℃	1. 变速器油底壳油位过低 2. 变速器油底壳油位过高 3. 变速油压力低，离合器打滑 4. 变矩器油散热器堵塞 5. 变矩器回油压力过低（<0.15MPa） 6. 变矩器连续离负荷工作时间过长 7. 变速器油质变坏	1. 检查变速器油位 2. 检查变速器油位 3. 检测变速油泵，操纵阀油道、滤油器 4. 拆下油器清洗散热器 5. 检测三联阀，使压力符合标准 6. 检测油温或检视变矩器表面是否有热气 7. 检测油质状态	1. 按规定牌号加至规定油位 2. 放出工作油至规定位置 3. 修复液压系统 4. 疏通 5. 检修 6. 怠速运转或停机散热 7. 更换新油

（续）

常见故障	故障诊断分析	检测工艺	排除故障
各挡变速油压力均较低 现象：压力低于规定值	1. 变速器油底壳油量不足 2. 主油道漏油 3. 变速器滤油器堵塞 4. 变速器油泵齿轮磨损或密封不严，造成严重内泄 5. 变速操纵阀的调压阀调整不当 6. 变速操纵阀的调压阀弹簧失效 7. 变速操纵阀的调压阀或蓄能器活塞卡死在阀槽内	1. 检测油位置 2. 检测主油道是否有破损，结合面密封不严 3. 检测滤油器 4. 拆检油泵 5. 调整到规定值 6. 拆下调压阀检测弹簧压力 7. 拆检调压阀和蓄能器	1. 加至规定油值 2. 修复或换密封件 3. 清洗或更换 4. 更换新件或泵总成 5. 重新调整 6. 更换 7. 清洗排除或更换
某个挡位油压力低 现象：挂某一挡时，压力较低	1. 该挡离合器活塞密封圈损坏 2. 该挡油路密封圈损坏 3. 该挡油路漏油	1. 拆检该挡离合器 2. 拆检该挡油路接合部位密封圈 3. 检测该挡油路	1. 更换密封圈 2. 更换油路密封圈 3. 排除漏油点
装载机不能起步 现象：挂上挡不起步	1. 变速操纵阀的脱挡阀弹簧不能回位 2. 操纵杆系调整不当挂不上挡位 3. 变速油压力过低	1. 拆检脱挡阀 2. 拆检操纵杆系重新调整位置 3. 拆检各挡油压系统	1. 修复 2. 重新调整 3. 见“各挡变速油压均较低”
变速器油面增高 现象：变速器油面越来越高	1. 变矩器油温过高 2. 变矩器叶片损坏 3. 大超越离合器损坏 4. 变速器油压过低 5. 柴油机动力不足 6. 变矩器出口压力过低	1. 拆检变速箱 2. 拆检变矩器 3. 拆检单向离合器 4. 拆检变速箱 5. 检测发动机功率 6. 拆检变速箱液压系统	1. 见“变矩器油温过高” 2. 更换叶轮 3. 修复 4. 见“各挡变速油压均较低”、“某个挡位油位低” 5. 维修发动机 6. 修变矩器
装载机底盘有异常响声 现象：发出尖叫声、啸叫声、松旷声	1. 液压系统油量不足 2. 传动系统齿轮、轴承、花键等磨损或损坏 3. 前桥传动轴螺栓松动，传动时发响	1. 检测油面 2. 检测相关联齿轮、轴承、花键等磨损或损坏程度 3. 检测传动轴螺栓是否松动	1. 添加到标准位置 2. 修复或更换新件 3. 紧固

（续）

常见故障	故障诊断分析	检测工艺	排除故障
制动不灵 现象：制动效果较差	1. 制动分泵漏油 2. 制动液压管理中有空气 3. 制动气压低 4. 气液总泵皮碗磨损 5. 制动摩擦片上有油污 6. 摩擦片磨损过甚 7. 气液总泵油液不足或平衡孔、补偿孔堵塞	1. 拆检制动分泵 2. 折检液压管路 3. 检测气压管路或泵 4. 拆检总泵 5. 拆检清洗摩擦片 6. 检测摩擦片 7. 拆检气液总泵	1. 更换密封圈 2. 排出空气 3. 检修 4. 更换皮碗 5. 清洗并更换轮毂油封 6. 更换摩擦片 7. 添加制动液或清洗气液总泵
制动解除不彻底 现象：脚抬起，制动尚未解除	1. 制动阀推杆位置不对 2. 制动阀回位弹簧失效 3. 制动阀活塞杆卡住 4. 气液总泵回位弹簧失效 5. 分泵密封圈发胀或活塞锈死	1. 调整推杆螺钉 2. 拆检回位弹簧 3. 拆检制动阀 4. 拆检气液总泵 5. 拆检制动分泵	1. 调整 2. 更换弹簧 3. 拆卸检修 4. 更换弹簧 5. 拆卸清洗
制动系统气压上升缓慢 现象：发动机起动后，气压达不到规定	1. 管路接头松动或油水分离器放油塞未拧紧 2. 空压机工作不正常 3. 制动阀内漏气 4. 压力调节阀放气孔堵塞或单向阀密封不好	1. 拆检管路接头或紧固放油塞 2. 拆检空压机 3. 拆检制动阀 4. 拆检压力调节阀和单向阀	1. 紧定 2. 检修 3. 检修 4. 检修
装载机转向盘转向沉重	1. 转向液压油温度太低 2. 转向泵供油不足 3. 转向油路中进入空气	1. 检测油温，升高后再试 2. 拆检转向泵 3. 拆检转向油路找到漏气点	1. 测温 2. 修复或更换 3. 紧固
装载机动臂铲斗工作速度缓慢无力 现象：作业时动臂帮铲斗液压缸伸缩慢且无力	1. 安全阀调整压力低或密封不严 2. 滤清器过脏或吸油管堵塞 3. 油泵磨损过甚 4. 油箱油面过低或使用油液牌号不对 5. 液压缸拉伤或密封损坏出现内漏 6. 油路系统有空气	1. 检测调整安全阀 2. 拆检清洗滤清器 3. 检测维修油泵 4. 检测油箱油面选用规定牌号液压油 5. 拆检液压缸及密封 6. 检测液压油路	1. 调整或清洗 2. 清洗 3. 修复 4. 添加或更换油液 5. 修理或更换 6. 排放空气

（续）

常见故障	故障诊断分析	检测工艺	排除故障
动臂自动下降 现象：没有操作动臂，但自动下移	1. 操纵阀磨损严重 2. 液压缸活塞密封圈损坏 3. 过载阀（分路安全阀）密封不严或调整压力不当	1. 拆检操纵阀 2. 拆检动臂液压缸 3. 拆检过载阀，重新调整压力	1. 修复 2. 更换 3. 清洗或调整
动臂提升力或铲斗力不足 现象：不能承载额定装载量	1. 液压缸密封磨损或损坏 2. 换向阀过度磨损，阀杆与阀体配合间隙超过规定值 3. 管路系统漏油 4. 双联泵严重内漏 5. 安全阀调整不当，系统压力偏低 6. 吸油管及滤油器堵塞	1. 拆检动臂液压缸 2. 拆检换向阀，测量配合间隙 3. 检测油管路 4. 拆检双联油泵 5. 拆检安全阀，调整系统压力 6. 清洗滤油器	1. 换油封 2. 检修 3. 检修 4. 更换 5. 调整 6. 清洗并换油

表 4-3 装载机电气系统常见故障检测和诊断工艺

常见故障	故障诊断分析	检测工艺	排除故障
电流表不指示充电位置	1. 发动机传动带打滑 2. 调节器有故障 3. 发电机有故障 4. 导线接触不良或断路 5. 熔丝烧断 6. 电流表损坏	1. 检测发动机传动带张紧度（10mm） 2. 检测调节器 3. 检测发电机能力 4. 用万用表分段检测 5. 先检测短路和断路点，再换熔丝 6. 检测电流表	1. 调整传动带张紧度 2. 检修 3. 检修 4. 检查连接紧定 5. 更换熔丝 6. 更换
起动机转动困难	1. 蓄电池损坏或电量不足 2. 线路连接不良或断路 3. 起动开关损坏 4. 柴油机温度太低；润滑油太稠 5. 起动机电刷接触不良	1. 检测蓄电池电压和电量 2. 用万用表检测线路 3. 检测起动开关 4. 预热柴油机 5. 检测起动机电刷长度（磨损不能超过 1/2）	1. 更换蓄电池或充电 2. 检查连接紧定 3. 更换 4. 预热或更换润滑油 5. 检修或更换
灯泡常烧毁 灯具全不亮	1. 调节器未调好 2. 触点烧结 3. 线有故障	1. 重调调节器电压 2. 检测调节器性能；检测蓄电池电压及极柱 3. 检测线路	1. 调整电压 2. 修复或更换 3. 修复

4.3 装载机故障检测与诊断实例分析

【实例1】

ZL50C 轮式装载机变速器换挡故障的诊断、检测与排除

故障现象：一台郑州工程机械制造厂生产的 ZL50C 轮式装载机，变速器采用常啮合圆柱齿轮传动，液压离合器与机械机构综合换挡，将液力变矩器传来的动力，通过液压作用，结合不同的离合器，得到不同的速度，传给前、后驱动桥（见图 4-2）。

故障现象：挂不上挡；只有前进挡，无后退挡；只有一挡，无二挡；只有高挡，无低挡等。

故障诊断与检测：首先，检查变速器油压是否正常（正常值为1.4～1.6MPa，见图 4-3）。若压力达不到正常值（所有挡位），应检查变速液压泵工作是否正常，三联阀的主压力阀（变矩器后壳最上面一联）内弹簧是否损坏，变速阀是否泄漏。该变速阀通过制动供气实现自动脱挡，当变速阀上进气口内平顶环（密封圈）损坏时，变速油泄漏，此时检查制动气路内有无液压油就可发现是否泄漏。第二，先挂上某一挡，看看主油压是否下降，若主油压下降很快，或根本达不到要求，则该挡离合器液压油泄漏，所以挂不上挡，泄漏部位主要有两处：一处为离合器罩前端盖内有两个 30 ×3.5 的 O 形圈损坏，另一处为变速器活塞环密封损坏。

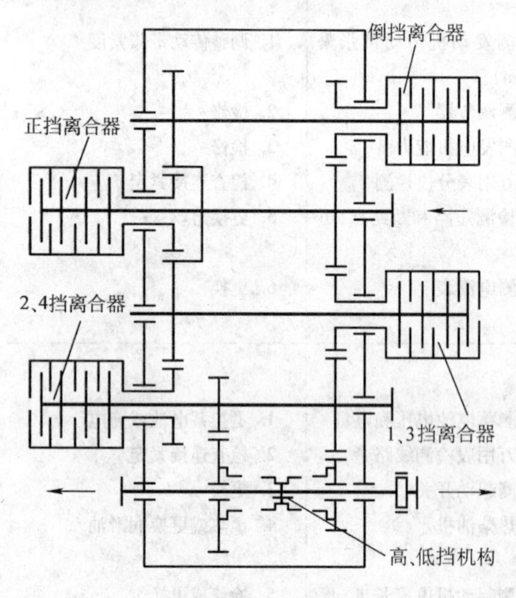

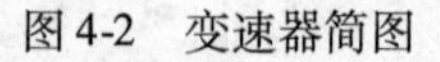
图 4-2 变速器简图

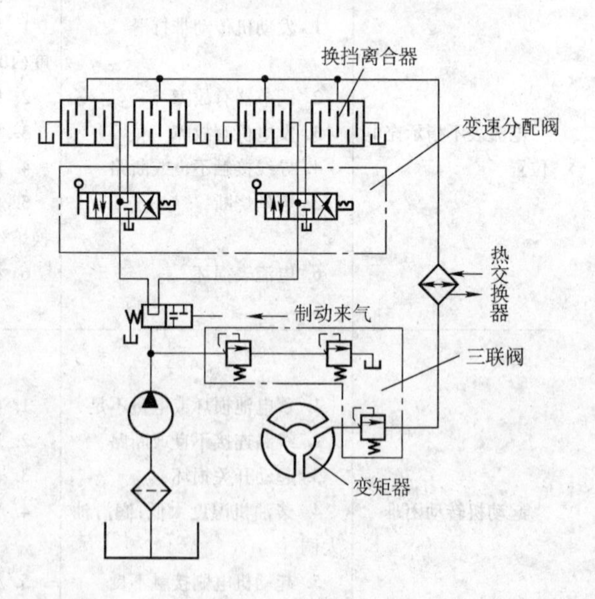

图 4-3 变速油路简图

第三，若挂上前进挡，主油压不下降，装载机前进；而挂上后退挡，主油压也不下降，装载机只前进而不后退，则说明前进挡离合器烧坏，应拆下前进挡离合器检修。反之，只后退不前进则说明后退挡离合器烧坏。一、二挡情况也是如此。

第四，若只有高挡无低挡（或只有低挡无高挡）则说明高、低挡机构的铜套烧结在某

一挡位上，此时应拆下高、低挡轴进行检修。

第五，操纵变速杆应到位。该变速杆有定位弹子，变速时有弹子跳动的响声，只有在有响声时才说明变速阀杆到位，否则没有到位，可调整变速杆系统来实现。

排除故障：根据上述诊断和检测，如故障现象出现某一位置，可分别查找该件位置，分别处理，则故障可排除。

【实例 2】

故障现象：一辆 ZL50 装载机，突然失去所有挡位，同时不论挂前进挡还是倒挡，发动机均熄火。

故障诊断：此种故障多半是变速器中两组以上离合器烧坏、输出齿轮箱损坏或前、后差速箱损坏。

故障检测：

1）将前传动轴拆下，如机器故障消失，则为前差速器损坏，否则进行下一步拆检。

2）将后传动轴拆下，前传动轴装好，如机器故障消失，则为后差速器损坏，否则进行下进一步拆检。

3）将前、后传动轴全部拆下，如发动机熄火现象消失，则为前、后差速器同时损坏；否则为变速器或输出齿轮箱损坏。

排除故障：找到损坏部位后，将其修好，故障即可排除。

【实例 3】

故障现象：一辆 ZL10C 型装载机，踩下制动踏板后，明显感觉制动滞后，不能立即减速和停车。

故障诊断与检测：由于该机采用气顶油双管路钳盘制动系统，所以首先检查气路情况。

起动发动机后，发现气压表的压力长时间达不到规定位，经了解气压表刚刚更换不久，这就排除了气压表读数不准确的可能，所以判断气路一定存在故障。

首先检查了气路各气管和接头，发现均无漏气现象，储气筒放污开关也无松动现象，这就排除了管路漏气和开关未拧紧的可能。拧松空气压缩机到油水分离器的气管接头，发现有高压气体窜出，这就排除了空气压缩机工作无力的可能。当检查油水分离器时，发现安全阀有明显排放气现象，而且出气口处有少量油污。由于油水分离器安全阀的开启压力为 0.9MPa，而压力控制阀控制系统压力最大不能超过 0.7MPa，这就说明有两种可能：一是油水分离器安全阀开启压力低于 0.7MPa，二是油水分离器滤芯堵塞。由于在机械出厂前安全阀已经调好并已铅封，所以排除了第一种可能，把故障定在了油水分离器的滤芯堵塞上。

将油水分离器拆下，拧下翼形螺母和锁紧螺母，从中央导管上取下罩壳和滤芯筒，将滤芯从筒中取出后，发现滤芯油污较多，有明显堵塞现象。

排除故障：更换了新的滤芯，并清洗了各零件后重新安装，再次起动装载机，压力很快达到规定值，行驶中制动良好，机械故障排除。

【实例 4】

ZL50 装载机变速器常见故障诊断分析

ZL50 装载机的变速器是由箱体、超越离合器、行星变速器、摩擦片离合器、液压缸、活塞、变速操纵阀、过滤器、轴和齿轮等主要零部件组成。变速器的动力来源是由变矩器的二级涡轮经涡轮输出齿轮把发动机的动力传至变速器的输入齿轮，而变矩器一级涡轮的动力由一级涡轮齿传至大超越离合器外环齿。这种变速器为液力变速，一个倒退挡，两个前进挡。当前进或倒退时，都是变速压力油作用于该挡液压缸的活塞上，再经过中间传动过程而成为该挡的输出力。只要弄清变速器的这些工作机理，就能比较准确地判断故障并可以及时将故障排除。

故障现象：

1）挂挡后，车不能行驶。如反复轰节气门，某个时刻车就突然能行驶。

2）挂挡后，较长时间（10~20min）车都似动非动。不能行驶，待能行驶时，行驶无力。

3）挂挡后，无论时间多长，无论如何加油，车都不能行驶。

4）车行驶正常，但没有滑行，或滑行时有制动的感觉。

故障诊断与分析：以上四个常见故障，在没有认真分析的基础上，切不可随意拆修变速器，以避免重复劳动和不必要的损失。应当本着“由简到繁，由外至里”的原则，进行认真分析，过细检查，尽量达到判断准确，以便于及时排除故障。因为任何一个部位出现了故障，除有其本质内在的因素外，也有其外部的原因，即有许多相似之外，也有各自不同的特征，它们错综复杂，多方联系；如第1类故障、第2类故障和第4类故障都是挂挡后，车不行驶，表面上是一样的，但本质上却是有区别的，如果不加思索就去拆修，务必经常发生失误，造成损失。

1）挂挡后，车不能行驶，若间断轰油，有时车突然能够行驶，给人们的感觉好象离合器突然结合上似的。若检查变速油表指示压力正常，制动解除灵敏有效，那么出现这种情况，一般可确定是大超越离合器内环凸轮磨损所致。

大超越离合器的功能之一就是当外负荷增加时，迫使变速器输入齿轮转速逐渐下降，当转速小于大超越离合器外环齿的转速时，滚子就被契紧，由一经涡轮传来的动力就经滚子传至大超越离合器的内环凸轮上，从而实现动力输出。但由于内环凸轮与滚子长期工作，相互摩擦，在内环凸轮齿的根部常常会被滚子磨出一个凹痕，而滚子在凹痕内不易被契紧，或者说契入不上，因此动力始终传不出去，这时给人有感觉就像离合器没结合上一样，即时轰油，车也不动。但断续反复轰油，改变内外环齿的相对位置，又可在某个时刻突然把滚子契紧，因而又能达到行驶的状态。

遇有此种故障，就必须分解变速器，更换大超越离合器内环凸轮，就可以彻底排除故障。

2）挂挡后，较长时间内（一般在10~20min，或者更长一点），无论如何加油，车都似动非动，待能行驶时，又行驶无力。这种故障现象多发生在个别挡位，且正常用的工作挡位是Ⅰ挡为多。这是离合器结合不良，一般可断定为摩擦片离合器发生了故障。

摩擦片离合器是在操纵变速器操纵阀，挂上挡位，接通变速压力油的油路后，压力油进入该挡液压缸，压进活塞后，再压紧离合器的摩擦片而工作的。此时若液压缸拉伤泄油，活塞内外密封圈磨损造成泄油，摩擦片本身损坏，活塞与摩擦片的接触平面损伤，液压缸工作面损伤等，都可造成该挡活塞对摩擦片的压力不够，而使摩擦片的主被动片相对打滑，使动力无法输出，所以表现出车辆无法行驶或行驶严重无力。

此外遇到上述故障，首先检查挡位的准确性，因为有时由于挡位不准确就不能完全打开变速操纵阀，这就影响了工作压力油的流量和压力，也表现出上述故障现象。还有像Ⅰ挡液压缸油道油封损坏等也可导致上述故障。

在一般情况下，各挡液压缸和活塞工作压力面不平或有沟痕时，可以修磨，不要硬性更换。

3）挂挡后，车根本不行驶，或个别挡不行驶。发生这种故障时，变速压力油没有压力。这表明变速压力系统有故障。假如接表实验有正常的油压，可检查变速操纵阀中的油路切断阀是否不回位，此时表压为零。在这种情况下，往往出现挂挡不能行驶的现象。若变速操纵阀工作正常，油压也正常，而挂挡后车不能行驶，这时应排除压力油系统的故障，应该注意摩擦片离合器，一般为行星架隔离环损坏。特别是新车或者是新装修的变速器发生这类故障时，基本上都是隔离环损坏。

行星架上的隔离环损坏后，一般用300mm以下的板料气割一个大环，然后按其原尺寸车削，直径要比环槽直径大一点，车完后的环下到环槽内，按其实际尺寸裁留并焊接修磨好，其效果良好。

当然挂挡后车不行驶，应首先查看传动轴是否转动，若传动轴转动，则是减速器发生故障，通常情况下，减速器出现故障伴有异响。

4）挂挡后，车行驶比较正常，但抬起脚滑行时，车有制动的感觉，并不能滑行。

这种故障出现时，若检查减速器无异响，工作正常时，一般可断定是大超越离合器的故障。因为大超越离合器内环凸轮和外环齿契紧滚子时，才能使变速器把发动机的动力输出去。而一旦松开节气门踏板，在突然降低负荷时，滚子应该立即松脱，从而达到滑行的目的。如滚子不能松脱，车就无法滑行。出现这种故障的原因多为大超越离合器隔离环损坏所致。遇有此种故障，就必须分解大超越离合器检查修理。

综上所述，变速器常见的四种较大故障，无论是修理还是判断都是比较复杂的，这就需要深入了解变速器的工作机理，各部件的功能，并掌握“由外及里，由表入深，由简到繁”的方法来分析、判断，避免失误。

复习与思考题

1. 装载机的用途是什么？
2. 装载机的分类有哪些？
3. 装载机由哪些系统组成？
4. 装载机传动系统常见故障有哪些？
5. 装载机变矩器油温过高如何诊断和检测？
6. 各档变速器油压力均低故障怎样诊断和检测？
7. 装载机不能起步故障的诊断与检测？
8. 变速器油面增高故障怎样诊断和检测？
9. 装载机驱动力不足故障怎样诊断和检测？
10. 装载机底盘有异常响声怎样诊断和检测？
11. 装载机制动不灵故障如何诊断和检测？
12. 装载机转向盘转向沉重如何诊断和检测？
13. 装载机动臂铲斗工作速度缓慢无力故障如何诊断和检测？
14. 动臂自动下降怎样诊断和检测？
15. 起动机转动困难怎样诊断和检测？

第5章　挖掘机故障检测与诊断

5.1　概述

1. 挖掘机用途

挖掘机是用来挖掘和装载土石的施工机械。广泛用于民用建筑、道路修建、水利建设、矿山开采、电力、石油等工程以及天然气管道铺设。据统计，工程施工中约有60%以上的土石方量是靠挖掘机来完成的。挖掘机主要用于在Ⅰ级～Ⅳ级土壤上进行挖掘作业，也可用于装卸土壤、沙、石等材料。更换不同的工作装置后，如加长臂、伸缩臂、液压锤、液压剪、液压爪、尖长形挖斗等，挖掘机的作业范围更加广泛。

2. 挖掘机分类

挖掘机的种类较多，可从以下几个方面来分类：

（1）按作用特征分类　分为多斗和单斗挖掘机。多斗挖掘机为连续性作业方式。单斗挖掘机为周期性作业方式。其中单斗挖掘机较为常见。

（2）按动力装置分类　分为电驱动式和内燃机驱动式挖掘机。电驱动式挖掘机是借用外电源或利用机械本身的发电设备供电工作，使挖掘机作业和行驶，大型挖掘机多采用这种动力形式。内燃机驱动式挖掘机是以柴油机或汽油机为动力，目前大都采用柴油机。

（3）按传动装置分类　分为机械传动式、半液压传动式和全液压传动式挖掘机。机械传动式挖掘机工作装置的动作通过绞盘、钢绳和滑轮组实现，动力装置通过齿轮和链条等带动绞盘及其他机构工作，并用离合器和制动器控制其运动状态。目前，国内大型采矿型挖掘机采用机械传动仍较普遍，它的结构虽然复杂，但传动效率高，工作可靠。

半液压传动式挖掘机，一般行走动力采用机械转动方式，工作装置的操纵系统采用液压传动。

全液压传动式挖掘机的工作装置和各种机构的运动均由液压马达和液压缸带动，并通过操纵各种阀控制其运动状态。动力装置由液压泵向液压马达和液压缸提供动力。目前，国内中、小型挖掘机正逐渐向液压传动方式发展。

（4）按行走装置分类　分为履带式和轮胎式挖掘机。履带式挖掘机越野性强，稳定性好，作业方便；但行驶速度低，机动性能差，适宜配置在工程量大而集中的地域作业。

轮胎式挖掘机行驶速度高，机动性能好；但作业时需要设置支腿支撑，结构复杂，作业费时，适宜配置在工程量较少而分散的地域作业。

3. 挖掘机技术参数

常用挖掘机的主要技术性能参数见表5-1。

4. 结构及特点简介

WLY60C型挖掘机为单斗全回转轮胎式挖掘机，它具有行驶速度快、机动性能好、操纵轻便灵活、作业效率高和可靠性能较好等特点；其外形尺寸如图5-1所示。

表 5-1　挖掘机主要技术性能参数

参数名称 \ 机　型		WLY60C 型	JYL200G 型
整机质量/kg		13600	19500
轴荷分配/kg	前桥	5890	6600
	后桥	7710	12900
最小转弯半径/mm	外轮	6500	
	内轮	3600	5.4
		20	20
最小离地间隙/mm		275	
前桥摆动角/(°)		11	11
标准斗容/m^3		0.6	0.8
转盘旋转速度/(r/min)		7	15
轮矩/mm	前桥	1840	1960
	后桥(外侧轮胎中心)	2357	2150
行驶速度/(km/h)	Ⅰ挡	3.8	8
	Ⅱ挡	7.08	22
	Ⅲ挡	13.06	35.5
	Ⅳ挡	24.23	51
	Ⅴ挡	31.38	
	倒挡	3.92	8
柴油机	型号	F6L912G1	6CTA8.3-C
	额定功率/kW	70	172
	额定转速/(r/min)	2150	2000
制造厂家		贵阳矿山机器厂	詹阳机械工业有限公司

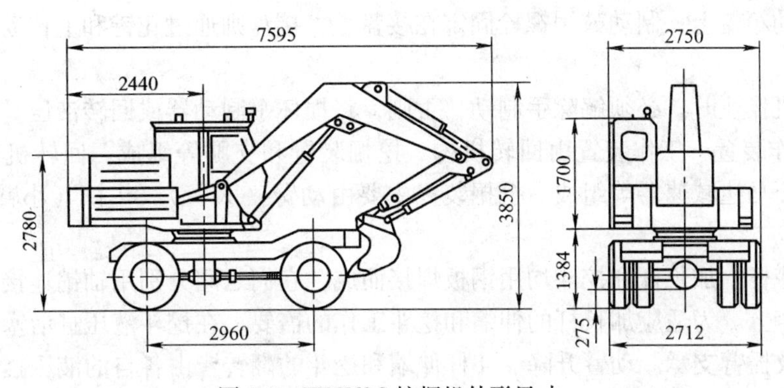

图 5-1　WLY60C 挖掘机外形尺寸

WLY60C 型挖掘机由发动机、传动系统、行驶系统、转向系统、制动系统、工作装置及其液压操纵系统和电气设备等组成。

（1）发动机　发动机为F6L912G型四冲程、风冷、直喷式柴油机。

（2）传动系统　传动系统为机械传动形式，主要由离合器、油泵传动箱、变速器、上下传动箱、万向传动装置和前后驱动桥等组成。

离合器采用弹簧压紧、双盘、干式离合器。

油泵传动箱主要用于传递或切断由离合器传至工作装置液压系统中液压油泵的动力。

变速器采用滑动啮合套、机械换挡式变速器。

上下传动箱的功用是改变动力的传递方向。二者均主要由一对锥齿轮、轴和壳体组成。

万向传动装置共有3套，分别垂直连接上、下传动箱，水平连接下传动箱和前、后桥（均为解放牌汽车传动轴改装而成）。

前后桥的结构基本相同，均由桥壳、主传动装置、差速器、半轴和轮边减速器等组成。前桥为转向驱动桥，其半轴分内、外两个半轴，两半轴通过球笼式等速万向节连接；转向节由内、外转向节和转向主销组成。前桥根据工作需要，可通过驾驶室内的手操纵气开关使其变为驱动桥或从动桥。后桥为常驱动桥，桥壳为整体式。主传动装置为一级锥齿轮减速器；差速器为圆锥行星齿轮式；后半轴为全浮式；轮边减速器为一级直齿圆柱行星齿轮减速器。

（3）行驶系统　行驶系统主要由整体式机架、车轮和悬架平衡装置等组成。

后桥通过螺栓与机架刚性固定联接。前桥通过悬架平衡装置与机架铰接连接。悬架平衡装置的作用是当挖掘机行驶时，利用支承板的摆动和两悬架液压缸的浮动，保证4个车轮充分着地，减轻机体不平均承载、摆跳、道路冲击及机架扭曲，提高挖掘机的越野性能；当挖掘机作业时，将两悬架液压缸闭锁，保证挖掘作业时整机的稳定性。

（4）转向系统　该机采用全液压、偏转前轮式转向系统，主要由油箱（与工作装置液压系统共用）、转向油泵、转向器、过滤器、流量控制阀、转向液压缸、油管和转向盘等组成。

（5）制动系统　制动系统包括制动踏板装置和驻车制动装置。制动踏板装置的制动器为凸轮张开蹄式制动器。制动传动机构采用气压式，主要由空气压缩机、气体控制阀、制动踏板阀、储气筒、双向逆止阀、快速放气阀、手操纵气开关、制动气缸及气压表等组成。

驻车制动装置的制动器为凸轮张开蹄式制动器，传动机构为机械式。制动底板通过螺钉固定在上传动箱盖上；制动鼓用螺栓固定在接盘上，接盘则通过花键和上传动箱的从动轴连接。

当挖掘机作业时，必须解除手制动，否则，将损坏手制动器或回转液压马达。

（6）工作装置　工作装置由回转机构、挖掘装置和支腿等组成。回转机构由转台、回转滚盘和液压马达减速器等组成。挖掘装置主要由动臂（大臂）、斗杆（小臂）、加长杆和挖斗等组成。

动臂、斗杆、加长杆和挖斗均用钢板焊接而成，它们之间分别用轴销连接。动臂下端支承在转盘支座上。为适应加长杆的伸缩和挖斗工作的需要，在挖斗液压缸活塞杆与挖斗之间用连杆连接及摇臂支承。动臂升降、斗杆伸缩和挖斗的翻转皆由各自的液压缸控制。

根据作业性质和场地需要，挖掘装置的斗杆可以伸长或缩短，挖斗可以正、反铲互换。

支腿用于作业时支承挖掘机，以减轻挖掘机作业时轮胎的负荷和保证作业的稳定性。

（7）工作装置液压系统　工作装置液压系统由两个定量油泵并联的油路系统组成，主要包括油泵、液压阀组、液压缸、液压马达、油箱、滤清器、散热器、中央回转接头、油管及管接头等。液压阀组操纵为先导式，主要由双联齿轮泵、先导阀、先导总开关、单向阀、限压阀、蓄能器、滤油器、先导油管和测压接头等组成。

（8）电气设备　电气设备的电路采用单线制，负极搭铁，额定电压为24V。主要由蓄电池（6—Q—182）、发电机（JF12N—M）及调节器、起动机（ST614）、电流表、指示灯、照明灯、喇叭、开关和按钮等组成。指示、照明、喇叭及刮水器等所用电压为12V，由一个蓄电池供电。使用中两个蓄电池应周期性地交换使用，以维持其充电平衡。

5.2　挖掘机各系统常见故障检测与诊断

WLY60C型挖掘机的传动系统、转向系统、制动系统和液压操纵系统常见故障现象、故障诊断分析、检测工艺和排除故障分别见表5-2、表5-3、表5-4和表5-5。

表5-2　挖掘机传动系统常见故障检测和故障诊断工艺

常见故障现象	故障诊断分析	检测工艺	排除故障
离合器分离不彻底 现象： 1. 踏下离合器踏板、变速时打齿，使换挡困难 2. 挂挡后不抬踏板，挖掘机行走或发动机熄火	1. 踏板自由行程过大 2. 分离臂高度不一致 3. 从动盘翘曲不平，摩擦片破碎 4. 分离弹簧失效，限位螺钉调整不当 5. 新更换的摩擦片过厚	1. 检测踏板自由行程（45～55mm） 2. 检测分离臂高度值（正常：33±0.25mm） 3. 检测从动盘工作面 4. 检测分离弹簧高度，调整限位螺钉 5. 检测摩擦片厚度	1. 按要求调整 2. 重新调整 3. 更换 4. 更换或调整 5. 更换或调整
离合器打滑 现象：挖掘机起步时动力不足，增速而车速不增加。从检视孔冒烟，并有焦臭味	1. 踏板没有自由行程，压盘不能压紧从动盘 2. 摩擦片、压盘磨损过甚 3. 压紧弹簧受热退火或折断 4. 摩擦片表面沾油污 5. 摩擦片表面烧蚀或硬化 6. 离合器盖固定螺钉松动	1. 检测踏板自由行程 2. 拆检摩擦片和压盘 3. 检测压紧弹簧的长度（70±1.5）mm或检测其长度（470～570N） 4. 拆检摩擦片，找出油污来源，清洗 5. 对于轻微的烧蚀或硬化，可用木挫将硬化层去除，如严重则换新件 6. 检视后紧固	1. 重新调整 2. 更换 3. 更换新弹簧 4. 更换或清洗 5. 更换 6. 紧固
离合器发抖 现象：挂挡后，抬离合器时，脚踏板或全车都抖动	1. 分离臂内端面不在一个平面上 2. 压紧弹簧弹力不均或折断 3. 摩擦片铆钉松动或翘曲 4. 从动盘毂铆钉松动，从动钢片翘曲不平	1. 检测分离臂内端面 2. 检测压紧弹簧高度和压紧力 3. 检测摩擦片工作面或翘曲不变 4. 检测从动盘工作面和翘曲不平程度	1. 调整 2. 更换 3. 紧定或更换 4. 校正或更换

（续）

常见故障现象	故障诊断分析	检测工艺	排除故障
离合器分离时有异常响声，结合时消失	1. 踏下踏板少许，使分离轴承与分离臂接触，如此时发出“沙沙”的响声，则为分离轴承内缺少润滑油，或者轴承磨损松旷、损坏 2. 将踏板踏到底，如此时发出“嘎拉嘎拉”的响声，则为传动销与主动盘销孔磨损松旷而发出的撞击声	1. 拆检分离轴承，检视是否缺润滑油或磨损严重 2. 拆检传动臂与动盘销孔磨损是否松动	1. 先向轴承内注油，如无效，即为轴承磨损严重，应进行更换 2. 这种响声如不严重，可继续使用，否则应更换或加粗传动销
离合器在结合或分离瞬间发出“刚啷刚啷”的响声	1. 分离臂与离合器盖窗孔之间磨损，间隙增大 2. 从动盘毂键槽磨损松旷	1. 检视分离臂与离合器盖内有无摩擦痕迹 2. 检测从动盘毂和变速器主动轴是否磨损松旷	1. 响声不严重可继续使用 2. 如响声严重可修复
变速器挂挡困难	1. 变速杆调整不当，使拨叉轴轴向移动距离太小 2. 离合器分离不彻底 3. 拨叉轴弯曲变形，长期停放没及时保养，使轴严重锈蚀 4. 变速器主动轴和从动轴的轴承损坏，使两轴线不同心	1. 拆检传动箱操纵管上的两个限制圈，增大拨轴轴向移动距离 2. 检测离合间隙 3. 拆检拨叉轴 4. 检测主、纵动轴轴承磨损程度	1. 重新调整 2. 调离合器 3. 校正拨叉轴 4. 更换轴承
变速器脱挡 现象： 1. 行驶中自动跳回空挡 2. 滑动齿轮脱离啮合位置	1. 换挡齿轮不正常啮合或啮合不到位 2. 换挡拨叉磨损或拨叉球弹簧折断或过软 3. 与输入轴和输出轴有关的轴承磨损或损坏	1. 检测换挡杆系统是否失调或变形 2. 检测换挡拨叉磨损状态，或拨叉球弹簧是否折断或过软 3. 检测输入轴和输出轴有关轴承磨损状态	1. 调整位置或拉杆 2. 更换拨叉和弹簧 3. 更换位对应的轴承
变速器乱挡 现象： 1. 不能挂入所需的挡位上 2. 挂入挡后不能退回空挡	1. 变速杆定位销松旷或折断，失去控制作用，使变速杆不能正常拨动变速叉 2. 变速扠轴弯曲，互锁销与凹槽磨损不能起定位作用 3. 变速杆下端工作面磨损过大或变速叉导块槽过度磨损，失去正常拨动导块作用	1. 检测定位销是否折断和磨损过大 2. 检测变速扠轴是否弯曲及互锁销与凹槽磨损状态 3. 检测变速杆下端工作面和变速叉导块槽磨损状态	1. 更换定位销 2. 修复或更换 3. 修复或更换
手制动器失灵	1. 制动器间隙过大 2. 摩擦片松脱	1. 检测手制动器间隙 2. 用环氧树脂粘牢摩擦片重装	1. 重新调整 2. 粘牢
前桥接面不能结合或不能分离	前接通气缸位置调整不当或脱落	检视前接通气缸位置	重新调整

表5-3　挖掘机转向系统常见故障检测和诊断工艺

常见故障现象	故障诊断分析	检测工艺	排除故障
挖掘机转向沉重	1. 转向系统压力太低	1. 检测调整溢流阀压力到7MPa	1. 重新调整压力
	2. 滤网堵塞或油管堵塞	2. 检视滤网或油管有无堵塞	2. 清洗或疏通
	3. 转向油箱不足，油液牌号不对或变质	3. 检测储油箱油面或油有无变质	3. 添加或更换油液
	4. 转向泵损坏	4. 检测转向油泵	4. 修复或更换
	5. 溢流阀（流量控制阀）卡死在溢流位置	5. 检测溢流阀有无卡滞现象	5. 修磨
	6. 转向器单向阀封闭不严	6. 检测转向器单向阀密封情况，可用铜棒轻冲击观察直到封闭良好	6. 修复单向阀
	7. 转向器至油泵的管路破裂	7. 检测转向器至油泵的油管路有无破裂	7. 更换油管
	8. 转向系统油路中有空气	8. 以挖掘机工作装置配合将前轮顶起，反复转动方向盘，使空气从油箱通气孔排出	8. 排出油管空气
不能转向	1. 中央回转接头油封损坏	1. 检测中央回转接头油封有无损坏	1. 更换油封
	2. 液压缸活塞环损坏或缸壁拉伤	2. 检测液压缸活塞环或缸壁损坏情况	2. 更换活塞环或液压缸
	3. 油管破裂或接头松脱	3. 检查油管或接头有无损坏和松脱	3. 更换油管，拧紧松脱接头
	4. 转向器装错或转向阀及摆线马达磨损严重	4. 重新检测转向器是否装错或转向阀及摆线马达磨损状态	4. 拆开转向器按要求装配或更换转向器
行驶中不转动转向盘，而挖掘机自动跑偏	1. 转向器片式弹簧折断	1. 检视转向器片式弹簧有无损坏折断	1. 更换弹簧
	2. 轮胎气压不一致	2. 检测各轮胎气压是否一致	2. 充气到规定气压
	3. 转向液压缸进出油管破裂或松脱	3. 检测转向液压缸进出油管有无破裂或松脱	3. 更换或拧紧油管
	4. 车轮制动器单边发咬	4. 检测车轮制动器有无单边发咬	4. 检查排除制动器故障
转向盘自由行程过大	1. 转向系统油路中有空气	1. 检测油路有无空气或漏气点	1. 排除空气或漏点
	2. 转向液压缸与转向臂铰接处间隙过大	2. 检查调整转向液压缸两端铰接处弹簧的张力	2. 拧紧张力增大，反之减小张力

表5-4　制动系统常见故障检测和诊断工艺

常见故障现象	故障诊断分析	检测工艺	排除故障
气压过低	1. 空压机传动带过松	1. 检测空压机传动带（以29.4~39.21V压下皮带中间部位，下坐距离15~25mm为正常）	1. 调整或更换传动带
	2. 调压阀压力过低	2. 检测高压阀压力（0.49~0.64MPa）	2. 重新调压
	3. 接头漏气	3. 检视接头有无漏气	3. 检查排除
	4. 空压机气阀封闭不严或损坏	4. 检查空压机排气阀密封不严或是否损坏	4. 检查更换
	5. 空气压缩机活塞或活塞环磨损过甚	5. 检测空压机活塞及活塞环是否磨损过大	5. 更换
	6. 高压阀膜片破损	6. 检测调压阀膜片有无破坏	6. 更换

（续）

常见故障现象	故障诊断分析	检测工艺	排除故障
制动气缸不回位	1. 制动气缸推杆与活塞干涉 2. 快速计算所放气阀放气口堵塞	1. 检视气缸与推杆工作状态 2. 检视放气口是否有堵物	1. 修磨 2. 清除堵物
踏板制动阀漏气使气压急剧下降	单向阀被杂质卡住使空气泄漏	检测单向阀	清除杂物
制动不灵	1. 气压不足 2. 制动蹄摩擦片与制动鼓之间间隙过大 3. 摩擦片沾有油污 4. 制动器轴生锈发卡 5. 制动鼓失圆或产生沟槽	1. 检测高压阀，调整压力(0.49~0.64MPa) 2. 检测摩擦片与制动鼓间隙(0.4~0.7mm) 3. 拆检摩擦片清洗油污 4. 检测销轴 5. 检测制动鼓工作面	1. 重新调整压力 2. 重新调整 3. 用煤油或汽油清洗并找出原因 4. 清洗和注油 5. 修复
单边制动	1. 左右车轮制动蹄摩擦片与制动鼓之间的间隙不一致 2. 个别车轮摩擦片上有油污或铆钉外露 3. 个别车轮的凸轮轴被卡住 4. 个别制动气缸活塞卡死或密封盖漏气	1. 检测左右车轮制动器间隙 2. 检视摩擦片有无油污或铆钉外露 3. 检测车轮凸轮轴转动状态 4. 检测制动气缸有无卡滞或漏气	1. 制动器间隙调整一致 2. 清洗或更换 3. 清洗和注油 4. 修复
制动发咬	1. 制动踏板阀活塞卡死在阀体下端不能排气 2. 制动气缸活塞回位弹簧锈死或折断，推杆不能迅速回位 3. 快速放气阀堵塞 4. 制动蹄回位弹簧过软或折断 5. 制动鼓失圆与制动蹄摩擦片有摩擦 6. 制动器轴生锈发卡	1. 检测制动阀活塞有无卡滞现象 2. 检测制动气缸活塞回位弹簧有无锈死或折断 3. 检视快速放气阀有无堵塞 4. 检视制动蹄回位弹簧有无过软或折断 5. 检测制动鼓有无失圆或与制动蹄摩擦片摩擦 6. 检测制动器轴有无生锈卡滞现象	1. 清洗、研磨或更换 2. 清洗或更换 3. 清洗疏通 4. 更换 5. 检查修理 6. 清洗，注油润滑

表 5-5　挖掘机液压操作系统常见故障检测与诊断工艺

常见故障现象	故障诊断分析	检测工艺	排除故障
工作装置不能动作	1. 油箱油液不足或没油 2. 油管破裂 3. 油泵损坏 4. 主安全阀密封不严或弹簧折断	1. 检测油箱液面高度 2. 检测工作装置相关油管有无破裂 3. 检测工作装置液压油泵工作状况 4. 检测主安全阀密封或弹簧是否折断	1. 添加 2. 更换 3. 更换 4. 研磨或更换

（续）

常见故障现象	故障诊断分析	检测工艺	排除故障
工作中装置动作缓慢或液压缸自动下降	1. 液压缸活塞的油封损坏 2. 过载阀密封不严 3. 操纵阀磨损严重 4. 油路中有空气 5. 油泵磨损或油封密封不良 6. 主安全阀调整压力偏低 7. 油箱油面低	1. 检测工作装置液压缸活塞密封状况 2. 检测过载阀密封 3. 检测操纵阀磨损状况 4. 检查工作装置油路是否有空气（气阻） 5. 检测油泵磨损或是否密封不良 6. 检测主安全阀是否压力调整偏低 7. 检测油箱油面高低	1. 更换 2. 检修 3. 修复或更换 4. 排放空气 5. 检修 6. 调整 7. 添加油
油温过高	1. 风扇传动带过松 2. 散热片积污过多 3. 油泵长时间过载工作 4. 油路中有空气	1. 检测风扇传动带松紧度（10mm） 2. 检视散热片积污是否过多 3. 检测油泵，如短时间过载运行，应减小工作载荷或停机降温 4. 检视油路中，有无漏气部位	1. 调整 2. 清除污物 3. 停车降温 4. 排放空气
工作油温急剧升高	主安全阀压力过低，使无臂提升，铲斗挖掘等作业过程经常处于停滞状态，使大量油液通过安全阀节流，使温度迅速升高	重新调整主安全阀压力（14MPa）	重新调压
系统中油压不稳	1. 主安全阀磨损 2. 油液过脏 3. 液压油路系统有空气	1. 检测主安全阀磨损情况 2. 检测油液 3. 检视油路是否有漏气	1. 修复 2. 更换 3. 找出漏点，排出空气
系统油压过低	1. 油箱内油液不足 2. 选用油液牌号不对 3. 油泵磨损严重或油封损坏 4. 主安全阀调整压力不当 5. 吸油管滤网堵塞	1. 检测油液位置 2. 选用标准牌号油 3. 检测油封或泵工作状态 4. 检测主安全阀压力 5. 检测吸油管滤网有无堵塞	1. 添加 2. 换油 3. 修复或更换 4. 调整 5. 清洗
作业时，工作油箱中有大量的工作油排出或出现异常响声	主要是中央回转接头中气槽两边的 O 形密封圈损坏或磨损严重，使压缩空气通过油槽进入液压油箱，气体量少时油箱发出气泡响声，气压多时，液压油便从油箱通气孔中被压出	拆检中央回转接头，更换全部气槽和油槽的密封圈；检测空气压缩机和储气筒是否有工作不正常现象	更换气槽和油槽的密封圈
挖掘机支腿液压缸闭锁不严	1. 支腿液压缸活塞上的 U 形圈损坏 2. 支腿单向阀内的圆锥活塞接触表面卡有脏物或接触面损伤 3. 压紧圆锥活塞的弹簧失效	1. 拆检支腿液压缸活塞上密封圈 2. 拆检支腿单向阀 3. 拆检单向阀，检测弹簧压力	1. 检查、更换 U 形圈 2. 查明原因后修复 3. 更换弹簧

5.3 挖掘机故障诊断与检测实例分析

【实例1】

日立 UH-171 型挖掘机动臂能起不能落故障的诊断检测与排除

某单位的日立 UH-171 型挖掘机从 1990 年使用至今已近 2 万小时。该机从 1997 年开始（约 1.3 万小时）其液压系统先后出现过定量泵、变量泵、先导泵、液压缸及回转和行走马达损坏的故障。1999 年首次出现动臂能起不能落的故障。

故障现象 1：1999 年 4 月，该机在高速公路施工中，动臂升起后突然不能降落。经检查，发现两个动臂液压缸伸出后收不回来，同时还发现该机的 B 泵组（见图 5-2）在运转不足 3min 时，泵体烫得手不敢摸，并伴有 B 泵组的调压油管剧烈抖动现象。

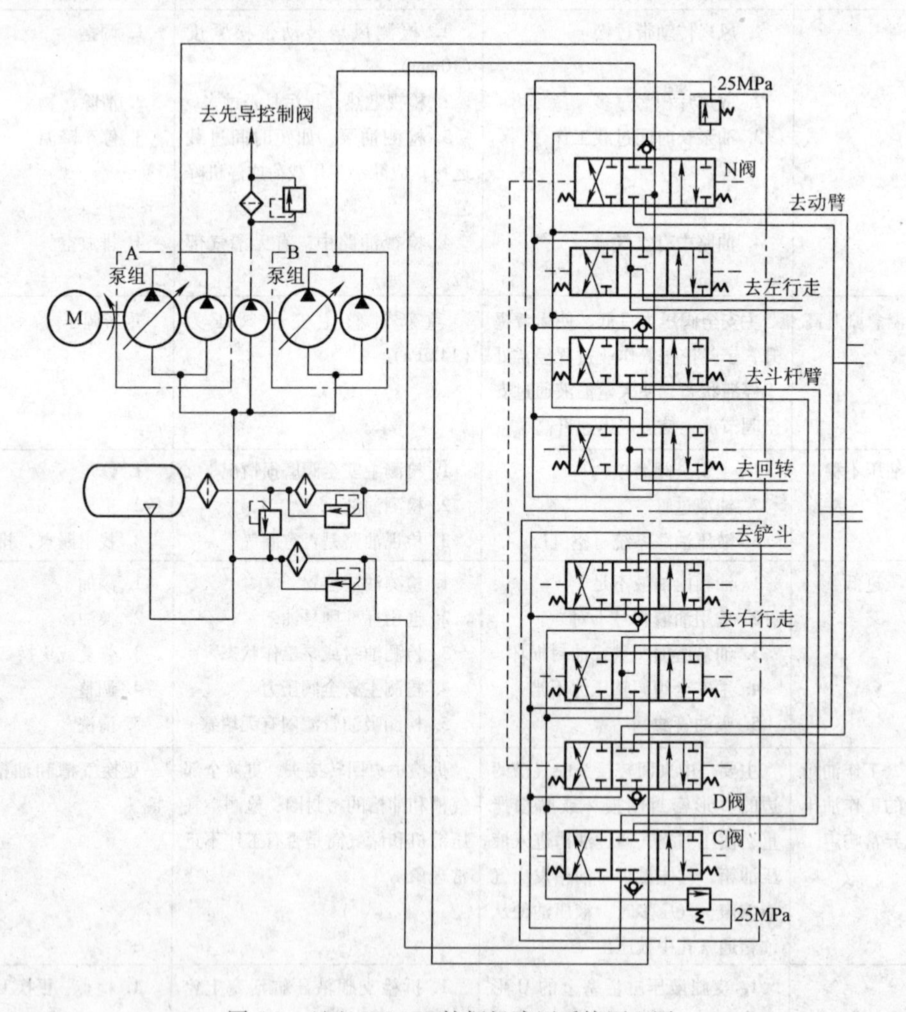

图 5-2 日立 UH-171 挖掘机液压系统原理图

诊断步骤：原则是先易后难，尽量不拆检或少拆检。

1）测先导泵出口油压力为 2.4MPa。

2）发动机怠速，踩下斗门关闭踏板，松动斗门缸无杆腔油管接头，发现无油渗出，卸开后，发现油管不来油。

3）松动斗门控制阀处先导油管接头，无油渗出，卸开后，油管中无油流。

故障排除：根据上述诊断，确诊为先导操纵阀被卡所致。拆下先导阀体，解体发现阀芯锈蚀于阀孔中不能动。取下阀芯后，在其上涂上研磨膏，用稠布缠裹，圆周向研磨，将其锈蚀磨掉为止。用一直杆缠上稠布，在稠布外面涂上研磨膏，插入阀孔中研磨，将其锈迹磨掉，用干净汽油彻底清洗先导阀芯和孔，装复后经试车，斗门关闭正常。

故障现象2：行走跑偏严重，行走移位很困难。

故障诊断与检测：

1）左、右主泵供油不均。用秒表测铲斗和斗门动作速度。发动机高速运转铲斗手柄拉到底时，侧铲斗内转所需时间为5.1s，标准为4.8s，发动机高速运转，将斗门开启踏板踩到底时，测斗门开启时间为1.6s，标准为1.5s。铲斗、斗门分别由左、右主泵供油，动作速度基本在标准范围内，则说明左、右主泵供油量正常均匀。

2）左、右行走马达内泄漏量不均。测1min的左、右行走马达泄漏量，分别为0.07L/min、0.0751dmin，说明左、右行走马达性能均匀良好。

3）中心回转接头密封失效。

4）左、右行走安全阀开启压力不一致。在左、右主泵的出油口分别安装40MPa压力表，测出左、右主泵单独供油时的左、右主安全阀开启压力均为25MPa。

5）缓冲制动阀开启压力不一致等。将铲斗插入地里，保证在操纵行走前进、后退时，履带不打滑，不前后移动；发动机高速运转，分别操纵前进和后退手柄，并读出压力表的稳定读数，测试结果见表5-6。重复上述动作，分别在小范围内调节左右缓冲制动阀调节螺钉，结果压力表读数不变，说明缓冲制动阀工作正常。

表5-6　压力表的测试结果

测试工况	左泵压力表读数	右泵压力表读数	标准值
行走前进	22MPa	16MPa	26.5MPa
行走后退	16MPa	22MPa	26.5MPa

故障排除：根据上述诊断结果和行走液压系统原理图分析，确诊为中心回转接头右前进与左后退油道间的密封圈失效、内泄所致。经拆卸中心回转接头发现，正是此处密封圈损坏所致，更换新密封圈后，行走正常。

故障诊断与检测：

1）B泵组系统混入空气、泵组吸空、吸油管接头松动、吸油管漏气和吸油管堵塞。

2）B泵组系统回油管路堵塞、回油滤芯损坏堵塞、旁通阀和溢流阀咬死不能开启。

3）B泵组柱塞折断，柱塞与缸体咬死，回程盘破碎。

4）液控换向阀弹簧对中失灵，卡在不对中位置。

针对上述原因分析，维修人员采用先易后难的方法拆检了油路和B泵组，随后检测得知先导控制油路正常。在否定了前四项原因后，对该机进行了长达15min的试机运转，除动臂缸不能缩回外，其他各个动作均正常，但B泵组仍热得烫手，高压软管仍剧烈抖动，显然故障的原因集中在液控换向阀上。从图 5-2 所示的液压原理图中可知，动臂和斗杆工作均由 A、B 两个泵组合供油，必须查清，究竟是哪一个液控换向阀被卡死。分析了动臂升降的工作原理后，找到了故障的原因。

动臂的起升是由 D 阀和 N 阀同时开启控制、A 和 B 两泵组合供油的；动臂的下降是由 D 阀单独开启，B 泵组单独供油的。所以动臂能起不能落的原因是 D 阀卡死在不对中位置，而无压力油进入动臂液压缸上腔所致。

为了证明动臂能起不能落是由于 D 阀卡死所致，可以对 B 泵组热得烫手和高压油管剧烈抖动进行论证。当 D 阀卡死时，B 泵组的液压油在经过 C 阀后便被 D 阀堵死，B 泵组的液压油只有在克服安全阀的开启压力 25MPa 后方能通过安全阀形成回路流回油箱。此时的安全阀在 B 泵组回路中起到了减压阀的作用，由此而产生巨大的热量使 B 泵体产生高温。所似只要发动机开始运转，B 泵组及其高压油管就处在系统最高压力下工作，使其在空载下发烫和抖动。

故障排除：在拆检 D 阀时发现，由于少量金属颗粒把阀芯卡死在阀体中，使 D 阀芯处在通道堵死的位置上。经抽出该阀芯用磨缸砂条和水磨砂纸打磨后装入试机，动臂伸缩自如。

【实例 2】

日立 UH181 型挖掘机液压系统故障的诊断检测与排除

某单位于 1995 年引进了十台日本日立公司的 UH181 全液压挖掘机，现运行了 15000h 左右，在使用中，这批挖掘机液压系统曾多次出现过故障，经对其技术状态检测和故障诊断后，均已及时排除。现将其中三例故障诊断、排除、修复情况介绍如下。

液压系统故障的诊断检测与排除

故障现象 1：在正常工作中上部回转机构速度突然减慢，以致停止回转，来回操纵手柄数次，又能慢慢转起来或不动，无法工作。

故障诊断与检测：

1）检测系统压力。在回转泵出口接一只 40MPa 压力表，插上回转锁销，回转手柄拉到底，当发动机高速时，压力表读数为 20MPa；怠速时，压力表读数为 19MPa，重复测试，压力值变低。调节主安全阀和左右缓冲制动阀，压力表读数不上升只下降，说明这些阀工作正常。

2）检测回转马达泄漏量。实测马达泄漏量为 0.5L/min，标准值为 0.3～0.8L/min，说明回转马达性能良好。

3）检测先导压力。拆开闭锁阀的先导油管接头，接一只 4MPa 压力表，测得先导压力为 2.4MPa，且很稳定，标准值为 2.4±0.1MPa。先导压力正常，闭锁阀工作正常。

4）将回转泵伺服活塞向左推到头，并在其腔中垫以适当垫块，即将变量泵变为定量泵。这时测得空载时泵的流量为 40L/min，加载后，系统流量、压力均降为零。

故障排除：根据上述诊断分析，确诊为回转泵内部泄漏严重所致。打开回转泵后盖，从出油口处向里吹烟，发现从进油口和泵腔中有大量烟冒出，说明进出油路相通，进一步拆下配油盘，发现配油盘中心轴上的滚针轴承内圈窜出 2mm 使配油盘与缸体端面间隙增大。将内圈复位并作固定处理后，装复，测试回转泵性能，实测回转泵 P-Q 特性曲线如图 5-3 所示；检测数据见表 5-7 和表 5-8。

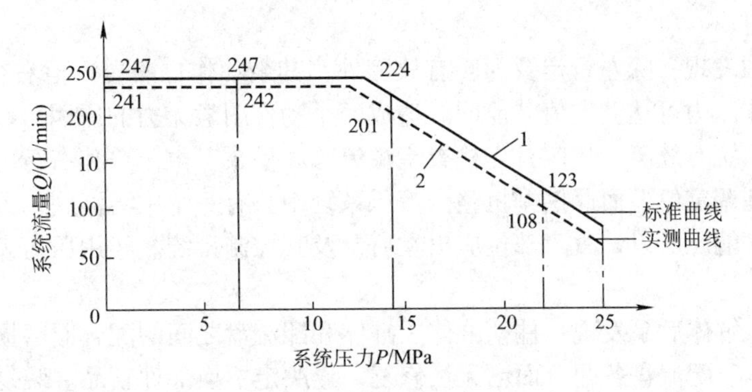

图 5-3　实测回转泵 P-Q 特性曲线

1—标准曲线　2—实测曲线

表 5-7　检测数据 1

检 测 项 目	标准值	实测值
回转主安全阀开启压力/MPa	25	24
回转速度/(s/3r)	26 ± 1	27.5
回转泵最大流量/(L/min)	247	242
回转泵最小流量/(L/min)	80	65

表 5-8　检查数据 2

负载压力/MPa	0	7	14	22
发动机转速/(r/min)	1680	1620	1612	1412
实测系统流量/(L/min)	225	218	180	85
换算系统流量/(L/min)	241	242.2	201	108
液压油温度/℃	45	45	45	46

由图 5-3 可计算出回转泵先导控制段系统流量损失约为 1.94%。恒功率控制段系统流量损失约为 10.3%。说明回转泵磨损量很小，恒功率控制段需调节。将恒功率控制调节螺钉往里拧，使系统在规定负载下达到规定流量为止。

故障现象 2：有一台 UH181 全液压挖掘机，原是反铲装置。改正铲后，出现铲斗斗门总是开的，关不上，挖掘时靠推力可使斗门关闭；但卸载后，斗门还是关不上，其他动作正常。

故障诊断与检测：根据液压系统原理图分析，发生此故障的原因可能有：

1）先导操纵阀卡住。

2）斗门开启油路中的过载阀泄漏严重。

3）换向阀斗门开启先导活塞泄漏严重，来油无力推动换向阀芯动作。

4）换向阀阀芯卡住。

【实例 3】

大宇 DH220LC-Ⅲ挖掘机回转和左行走无力故障的诊断与排除

故障现象：一台大宇 DH220LC-Ⅲ挖掘机在工作过程中回转及左行走明显缓慢，其他动作如动臂、斗杆和铲斗的动作以及右行走则基本正常。

故障诊断与检测：回转无力的原因主要是：回转先导油路有故障、回转控制阀阀芯卡死或磨损严重、回转制动不能解除、回转马达损坏、回转减速器损坏、主溢流阀损坏或后泵及其控制系统有故障。

左行走无力的原因主要是：左行走先导油路有故障、左行走控制阀阀芯卡死或磨损严重。左行走马达损坏、左行走减速器损坏、中心回转接头泄漏、主溢流阀损坏或后泵及其控制系统有故障。

现场检查中发现，除左行走及回转有故障外，其余动作也略慢，但右行走（单独动作）速度正常，工作压力可达调定值。能同时造成两个动作明显无力的原因只有主溢流阀损坏和后泵及其控制系统有故障，故应首先检查主溢流阀和后泵。由于单独右行走的速度正常，工作压力也可达到调定值，而此挖掘机整个液压系统中只有一个主溢流阀，因此可排除主溢流阀存在故障的可能。所以，故障部位应出在后泵及其控制系统。经用压力表现场检测，此分析得到了验证。

故障排除：解体后泵发现：柱塞缸体、缸体和配流盘之间的配合面磨损严重，部分滑靴脱落，柱塞缸体、配流盘各配合面已无法修复，遂决定更换部件新品。装复后试机，故障已排除。

【实例4】

卡特 E200B 型挖掘机履带无力故障的诊断与排除

故障现象：某公司 1992 年购进一台卡特 E200B 型反铲挖掘机，运转到 8500h 时，逐渐出现爬坡越来越无力，且左侧履带时有停滞的现象，右侧稍好于左侧。

故障诊断与排除：根据液压系统原理图分析，可能导致上述故障的原因有：①液压泵工作不正常；②行走马达内泄；③回转接头、环道油封泄油；④操纵阀阀杆卡死。

由于工程急，时间紧，现场又远离大城市，缺乏检测仪器，只能借助压力表测试，从可能发生故障的部位，从易到难依次测压来诊断，测试结果见表 5-9。

表 5-9 测试结果

部件名称		压力测试结果/MPa				分析
		空载		爬坡		
		正常值	测试值	正常值	测试值	
液压泵		4.0~6.0	5.2	30.0~31.0	15.0	有可能工作不正常
操纵阀		2.5	2.5	2.5	2.5	工作正常
行走马达	左侧	4.0~6.0	4.2	30.0~31.0	16.5	1）低压时，工作正常，泄漏不明显 2）高压时，工作不正常，有内泄现象
	右侧	4.0~6.0	4.5	30.0~31.0	18.0	

先拆开左侧行走马达，发现配流盘、柱塞、柱塞缸、滑靴等部件光滑，无刮痕，来回活动自如，说明行走马达本身无问题，可以正常工作。

再触摸中央回转接头，发现回转接头温度偏高，高压管有剧烈抖动。拆开接头部，见橡胶油封严重蚀损，部分油封已断掉，由此可以断定故障原因出于此处。

由于油封已损坏不可再用，而且其他油封无法替代，故购新件。更换油封后液压泵空载压力上升为 5.4MPa，爬坡时上升到 30.5MPa。左侧行走马达空载时压力上升到 5.0MPa，爬坡时为 30.0MPa。右侧行走马达空载时压力上升到 5.6MPa，爬坡时 30.6MPa。

该挖掘机更换中央回转接头环道油封后使用至今未出现异常情况。

【实例5】

国产 W4-60 型挖掘机挖掘无力故障的诊断与排除

故障现象：某单位在使用 W4-60 型挖掘机作业时发现一些不正常的现象；挖掘硬物料时挖不动，挖掘松散物料时不满斗且非常吃力。

故障诊断与排除：根据液压系统工况的分析，挖掘无力故障原因主要是：①液压油不足；②主泵磨损；③主安全阀调整压力偏低；④操纵阀磨损严重；⑤铲斗缸活塞油封损坏。

故障排除：

1）首先查看液压油箱，发现液压油充足，即可排除此故障的可能性。

2）通过液压系统的分析可知，如主泵磨损或主安全阀调整压力偏低，整个系统就达不到额定的系统工作压力，那么动臂、斗杆、回转马达及液压支腿等部分工作都将发生异常。但经观察，其余工作装置均工作正常，未发现任何异常的情况，因此可排除主泵磨损及主安全阀调整压力偏低这两个故障原因。

3）经上述故障原因的分析，可将故障原因集中在操纵阀严重磨损与铲斗缸的活塞油封损坏上，由于这两个故障比较隐蔽，究竟是两个故障同时发生了还是只发生了其中的一个，仅通过现象观察难以判断，但如果盲目拆检又代价太大。在此情况下可进行堵漏试验，即应用仪器测量回路的流量即可迅速判断故障所在。但由于条件的限制，施工单位不一定都配备有此类故障的检测仪，此时可根据液压系统的结构特点进行分析；铲斗回路出现故障并不影响其他回路执行部件（如动臂、斗杆等）的动作，而且各回路调定压力大小均相同。由于斗杆回路与铲斗回路的油管尺寸完全相同，因此可以利用斗杆回路来进行故障的分析和判断，具体操作如下：将铲斗与斗杆进油及回油油管分别互换连接后，重新观察铲斗与斗杆的工作情况，发现铲斗工作仍不正常，而斗杆工作却仍然正常。这样就可以判定故障是发生在铲斗位上，于是将铲斗工作仍不正常，而斗杆工作却仍然正常。于是将铲斗位进行拆检，看到活塞上油封已断裂损坏，造成油位上、下腔泄漏严重，致使铲斗挖掘无力。更换油封后，铲斗工作即恢复正常。

从上述故障的排除中得出，只要掌握液压系统的工作原理和一些技术数据，利用液压系统本身回路的一些规律，通过仔细观察，冷静判断，一般都能找出故障的根源。对于一些隐蔽的故障，可以利用仪器来检测系统的技术性能，如压力、流量和温度等定量分析，就可迅速找出故障部位。

【实例 6】

国产 W4-60C 型挖掘机支腿液压锁常见故障的诊断与排除

故障现象：W4-60C 挖掘机支腿在使用中经常出现两种故障：一是机器在行驶或停放时支腿自动沉降；二是机器在作业时，支腿缸活塞杆自动缩回，使支腿不起作用。

故障诊断与排除：除支腿缸油封损坏外，最主要的原因是支腿液压锁出现故障。支腿液压锁结构图如图 5-4 所示。

位于支腿缸的进出油口处，当换向阀位于中立位置时，支腿缸内的液压油被封闭，确保了机器作业时支腿支撑牢固；在行驶或停放时可防止支腿由于本身重量和颠簸而自动沉降，从而起到“锁”的作用面。支腿液压锁实际上是由两个单向阀并列装在一起构成的，主要由阀体 8、控制活塞 5、阀套 9 和 10、阀芯 3 和 6 及弹簧 2 等组成。出现的主要故障是油液泄漏，从而导致支腿工作不良。支腿液压锁常见故障及排除方法如下：

（1）接头或液压锁螺纹滑扣而漏油　液压锁和液压油管靠专用接头连接，由于拆装频繁，易导致接头和液压锁上的螺纹滑扣而漏油。螺纹损坏的另一个原因是，该锁仅仅靠螺纹和油管（钢制）连接而悬浮于支腿缸的一侧，并没有专门的固定装置，这样拆装时极易因固定效果差而拧坏油管或螺纹。

排除方法：可更换接头或采用密封带（生料带）缠绕接头以加强密封；如果锁内螺纹损坏，可采取加大螺纹的方法修复（但比较费事），也可采用将接头和锁焊接在一起的方法解决漏油问题。

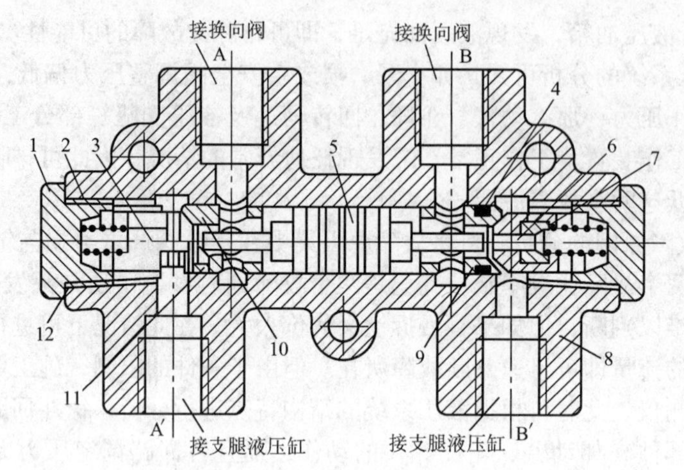

图 5-4 支腿液压锁结构图

1—螺塞 2—弹簧 3、6—阀芯 4—密封圈 5—控制活塞
7—销钉 8—阀体 9、10—阀套 11、12—O 形圈

（2）阀芯与阀套接触面磨损造成封闭不严而泄油　使用中，铝合金材质的阀芯和钢制的阀套（主要考虑有利于密封）因承受油压的反复作用，往往使较软的阀芯被磨损出现沟槽，导致相接触的密封面不平整而泄油。

排除方法：修磨阀芯与阀套的接触面，以保证其配合面全部密合。

（3）阀芯与阀套接触面被杂质垫起而泄油　若液压油的滤清效果差，较大的杂质颗粒或磨屑进入了阀芯与阀套的密封面，使该处被杂质垫起，导致密封失效而泄油。

排除方法：清洗支腿液压锁并加强油液的滤清工作。

（4）弹簧过软或折断而失灵　由于弹簧过软或折断，使阀芯不能紧密贴合于阀套上，从而导致泄油。

排除方法：更换弹簧。

（5）O 形密封圈损坏导致漏油　该液压锁内共有 4 个 O 形圈 12（型号为 22×2.4、共 2 个）用以防止油液外漏；阀套上的 O 形圈 11（型号为 16×2.4、共 2 个）则用以防止油液在 A 和 A′和 B 和 B′间互相串通。使用时，O 形圈 11 最易受到损坏而导致泄油，应引起重视。

排除方法：更换所有的 O 形圈。

（6）控制活塞弯曲变形导致泄油　控制活塞常处于较高压力下作往复移动顶推阀芯，这样有时会使其上两侧较细的杆部出现弯曲变形，致使顶推阀芯的效果变差，发生顶偏现象，破坏阀芯与阀套的配合面，使阀芯过早损坏。

排除方法：校正或更换弯曲的控制活塞杆。一般情况下，当活塞外圆对活塞杆轴线的全跳动超过 0.3mm 时就必须校正或更换。

（7）控制活塞与阀体配合间隙过大而泄油　由于控制活塞不断地作往复运动，使其与阀体中心孔间的配合间隙增大，最终导致过量泄油。

排除方法：一般情况下应更换总成。此活塞与阀体中心孔配合间隙应为 0.02 ~ 0.03mm，间隙至 0.04mm 时就必须修复或更换。

复习与思考题

1. 挖掘机的用途是什么?
2. 挖掘机如何分类?
3. 挖掘机由哪些系统组成?
4. 挖掘机常见故障有哪些?
5. 挖掘机离合器分离不彻底故障怎样诊断与检测?
6. 离合器发抖怎么诊断与检测?
7. 变速器挂挡困难怎样诊断与检测?
8. 手制动器失灵如何诊断与检测?
9. 挖掘机转向沉重如何诊断与检测?
10. 行驶中不转动转向盘而挖掘机自动跑偏故障怎样诊断与检测?
11. 气压过低故障如何诊断与检测?
12. 制动不灵怎样诊断与检测?
13. 单边制动如何诊断与检测?
14. 制动发咬故障如何诊断与检测?
15. 如何诊断工作装置动作缓慢或液压缸自动下降?
16. 怎样诊断系统中油压不稳故障?
17. 挖掘机支腿液压缸闭锁不严怎样诊断与检测?

第6章　铲运机故障检测与诊断

6.1　概述

1. 铲运机用途

铲运机是利用装在前、后轮轴之间的铲运斗，在行驶中顺序进行土壤铲削、装载、运输和铺卸土壤作业的铲土运输机械，能独立地完成铲土、装土、运土、卸土各个工序，还兼有一定的压实和平整土地的功能，适于中等距离运土（拖式铲运机100~1500m运距内效率较高，自行式铲运机可达5000m或更长）。与挖掘机和装载机配合自卸载货汽车施工相比较，具有较高生产率和经济性。铲运机由于其斗容量大，作业范围广，主要用于大土方量的挖填和运输作业，广泛用于公路、铁路、工业建筑、港口建筑、水利、矿山等工程中，是应用最广的土方工程机械。

2. 铲运机分类

（1）按运行方式分类　可分为拖式和自行式铲运机两种。拖式铲运机是利用履带式拖拉机为牵引装置拖动铲土斗进行作业，其铲运斗行走装置为双轴轮胎式，铲土斗几何容量为6~7m^3，适合在100~300m的作业范围内使用。拖式铲运机对地面条件要求低，具有接地比压小、附着力大和爬坡能力强等优点；自行式铲运机又称轮胎式铲运机，由牵引车和铲运斗两部分组成，近年来发展较快，是采用专门底盘并与铲土斗铰接在一起进行铲、运土作业，铲土斗几何容量最大的可达40m^3，并且行驶速度较快，适合在300~3500m的作业范围使用，行驶速度快，生产率高，适合于中、长距离铲运土方，但对地面及道路要求较高，对于紧密土质需要采用推土机助铲。

（2）按斗容量分类　分别有：小型、中型、大型和特大型四种，分类标准见表6-1。

表6-1　铲运机按斗容量的分类表

类型	小型	中型	大型	特大型
铲斗容量/m^3	<4	4~10	10~30	>30

（3）按操纵形式分类　有钢绳操纵式和液压操纵式两种。

（4）按卸土方式分类　有强制式、半强制式和自由倾卸式三种。强制式是依靠可移动的卸土板将斗内的土料向前强行推出；半强制式是依靠斗底与后壁（制成一体），先以强制方式卸土一部分，然后借土料自重卸出；自由倾卸式是将整体的铲斗翻转倾倒，土料靠自重卸出。

（5）按装载方式分类　有切削装载式和链板装载式两种。前者靠牵引力将刀片切削的土料挤入斗内；后者则靠链板将土料送进斗内。我国生产的铲运机大多是切削装载式。

3. 铲运机技术参数

自行式铲运机主要技术性能见表6-2。

表6-2 自行式铲运机主要技术性能

类别	项目	CL7	CL9	621E	631E	SM150
机械型号		CL7	CL9	621E	631E	SM150
发动机	型号	6135K-12d	6135K-12d	CAT3406B	CAT3408	SKODAMS634
发动机	额定功率/kW	141.3	141.3	246	336	148×2(双台)
发动机	额定转速/(r/min)	2100	2100	1900	2000	2000
液压系统压力/MPa		10	14	15.5	15.86	
转向系统压力/MPa		10	17.2	15.5	15.86	
铲斗	平装容量/m^3	7	9	10.7	16.1	10.6
铲斗	堆尖容量/m^3	9	11	15.3	23.7	15
铲斗	切削宽度/mm	2700	2700	3023	3512	2850
铲斗	切土深度/mm	300	300	333	437	220
铲斗	卸土方式	强制式	强制式	强制式	强制式	强制式
铲斗	操纵方式	液压	液压	液压	液压	液压
行走机构	车速/(km/h) 一挡前进	6	7	5	6.1	9
行走机构	车速/(km/h) (后退)	6	7	(9.2)	(7.6)	(18)
行走机构	车速/(km/h) 二挡前进	13	14	9	10.7	19
行走机构	车速/(km/h) (后退)	13	14	9	10.7	19
行走机构	车速/(km/h) 三挡	28	24	11.4	14.5	21
行走机构	车速/(km/h) 四挡	36	20	15.4	19.5	42
行走机构	车速/(km/h) 五挡			20.8	26.4	
行走机构	车速/(km/h) 六挡			28.2	35.6	
行走机构	车速/(km/h) 七挡			38.0	48.3	
行走机构	车速/(km/h) 八挡			51.3		
行走机构	最小转弯半径/m	7	7	10.9	12.217	470
行走机构	最小离地间隙/mm	420	400	523	545	
行走机构	制动距离/m		≤20			
行走机构	制动气压/MPa		0.68~0.7			
车轮	前轮数	2	2	2	2	2
车轮	后轮数	2	2	2	2	2
车轮	前轮规格	23.5-25-16PR		33.25-29	33.25-35	26.5-29
车轮	后轮规格	23.5-25-16PR		33.25-29	33.25-35	26.5-29
车轮	前轮胎/后轮胎充气压力/MPa	0.32/0.35	0.39/0.42			
车轮	轴距/mm	5927	5920	7720	8769	7200
车轮	前轮距/mm	2100	2100	2210		2200
车轮	后轮距/mm	2100	2100	2180	2464	2200
外形尺寸	长/mm	10025	10000	12930	14282	13170
外形尺寸	宽/mm	3292	3292	3470	3938	3140
外形尺寸	高/mm	3000	2996	3590	4286	3550
整机质量/t		17.3	17.7	30.479	43.945	25.6
生产厂		郑州工程机械厂	郑州工程机械厂	卡特彼勒(徐州)有限公司	卡特彼勒(徐州)有限公司	黄河机械厂

4. 铲运机结构及特点简介

铲运机由铲斗、走行装置、操纵机构和牵引机等组成，主要包括铲土、装土、运土、卸土和回程等几个过程。

铲装：铲运机挂低挡行驶，放下铲斗，打开斗门，铲斗底部铲刀切土，土被强行挤入铲斗，直至铲斗装满，关闭斗门，提升铲斗。

运输：挂中、低挡运行至卸土地点。

卸土：到卸土地点后打开斗门，卸土板强制推出斗中土，并可利用铲刀刮平土层。

回程：高挡快速回到取土区。

（1）拖式铲运机的工作装置　CT-6 型铲运机的工作装置，由铲土斗、拖杆、辕架、尾架、操纵机构和行走机构等组成，如图 6-1 所示。

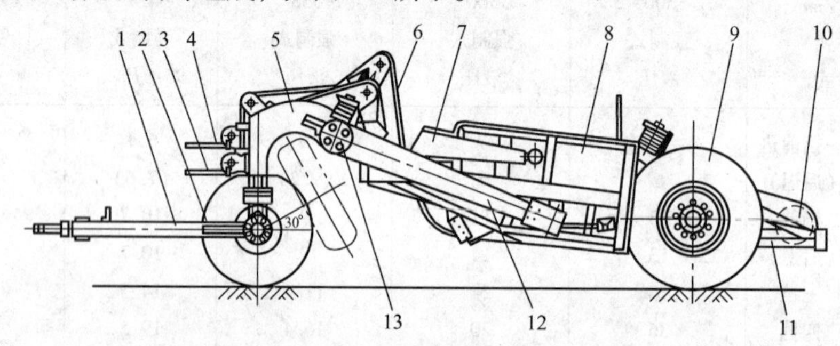

图 6-1　CT 型拖式铲运机的工作原理

1—拖杆　2—前轮　3—卸土钢丝绳　4—提斗钢丝绳　5—辕架曲梁　6—斗门钢丝绳　7—前斗门　8—铲土斗体　9—后轮　10—蜗形器　11—尾架　12—辕架臂杆　13—辕架横梁

铲运机工作装置由拖杆一端连接铲运斗，另一端与履带式拖拉机连接。行走装置由两根半轴上的后轮和一根前轴上的前轮组成，车轮为充气橡胶轮胎。钢丝绳操纵机构由提升钢丝绳、卸土钢丝绳、拖拉机后部的绞盘、斗门钢丝绳和尾架上的蜗形器等组成。在作业中操纵系统可分别控制铲土斗的升降，斗门的开启、关闭，强制式卸土板的前移。卸土板的复位是靠蜗形器来完成的。如图 6-2 所示，蜗形卷筒钢丝绳的一端连接于卸土板的背部，另一端绕过蜗形器上的蜗形卷筒绳槽固定在蜗形器壁上；弹簧筒钢丝绳一端绕在蜗形器的圆形卷筒上，另一端穿过回位弹簧连接在弹簧压盘上。卸土板的复位是由回位弹簧的张力拉动蜗形卷筒钢丝绳来进行的。

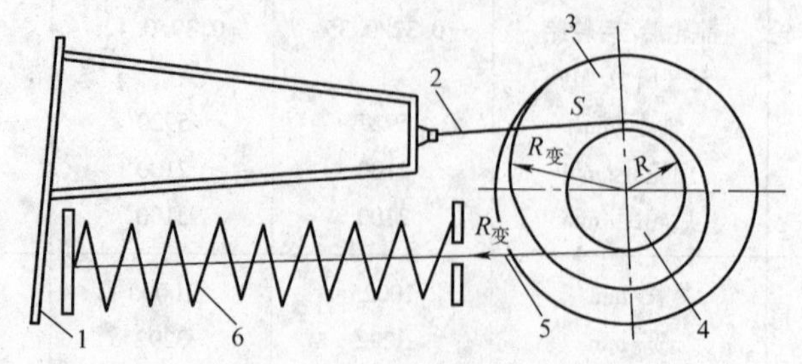

图 6-2　蜗形器工作原理

1—卸土板　2—蜗形卷筒钢丝绳　3—蜗形卷筒　4—圆形卷筒　5—圆形卷筒钢丝绳　6—回位弹簧

铲土斗由铲土斗体和前斗门等组成，是铲运机的主体结构。在铲土斗体的前面除了有可以启闭的前斗门外，还安装有切土的刀片。刀片中间稍突出，以减少铲土作业中的阻力。在斗体的后部装有尾架和蜗形器，斗体内部后壁设有强制卸土的卸土板。

（2）自行式铲运机的工作装置　自行式铲运机一般由单轴牵引车和铲

土斗两部分组成，如图 6-3 所示。牵引车为铲运机的动力头，由发动机、转向系统、车架等组成。铲土斗是铲运机的作业装置，其基本结构与拖式铲机的铲土斗类似。

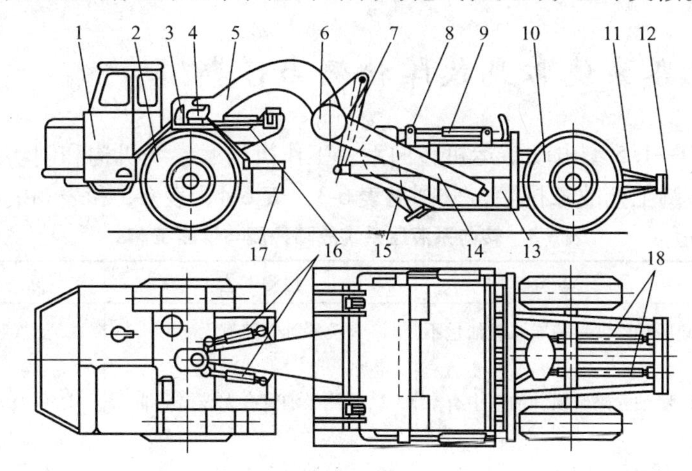

图 6-3　CL—7 型自行式铲运机总体构成

1—牵引车　2—前轮　3—支架　4—主销　5—辕架曲梁　6—辕架横梁　7—铲土机液压缸　8—斗门杠杆　9—斗门液压缸　10—后轮　11—尾架　12—顶推板　13—铲土斗体　14—辕架臂杆　15—斗门　16—转向液压缸　17—传动箱　18—强制卸土液压缸

自行式铲运机为液压操纵，即铲斗升降、斗门启闭、卸土板前后移动均由各自的液压缸控制。液压缸的压力油由发动机驱动的液压泵供给，CL—7 型自行式铲运机工作装置液压系统如图 6-4 所示。自行式铲运机铲土斗的尾端装有顶推板，借助顶推板增加牵引力，适应铲土作业的需要，提高作业效率。

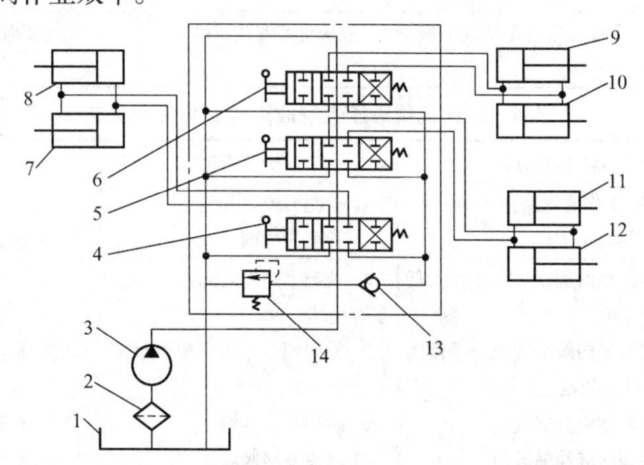

图 6-4　CL—7 型自行式铲运机工作装置液压系统

1—油箱　2—滤油器　3—液压泵　4—铲斗液压缸操纵阀　5—斗门液压缸操纵阀　6—卸土板液压缸操纵阀　7、8—铲土斗液压缸　9、10—卸土板液压缸　11、12—斗门液压缸　13—单向阀　14—溢流阀

铲运机的作业过程包括铲土、重车运土、卸土、空车返回四个过程。随土壤的类别不同和坡度不同及填土厚度不同，在各个工作过程中需要不同的牵引力和不同的行驶速度。一般

铲土时，用一、二挡速度；重车运土时，用三、四挡速度；卸土时，用二挡速度；空车开行时，用五挡速度。

6.2 铲运机各系统常见故障检测与诊断

本章节以 WJD—1.5 型电动铲运机转向系、工作机构、卷绕机构和制动系统常见故障现象、故障诊断、检测工艺故障排除，分别见表 6-3、表 6-4、表 6-5 和表 6-6。

表 6-3 转向系液压系统故障检测与诊断工艺

常见故障现象	故障诊断分析	检测工艺	排除故障
转向不灵或无力	1. 吸油管变形造成泵吸油量不足 2. 吸油管路破损，油液中有空气 3. 泵损坏 4. 转向器阀块内溢流阀压力调得过低或阀芯油封损坏 5. 转向液压缸内油封损坏，造成两转向液压缸内部串油 6. 油绳损坏	1. 检测吸油管路有无变形 2. 检测吸油管有无破损漏油 3. 检测油泵 4. 检测转向器阀块有无阀芯，油封破坏或压力失调现象 5. 转向液压缸内油封有无损坏或两缸内串油 6. 检视油绳有无损坏折断	1. 更换吸油管 2. 更换吸油管 3. 检修或更换 4. 重调或更换油封 5. 更换或检修液压缸 6. 更换油绳
无转向	1. 油箱油位偏低 2. 泵损坏 3. 转向器损坏，转向器内阀套与阀芯间销轴窜出卡死	1. 检测油箱油位 2. 检测油泵 3. 检测转向器内阀套与阀芯有无卡死现象	1. 加油 2. 检修或更换 3. 检修或更换
朝一个方向偏转且振动大	转向器回油绳与左转或右转油绳接错	检视重新安装正确	油绳对调

表 6-4 工作机构液压系统故障检测与诊断工艺

常见故障现象	故障诊断分析	检测工艺	排除故障
液压缸不动作	1. G30 工作液压泵损坏 2. 先导阀不工作	1. 检测 G30 液压油泵 2. 检测先导阀	1. 换泵 2. 换阀
液压缸动作缓慢无力	1. 多路换向阀总压力调得太低或油封损坏 2. 多路换向阀上四个分溢流阀压力调得太低或油封损坏 3. 液压油中有空气 4. 多路阀进油绳漏油 5. 多路阀阀芯复位弹簧损坏	1. 检测多路换向阀压力和油封是否损坏 2. 检测四个分溢流阀和油封 3. 检测有无气泡 4. 检测多路阀油绳 5. 检测多路阀复位弹簧是否损坏	1. 重调或换油封 2. 重调或换油封 3. 查泵吸油管 4. 更换 5. 更换
翻斗液压缸或举升缸锁不住	1. 多路换向阀两边溢流阀油封损坏 2. 液压缸密封件损坏 3. 多路阀芯磨损	1. 检测多路换向阀两边溢流阀油封 2. 检测液压缸密封 3. 检测多路阀阀芯磨损是否超标	1. 更换油封 2. 检修或换液压缸 3. 更换多路阀

表6-5　卷绕机构液压系统故障检测与诊断工艺

常见故障现象	故障诊断分析	检测工艺	排除故障
不卷缆	1. 液压泵坏 2. 卷缆阀转不动或转不到位 3. 收缆溢流阀压力调得太低 4. 收缆溢流阀坏 5. 卷缆电动机油封坏	1. 拆检液压泵 2. 检测卷缆阀 3. 检测收缆溢流阀压力 4. 拆检收缆溢流阀 5. 检测卷缆电动机油封是否损坏	1. 检修或换泵 2. 检修 3. 重调 4. 检修 5. 更换油封
卷缆不同步；放缆时电缆拉得太紧	1. 收缆阀压力调得太低 2. 卷缆电动机油封损坏；收缆阀压力调得太高	1. 检测收缆压力 2. 检测卷缆阀电动机油封和收缆阀压力	1. 重调 2. 更换油封，重调

表6-6　制动系统常见故障检测与诊断工艺

常见故障现象	故障诊断分析	检测工艺	排除故障
无制动	1. 空压机坏 2. 气顶油加力器坏或没制动油 3. 内张蹄式制动分泵坏或制动蹄摩擦片磨损过甚 4. 点盘式制动片磨损过大	1. 检测空压机是否损坏 2. 检测气顶油加力器是否损坏或制动油油压 3. 检测制动分泵是否损坏或摩擦片是否磨损过甚 4. 检测点盘式制动片是否磨损过大	1. 检修或更换 2. 检修或更换 3. 更换 4. 更换
制动力不足	1. 空压机气压不足 2. 气压调整器气压调整不当 3. 储气罐上两溢气阀漏气 4. 气顶油加力器内制动油不足 5. 点盘式制动片磨损 6. 内张蹄式摩擦片磨损	1. 检测空压机气压 2. 检测气压调整器 3. 检测两个溢气阀 4. 检测气顶油加力器内制动油油位 5. 检测点盘式制动片是否磨损过甚 6. 检测内张蹄式摩擦片磨损是否过大	1. 检修或更换 2. 重调 3. 检修或更换 4. 加制动油 5. 更换 6. 调整

6.3　铲运机故障检测与诊断实例分析

【实例1】

DZL—50铲运机制动系统故障的诊断与排除

故障现象：

1）坡道上铲装物品、运送物品刹车系统制动困难，操作不灵便。

2）制动气压、油压降低，故障判断不准，检修工作不能跟上。

3）各零部件功能作用不能有效地发挥作用。

故障诊断与检测：

1）如图6-5所示，气泵1进气管路与柴油机进气总管路相连接，经由空气滤清器过滤空气，由于柴油机增压器作用，气泵进气压力较大，并与转速变化成正比增减。

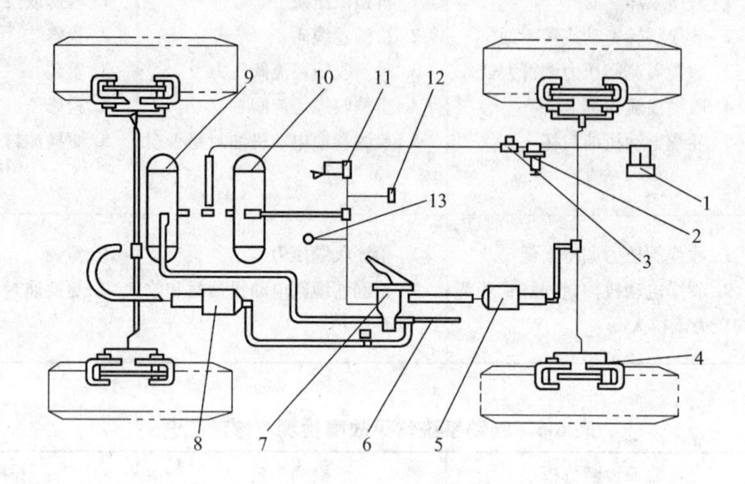

图6-5 D2L—50铲运机制动系统图

1—气泵 2—油水分离器 3—安全阀 4—制动器 5、8—加力器 6—排气管路 7—制动踏板阀 9、10—储气罐 11—离合器 12—变速操纵阀 13—压力表

2）对安全阀3的安全保护功能应加强检查，确保打气泵、制动系统完好及压力表完好。数据显示偏小、气泵易损坏。反之，制动系统也容易损坏。

3）调整安全阀使打气泵产生的气压达到标准0.8MPa，调整不能达到，可以检拆打气泵零部件密封圈。检查进排气管路是否泄漏及堵塞。

4）油水分离器2堵塞或缺油，会导致打气系统排气困难，管路系统腐蚀。应定时检查、清洗换油。

5）制动系统中压力表13应完好，如进气压力显示达到制动要求，这时柴油机与打气泵停止运转，单向阀锁住气体向打气泵方向外溢，制动踏板阀7开关保持自然，锁气严密。观察压力表，如显示数据不变，说明单向阀与制动踏板阀之间密封系统完好，反之，则需检修，更换单向阀、制动踏板阀损坏的零部件。在单向阀与制动踏板阀中间这一部分，由于储气罐具有储气、保压和缓冲功能，制动踏板阀动作次数增多，压力表上数据会逐渐由高降低。通过观察制动踏板阀动作次数，可以确定储气罐保压功能是否完好。加力器5、8和制动踏板阀是否串气、漏气，密封圈、零部件是否完好、符合安装规定。

6）制动踏板阀打开，压缩气体分两路进入工作装置：

一路气体进入变速器变速，操纵阀打开离合器。这时，如变速操纵阀未打开离合器，铲运机在挂上挡的情况下仍继续运行，应停机拆检，更换变速操纵阀或检修变速操纵阀密封垫。

一路气体进入前后加力器，当加力器密封圈、零部件完好，组装符合规程要求，对制动油系统加力正常时，压缩气体就不会通过密封件形成中气或送入到制动油当中，造成加力器失去加力功能。应注意检查加力器的故障：

①在制动油压作用下，活塞推动摩擦衬块总成制动，此时活塞、夹钳上密封圈完好，安装符合规程要求，制动油无漏渗现象。

②制动油中有空气，制动灵敏度不高，此时应逐个打开盘式制动器 4 上制动油空气排放气嘴，排出盘式制动器各部位制动油内空气，然后关闭盘式制动器制动油中空气放气嘴。在这一过程中，前后加力器内制动油油塞应打开，随时检查油位下降情况，并及时添加制动油，直至制动油中空气彻底排出后，盘式制动器上放气嘴全部关闭，最后把制动油添加到位，关闭加力器油塞。

③摩擦衬块总成上的摩擦片磨损达到 1/2 以上时，必须更换新的摩擦衬块总成，保障制动需求。

④制动油压增大，加力器密封件、零部件完好。制动油应不会通过活塞送入加力器，如果溢入，需检修更换密封圈等零部件。

7）铲运机停机应将铲斗平放落地，确保安全后，才可打开排气开关，使压力表指示降至零，以延长制动系统密封件使用寿命。

【实例 2】

WS16S—2 铲运机悬架系统故障的诊断与排除

为了保证 WS16S—2 型自行式铲运机行驶的稳定性和良好的缓冲性能，该机设有先进的悬架系统。其主要特点为气控液动，即气压控制，液压执行。系统集电、气、液为一体，具有操作简便、自动化程度高、可控性好的特点。具备下降—锁定、举升—缓冲、自动调平三项功能，如图 6-6 所示。

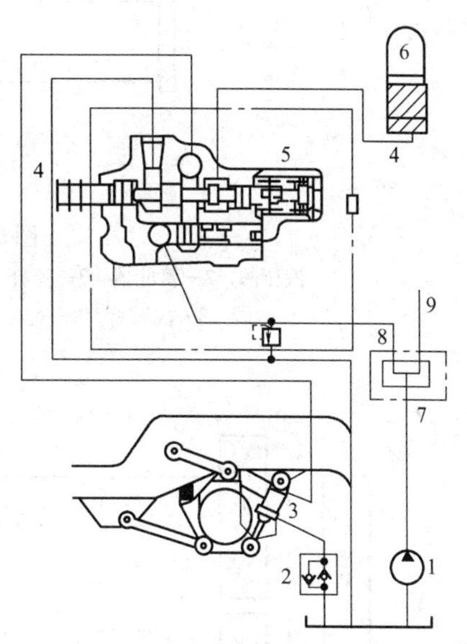

图 6-6　车身与前桥壳之间的悬架连续与液压执行情况

1—齿轮泵　2—止回阀　3—悬架装置液压缸　4—蓄能器　5—液压阀　6—氮气　7—分流器　8—左侧　9—右侧

图 6-6 所示为车身与前桥壳之间的悬架连接与液压执行情况，图 6-7 为系统的气压控制情况。由电磁阀控制气压，推动空气缸筒活塞，来操纵液压阀，实现对下降—锁定、举升—缓冲、自动调平三种状态的选择。举升和缓冲在液压阀阀芯上虽是两个位置，而在实际上它们是相互衔接连续的，即当完成举升后，液压阀阀芯在回位弹簧的推动下，自动过渡并保持在缓冲位置，故实际它们是一种状态（举升—缓冲状态）。当车身被举升后，可根据行驶路面和载重分布情况，自动进行调平，控制箱和弹簧衬套链节主要担负自动调平功能，同时也参与举升—缓冲过程。

在 WS16S—2 型铲运机的使用过程中，其悬架系统的损坏率较高，现列举其中一台的故障进行分析。

故障现象：没有举升—缓冲状态。

故障诊断与排除：在进行全面仔细地分析判断前，应先作出系统的关联图，如图 6-8 所示。

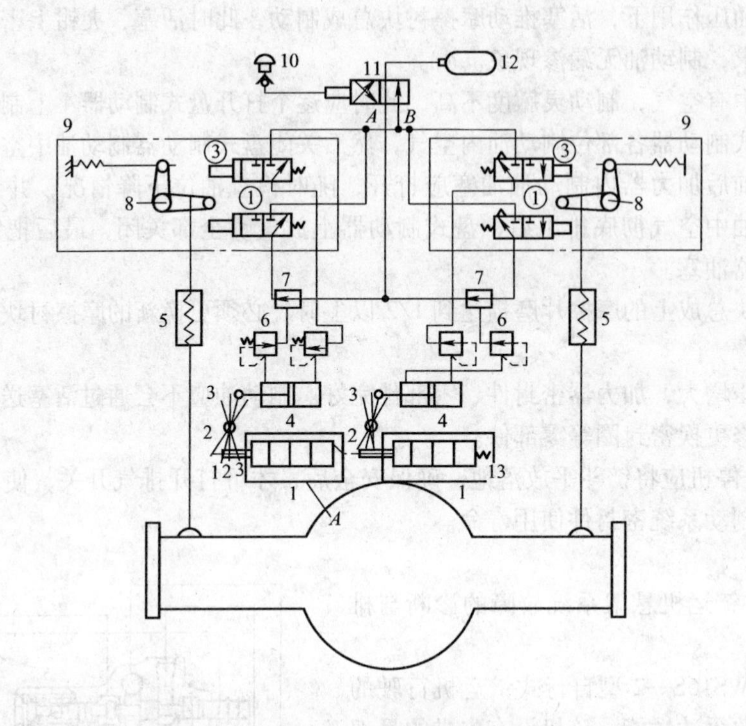

图 6-7 气压控制系统

1—液压阀 2—蓄能器 3—连杆 4—空气缸筒 5—弹簧衬套链节 6—快速释放阀 7—止回阀 8—摇臂杆 9—控制箱 10—悬架装置开关 11—电磁阀 12—储气筒 13—回位弹簧

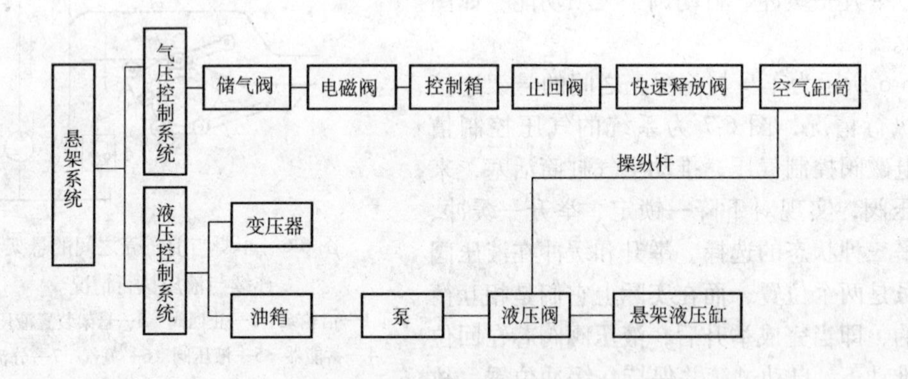

图 6-8 悬架系统的气压控制系统和液压执行系统

从图 6-8 中不难看出，组成悬架系统的气压控制系统和液压执行系统，具有比较明显的界限。接口处为操纵连杆，如果抛开具体部件直接从接口处入手分析，就可推断出故障是由哪一个系统引起的。这就简化了步骤、提高了效率，可称这种手段为分界法。接着起动发动机，当气压达到标准时，按动悬架开关，指令举升—缓冲，观察连杆，发现没有摆动，由此可以初步推断为气控系统引起的故障。针对气控系统的故障，可根据其工作状态图 6-9 作出了故障分析框图，如图 6-10 所示。

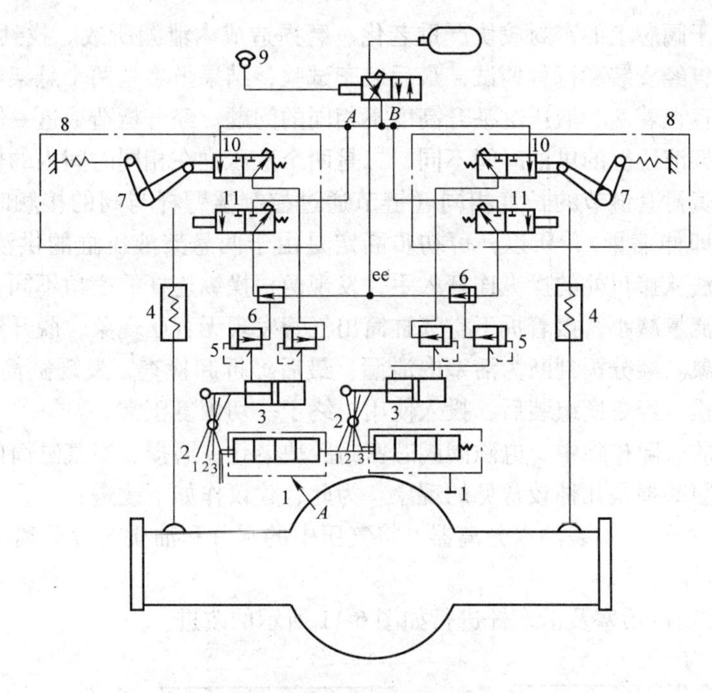

图6-9　工作状态图

1—液压阀　2—蓄能器　3—空气缸筒　4—弹簧衬套链节　5—快速释放阀　6—止回阀　7—摇臂杆　8—控制箱　9—悬架装置开关　10—向上　11—向下

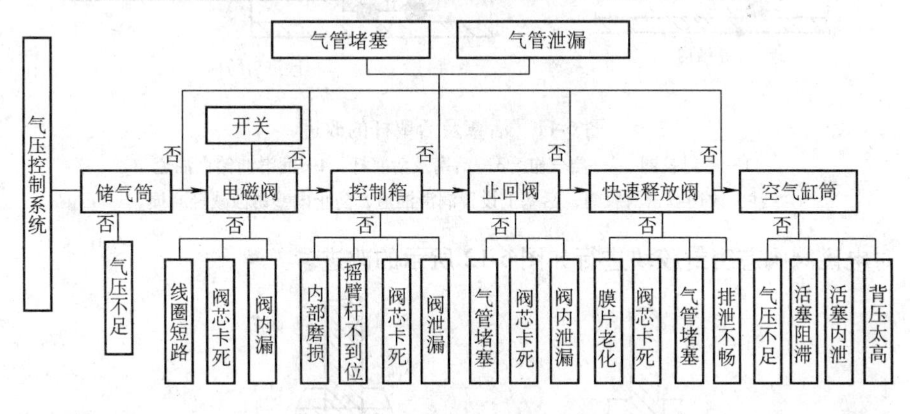

图6-10　故障分析框图

面对众多的故障因素，以先简后繁、先易后难的原则进行外部检查，未发现气管及接头部分泄漏，悬架装置开关工作也良好。在排除外围故障后，开始对零部件逐个进行故障分析。为减少盲目性，简化逻辑推理，参照故障分析框图（见图6-10），按气路走向（箭头方向）相反的顺序分析推断，并称这种手段为逆向法。因此从最后一个零部件——空气缸筒着手，在不拆卸空气缸筒的前提下，先拆下进气管，发现气压不足，这样就可初步排除其他三个故障因素。接着对快速释放阀进行分析，继续拆下其进气管，仍发现气压不足，这样就排除其自身的四种故障因素。继续往前分析，最后推断出是由于电磁阀出气管气压不足造成的故障。再检查电磁阀进气管气压，一切正常，这样就可断定电磁阀自身存在问题。经拆卸后检查发现是由于阀芯上的密封胶块严重老化、磨损造成内泄漏所致。找到了问题的所在，可自制密封胶块，经安装和行程调试，最后装车试验，结果虽然是两个悬架液压缸都产生了举升动作，但还存在着两个液压缸举升高度不相同的问题。经分析造成这一问题的可能性有两个；一个是悬架液压缸的供油时间不同，二是两个液压缸在相同时间内的供油量不同。经实际测量两根弹簧衬套链节的长度相同（链节通过控制摇臂杆与阀的接触时间，来限制液压缸的进油时间即伸缩量），所以，可初步断定是由于两悬架液压缸的供油流量不等造成的。仍然按分界法从接口处的操纵连杆入手，发现两根操纵连杆的摆角不同，造成液压阀阀芯不到位，供油流量减小，接着拆下空气缸筒出气管发现无背压现象，脱开连杆，活动活塞杆，也无卡滞现象。经分析判断为活塞内泄漏，最后经拆卸检查，发现缸筒内壁严重锈蚀、活塞密封胶圈磨损。经更换组装后，投入使用，终于一切恢复正常。

在悬架系统的故障排除中，电磁阀阀芯密封胶块老化、磨损、空气缸筒内壁锈蚀、空气缸筒活塞密封胶圈磨损是几种较常见的现象。为此，建议作如下改进：

1）在气控系统中，加装油水分离器，将气压中的水分和油质充分分离出来，提高零部件的作用寿命。

2）对空气缸筒的活塞及活塞杆进行如图6-11所示的改进。

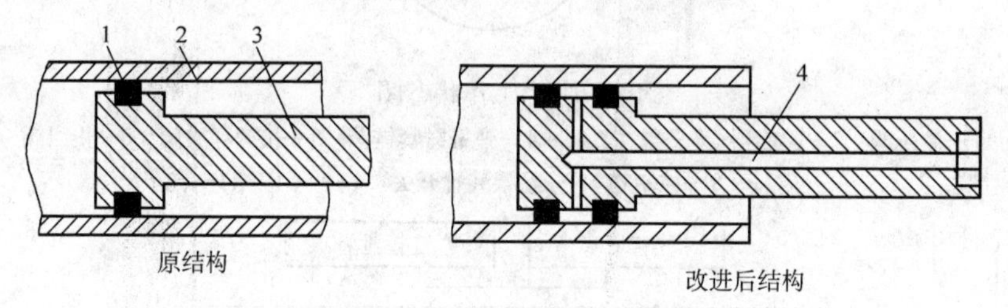

图6-11 活塞及活塞杆的改进

1—密封胶圈 2—空气缸 3—活塞及活塞杆 4—润滑油储存油道

注：改用双密封胶圈，活塞上设置润滑油道，防止内壁锈蚀减轻磨损。

3）对电磁阀阀芯密封胶块进行如图6-12所示的改进。

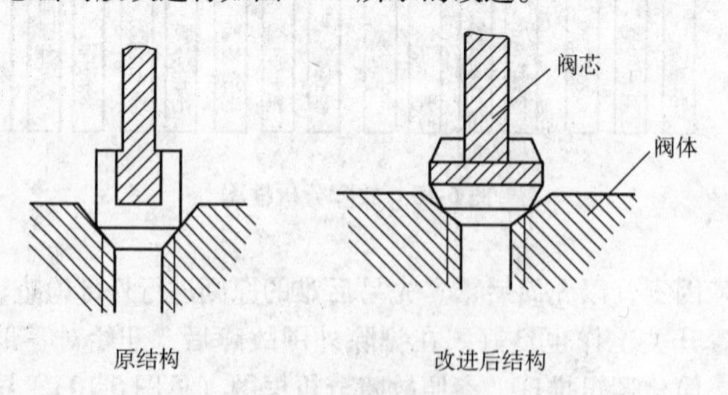

图6-12 阀芯的改进

注：适当改变阀芯内部结构及阀体密封面的角度，增强密封胶块稳固性，减小接触变形，减轻磨损和老化，延长使用寿命。

【实例3】

CT—500HE铲运机液压系统故障的诊断与排除

某矿从法国引进的CT—500HK微型电动铲运机是全液压矿石铲运设备，四轮驱动，斗容为0.38m³，有效载重600kg。其液压系统是整台设备的心脏，由电动机驱动静压泵和液压泵，把电能转变成液压能，实现轮轴转向、铲斗升降、装卸、铲运及卷缆等工作。设备工作效率高，转向灵活，深受工人欢迎。由于长时间使用，维护不及时，发生故障，铲运机不能行走的故障。

CT—500HE电动铲运机液压系统工作回路主要有静压回路（含行走回路、辅助工作回路）和液压回路（铲运工作回路、转向回路、卷缆回路等）。

故障现象：送电检查，在延时时间（3s）内跳闸，电动机不起动。断开保护系统，可起动电机（不跳闸），轮轴转向部分、铲举部分、卷缆部分工作正常，但铲运机仍不能行走。从故障现象分析，故障可能在静压回路。

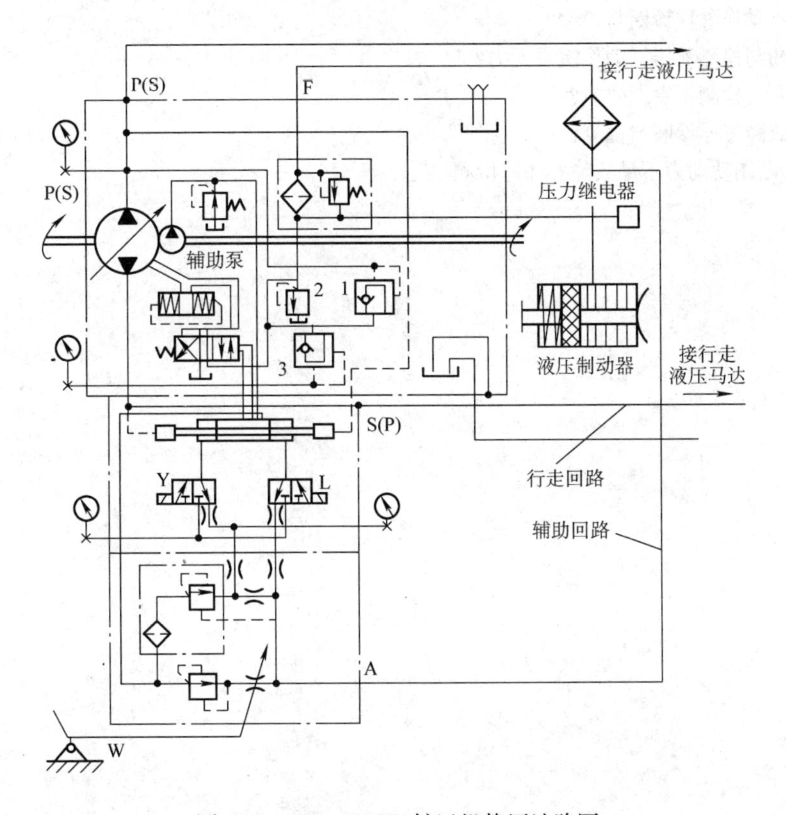

图6-13　CT—500HE铲运机静压油路图

故障诊断：检测静压回路。检测行走回路，如图6-13所示，阀1、阀3压力 p_1 = 42MPa，工作正常；检测辅助回路，压力 p_2 = 0.5MPa，小于正常工作压力（1.0～1.6MPa），故障可能在辅助回路。

分析辅助回路：从辅助回路的作用分析，压力低于正常工作压力时，会引起继电器（安全保护装置）在延时时间内动作跳闸。同时液压制动闸也打不开，造成铲运机不能行走，同故障现象相符。因此可判定故障是由辅助回路压力造成的。引起辅助回路压力降低的原因有：①阀2（1.6MPa溢流阀）故障；②辅助泵、制动闸及油路泄漏；③油位低。

故障排除：

（1）检查阀2　拆卸阀2，打开发现阀芯被黑色胶质物卡住，不能关严，引起泄漏，造成辅助回路压力降低。

（2）处理措施　清洗溢流阀、滤网，更换液压油，重新组装，试车，机器恢复正常。

复习与思考题

1. 铲运机的用途有哪些？
2. 铲运机如何进行分类？
3. 铲运机有哪些系统？
4. 铲运机常见故障有哪几种？
5. 怎样诊断与检测转向不灵或无力？
6. 液压缸不动作怎样诊断与检测？
7. 怎样诊断与检测液压缸动作缓慢无力？
8. 怎样诊断与检测不卷缆故障？
9. 无制动故障怎样诊断与检测？
10. 怎样诊断制动动力不足故障？如何检测？

第7章　汽车式起重机故障检测与诊断

7.1　概述

具有良好的行走机构、可以在工地一般道路上独立行走，无须经过安装、拆卸可完成起重作业的起重机通称为自行式起重机。自行式起重机按其行走机构的不同，可分为汽车式起重机、轮胎式起重机和履带式起重机三大类。汽车式起重机和轮胎起重机统称为轮式起重机。本章介绍的是汽车式起重机。

1. 汽车式起重机用途

汽车式起重机是工作机构都安装在载重汽车底盘上的起重机。这种起重机具有操纵灵活、机动性好的特点，能承担各种条件下的起重吊装作业，因而发展迅速。以解放牌汽车为底盘的机械传动起重机，至今已将3～125t产品系列全部填满，大部分产品是引进国外技术的全液压起重机，目前汽车式起重机已是在建筑施工、厂矿、码头、露天仓库等地广泛使用。

2. 汽车式起重机分类

汽车式起重机的型号分类及表示方法与汽车式起重机的分类是不同的，汽车式起重机的分类见表7-1；汽车式起重机型号分类及表示方法见表7-2。

表7-1　汽车式起重机的分类

分类依据	类别		备注
起重量	小型	起重量在12t以下	—
	中型	起重量在16～50t	
	大型	起重量在65～125t	
	特大型	起重量在125t以上	
起重臂形式	桁架臂 箱形伸缩臂		除少量大型起重机外，较多的是采用箱形伸缩臂
传动装置	机械传动 电力传动 液压传动		其中机械传动已被淘汰，大多数采用液压传动

表7-2　汽车式起重机的型号分类及表示方法

类	组	型	代号	代号含义	最大额定起重量
起重机械	汽车式起重机 Q(起)	机械式	Q	机械式汽车起重机	t
		液压式Y(液)	QY	液压式汽车起重机	
		电动式D(电)	QD	电动式汽车起重机	

3. 技术性能参数

汽车起重机的主要技术参数见表7-3。

表 7-3 汽车式起重机的主要技术参数

型号		QY16C	QY20A	QY25	QY40	LT1040	QY65	QY75	QY1080	QY125
最大起重量/t		16	20	25	40	40	65	75	80	125
最大起重力矩/(kN·m)		480	600	750	1400	1200	2000	2400	2400	3750
最大起升高度	基本臂/m	9.4	10.1	9.8	11.5	11.7	13.2	13.4	14.0	13.5
	伸缩臂/m	23	24.8	24.4	28.9	30.1	32.5	40.6	42.0	43.7
	副臂/m	30.4	32.8	32.4	39.3	41.6	52.5	55.6	61.7	68.3
最大起升幅度	基本臂/m	7	8	8	9	9	11	11	10	10
	伸缩臂/m	21	21	21	26	26	35	35	36	40
	副臂/m	26	26	26	32	34	40	40	44	46.4
工作速度	起升(单绳速度)/(m/min)	10.8	10.8	10.8	12.8	11.1	60(单绳)	55.4(单绳)		106.5(单绳)
	回转(空载)/(r/min)	2	2	2	1.5	2.2	2	1.5	1.7	1.5
	变幅(起/落)/s	72	44	96	50	50	184/87	98/47	98/47	98/47
行驶性能	最大行驶速度/(km/h)	70	64	66	65	70	67	30		50
	最大爬坡能力(%)	28	28		24		24	15		24.2
	最小转弯半径/m	8	8		12.5	13.5	13			14.96
发动机	型号	6135Q-2	6135Q-2	6135Q-2	三菱 K354LK	三菱 K503K	上车 6135Q1 下车 6150Z	上车 6135Q1 下车 F10L413F	上车 6135Q1 下车 F10L413F	上车 6135Q1 下车 F12L413
	最大功率/kW	161	161	161	216.3	190.9	163/259	163/236	163/236	124/284
	最高转速/(r/min)	2200	2200	2200	2500	2500	2200/2500	2200/2500	2200/2500	2200/2500
外形尺寸	长/mm	10690	11370	11370	13785	12980	15800	15449	14705	17530
	宽/mm	2500	2500	2500	2500	2500	3400	3200	2750	2990
	高/mm	3300	3415	3263	3340	3230	3980	4186	3500	3980
整机质量/t		21.6	23.91	25.8	40	37.2	70	67.85	68	92.22
生产厂		长江起重机厂								

（续）

型　号		QY8C	QY16A	QY25	QY32	QY40	QY50B	QY-80	QY160
最大起重量/t		8	16	20	32	40	50	80	160
最大起重力矩/(kN·m)		235	711	622	956	1401	1509	2669	5194
最大起升高度	基本臂/m	7.20	10.00	10.20	10.40	11.00	10.70	11.8	13.76
	伸缩臂/m	22.10	24.40	26.20	31.29	31.47	39.46	43.3	44.28
	副臂/m	27.00	32.30	33.80	40.85	46.80	55.20	58.68	91.93
最大起升幅度	基本臂/m	6.20	8.70	8.80	9.00	9.53	9.30	10.39	12.12
	伸缩臂/m	19.14	21.30	22.70	27.10	28.58	34.70	38.10	38.97
	副臂/m	23.40	28.00	29.30	34.20	41.57	48.60	51.96	81.40
工作速度	起升(单绳速度)/(m/min)	96	100	90	140	118	118	82	165
	回转(空载)/(r/min)	2.8	2.1	3	2.5	2	2	2	1.6
	变幅(起/落)/s	20/13	21/14	42/17	80/40		92/53		
行驶性能	最大行驶速度/(km/h)	75	69	63	75	68	72	85	65
	最大爬坡能力(%)	28	32	25	29	37	37	22	24
	最小转弯半径/m	8	10.5	10	12	12	12	12	24.5
发动机	型号	EQ100-1	上柴 D6114ZQ34A	6D22-A	斯太尔 WD615.61	斯太尔 WD615.61	斯太尔 WD615.67A	NTA855-C450	康明斯 KTA-19C
	最大功率/kW	99	152	165	191	191	191	336	392
	最高转速/(r/min)	3000	3000	2200				2100	2100
外形尺寸	长/mm	9080	11810	12300	12750	13650	13270	14400	16900
	宽/mm	2400	2500	2500	2500	2750	2750	2750	3000
	高/mm	3100	3160	3480	3530	3460	3300	3640	39000
整机质量/t		9.7	21.54	25	33.5	37.51	39.75	60	72
生产厂		徐州起重机厂							

4. 汽车式起重机结构与特点简介

汽车式起重机通常可以与汽车编队行驶，速度、轴压和外形尺寸符合公路行驶要求，早期的汽车式起重机是指行走部分为通用或专用载重汽车底盘的起重机。

汽车式起重机的特点是：行驶速度快（50～70km/h），移动迅速，机动性好，进入工地即可投入工作，生产率高，但起吊重物时稳定性较差。由于起重时必须放下支腿，所以不能带负荷行驶。汽车式起重机适合频繁转移工地，完成构件装卸和结构的吊装作业，进行塔式起重机等设备的拆装工作。大型汽车式起重机可用于工业厂房的构件吊装。

汽车式起重机由下车行走部分、回转支撑部分和上车回转部分三大部分组成。下车行走部分又称为底盘，小吨位汽车式起重机一般采用标准的汽车底盘，大、中型汽车式起重机则采用专用特制的汽车底盘。回转支撑部分是安装在下车行走部分上用以支撑上部回转的装置。通过回转支撑装置将上车回转部分的各种载荷传到下车行走部分的底架和支腿上，以保持上车回转部分围绕旋转中心轴线灵活地转动，保证上车回转部分有足够的稳定性。上车回转部分又称为转台，转台上装有起升机构、变幅机构、回转机构和操纵室及其他装置。

图7-1所示为QY50型汽车式起重机的外形图。该机公路行驶最高车速80km/h，最大爬坡能力为27°。目前汽车式起重机除起升、变幅、回转机构外，还包括吊臂伸缩机构和支腿收放机构，以上机构全部采用液压传动。

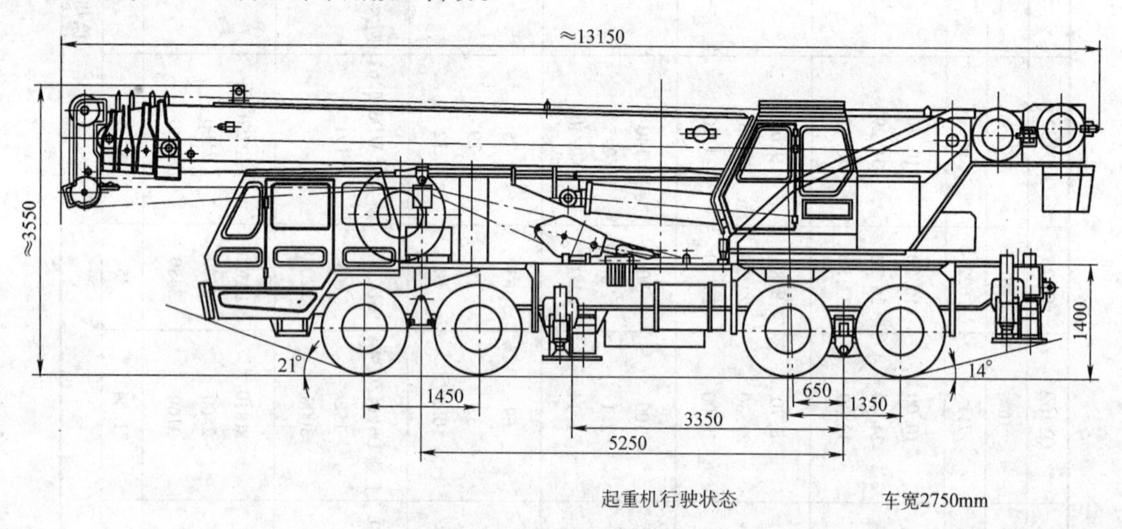

图7-1 QY50型汽车式起重机外形

起升机构由液压马达、减速器、离合器、制动器和主副卷筒等组成。回转机构由液压马达、回转减速器和回转支承轴承等组成，回转减速器下端装有开式小齿轮，与固定在底盘车架上的支承齿圈相啮合，小齿轮沿齿圈滚动，连同转台绕回转中心轴线作回转运动。变幅机构通过前倾支撑吊臂的双作用变幅油缸实现变幅动作。在变幅油路中装有平衡阀，以保证变幅平稳，同时在液压软管突然破裂时，可防止发生起重臂跌落的事故。

吊臂伸缩机构由伸缩油缸和钢丝绳滑轮系统组成。伸缩液压缸使吊臂节单独伸缩，伸缩液压缸和钢丝绳滑轮系统共同作用可使多节吊臂同步伸缩。汽车式起重机采用箱形伸缩式臂不需要任何安装费用，并能在很短的时间内可以伸至所需长度，工作效率高。转移工地时全部缩回，与桁架臂式起重机相比，机动灵活，行驶稳定性好，行驶速度快。

支腿箱焊接在底盘车架主梁上，支腿横梁分别装在支腿箱的空腹内，可在水平液压缸的作用下伸出和缩回。支腿横梁端部装有可将起重机抬起的升降液压缸。在升降液压缸上装有双向液压锁，可将液压缸锁止在任意位置上，以保证可靠支撑。汽车式起重机设置支腿机构的目的是：增大起重支承点尺寸，提高起重机的整体稳定性；使轮胎在起重作业时离开地面不受压，对轮胎和汽车底盘起到保护作用。

7.2　汽车式起重机工作机构常见故障检测与诊断

1. 国产 QY20 型汽车式起重机故障检测与诊断

汽车式起重机主要结构有工作机构、液压系统和电气系统，其中工作机构又分为起升机构、回转机构、起重臂伸缩机构、变幅机构和支腿机构。国产 QY20 型汽车式起重机工作机构和常见故障检测与诊断见表 7-4。

表 7-4　国产 QY20 型汽车式起重机工作机构常见故障检测与诊断

常见故障现象	故障诊断分析	检 测 工 艺	排 除 故 障
支腿收放不动	1）液压锁失灵 2）压力过高 3）环境温度过度 4）平衡阀失灵 5）顺序阀卡死	1）检测液压锁 2）检测溢流阀压力 3）检测液压系统温度 4）检测平衡阀 5）检测顺序阀芯	1）修复 2）调整溢流阀 3）停车降温 4）修复平衡阀 5）修复顺序阀
吊重时支腿自行收缩，支腿收起时又固定不住	1）液压锁中的单向阀漏油 2）支腿液压缸活塞及活塞杆密封漏油	1）检测液压锁 2）检测活塞和活塞杆密封圈	1）修复 2）更换密封圈
操纵比例先导阀，上车不工作	1）操纵台转换手柄未推上 2）比例先导阀系统电磁阀不工作 3）比例先导阀系统压力建立不起来 4）比例先导阀芯卡住	1）检视转换手柄是否推上位置 2）检测电磁阀 3）检测溢流阀压力 4）检测先导阀阀芯是否卡死	1）推到位 2）修复电磁阀 3）修复溢流阀 4）修复阀芯
起重臂伸缩时压力过高或有振动现象	1）平衡阀调整不当 2）伸缩时滑块碰到异物有卡死现象	1）检测平衡阀 2）检测滑块滑道是否有卡死现象	1）重调 2）清除滑道异物，涂抹润滑脂
第三节臂不能和第二节臂同步伸缩	1）伸缩机构钢丝绳过松 2）钢丝绳从滑轮槽脱出	1）检测伸缩钢丝绳是否过松 2）检视钢丝绳是否从槽中脱出	1）重新张紧钢丝绳 2）调整钢丝绳
吊重变幅时，伸缩液压缸自动回缩	1）限速阀内漏 2）液压缸漏油	1）检测限速阀是否有泄漏 2）检测液压缸密封圈	1）修复限速阀 2）更换液压缸密封圈

(续)

常见故障现象	故障诊断分析	检 测 工 艺	排 除 故 障
变幅时落臂有振动	1）液压缸内有空气 2）平衡阀调整不当	1）拆检液压缸 2）检查平衡阀是否调整不当	1）排除空气 2）重调平衡阀
变幅液压缸不动作	1）溢流阀压力调定过低 2）操纵阀内漏 3）液压缸内漏	1）检测溢流阀压力 2）拆检操纵阀 3）拆检液压缸密封	1）重新调整 2）修复操纵阀 3）修复液压缸或更换密封
起升机构不能起吊重物	1）起升回路压力过低 2）离合器打滑 3）制动器松不开	1）检测油路压力 2）检测离合器是否打滑 3）检测制动器间隙	1）调整溢流阀 2）修复或调整离合器 3）重新调整间隙
起升机构只能下降，不能上升	1）高度限位器线路未接通 2）上升接触器损坏或线路有故障	1）检测限位器线路是否有断路或短路 2）检测上升接触器是否损坏或线路有短路和断路	1）修复线路 2）修复或更换接触器并修复线路
重物空中停留时缓慢下降	起升制动器制动力不强	检测制动带和制动轮间隙	调整间隙
重物微动，下降时急停急降，有冲击	1）制动带和制动毂之间间隙大 2）制动弹簧太紧，制动力过大	1）检测制动间隙是否符合标准 2）检测弹簧压力，适当调松	1）调整间隙 2）放松弹簧
回转机构突然转不动或回转压力过高	1）滚柱转盘中个别滚柱打斜 2）滚柱转盘间隙过大 3）流柱或滚道损坏 4）制动间隙过小 5）润滑不良	1）检测滚柱是否有的歪斜 2）检测滚柱转盘间隙是否过大 3）检视滚柱或滚道是否损坏 4）检测制动间隙 5）检视润滑状况	1）逆向缓慢旋转几圈后，使其回位 2）重调间隙 3）修复转盘 4）调整制动间隙 5）加注润滑脂
回转过程中有抖动现象	回转马达滑履烧坏	拆检液压回转马达	更换滑履
回转制动不停	1）制动间隙过大 2）制动摩擦片失效	1）检测制动间隙 2）拆检摩擦片	1）调整制动间隙 2）更换摩擦片
回转停止时，冲击过大	1）制动力过大 2）操作过猛	1）检测制动弹簧压力 2）正确操作	1）适当调松 2）适当缓慢

2. 进口 NK—250E 型加藤（KATO）起重机故障的检测与诊断

加藤汽车起重机选用三菱底盘，下面以 NK—250E 型起重机为例介绍常见故障的诊断、排除与检测、调整。

（1）故障诊断与排除

1）液压泵出现不正常响声。液压泵出现异响主要是液压泵吸入空气或液压油过脏引起的，检查时可在可疑位置涂油膏试验，如响声有变化则说明此处有漏气现象。

2）支腿不能移动或动作过慢。其主要原因是油压不足或控制阀内部泄漏。调整 3 号泵供油压力或检修控制阀。

3）回转机构故障。回转机构如不能回转，应检查回转制动能否解除、回转马达是否内部严重泄漏和检测 3 号泵供油压力；如回转动作不平稳或回转超限度，则应检查调整制动阀；如回转制动器不工作，应先排空气，如果还不工作再检查制动主缸或检查、更换摩擦片。

4）绞盘故障

①不能起升或降低。其共同原因有：制动器不能释放、油压不足和绞盘马达不良。此外，不能起升时还应检查离合器油路系统、蓄能器气压和离合器摩擦片；不能降低时还应检查平衡阀。

②未经操作而自行下落。主要原因有：控制拉线折断、离合器摩擦片调整不当和制动不工作，应检查调整离合器和制动器。如制动器摩擦片在 4mm 以下，应更换摩擦片，如厚度在 4mm 以上，则可进行调整。

5）起重臂升降、伸缩不正常。起重臂升降缸或伸缩缸不伸出的原因有：油压不足、液压缸内部泄露和控制阀不良，应检测 2 号泵供油压力或更换液压缸密封件，检修控制阀；升降缸不收回或收缩在中立位置，主要原因是平衡阀不良；伸缩缸不缩回或收缩慢的原因，除平衡阀不良外，可能是滑动部分发卡，应更换滑板并涂润滑脂。

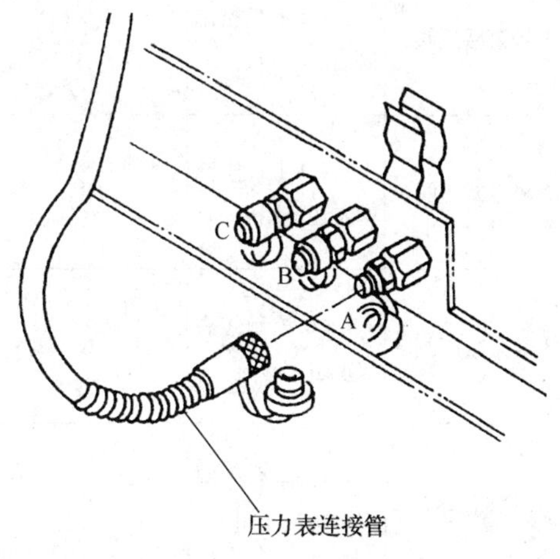

图 7-2　液压泵压力测试接点示意图

（2）液压系统压力检测与调整　NK—250E 型汽车起重机液压泵压力测试接点示意图如图 7-2 所示，该系统由一个三联高压齿轮泵供油，油液压力的检测与调整见表 7-5，其中，A 点接压力表可测试 1 号液压泵压力（起升系统）；B 点接压力表可测试 2 号液压泵压力（供变幅、伸缩和起升合流）；C 点接压力表可测试 3 号液压泵压力（供支腿、回转和蓄能器）。三个液压泵压力测试点接头位置，在起重机操作室右下方，即上车操作四联（1 +2 +1）控制阀后面及支腿操作七联（1 +6）控制阀等，如图 7-2、图 7-3 和图 7-4 所示。

（3）离合器和制动器

1）离合器的调整。离合器一般不用调整，但摩擦片厚度小于 8mm 时，应更换摩擦片，并调整离合器。

调整方法：顺时针转动离合器缸上的棘轮，使摩擦片与鼓接触，再逆时针转动棘轮，使摩擦片与鼓之间有 0. 5mm 的间隙。

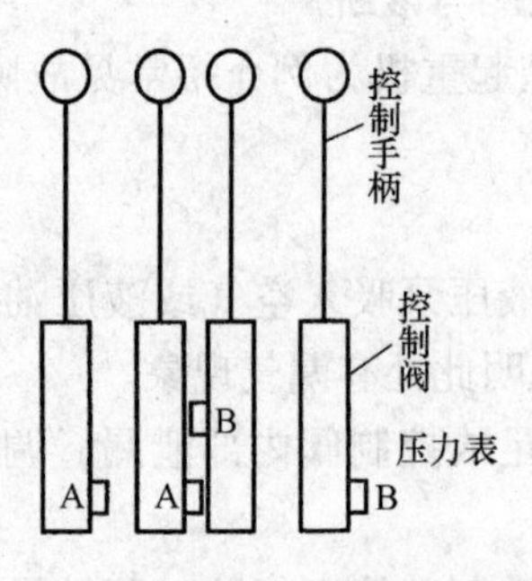

图 7-3　上车动作操纵四联（1+2+1）控制阀

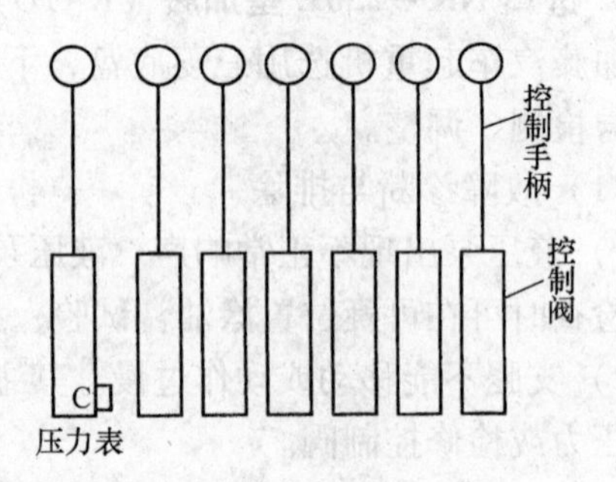

图 7-4　支腿操纵七联（1+6）控制阀

表 7-5　加藤 NK—250E 型汽车起重机液压系统油压的检测与调整

被测试件名称	液压阀位置	压力测试位置	测定压力值/MPa	测试与诊断方法	被测油路
1 号泵减压阀	1+2+1 控制阀右边 1 组	A	20.58	加负荷 3.2t，绞盘手柄拉向自己	绞盘油路
2 号泵减压阀	1+2+1 控制阀左边 3 组	B	20.58	拉起重臂伸缩手柄使伸缩臂全部缩回	起重臂起升和伸缩油路
3 号泵减压阀	1+6 控制阀右边 1 组	C	15.70	转换阀手柄放在支腿位置，支腿缸全部伸出或缩回	支腿油路和回转油路
二次减压阀	1+2+1 控制阀右边第 4 组	B	7.84	推起重臂升降手柄，使起重臂落到底	起重臂缸（下降）
二次减压阀	1+2+1 控制阀右边第 2 组	A	14.70	推绞盘手柄并落下主鼓锁手柄	绞盘马达

2）制动器的调整。起重机卷筒的旋转和制动是由液压马达和制动器来实现的，其中制动器经过长期使用，其摩擦片工作面要产生一定磨损，该制动器是通过观察有色指示板来确定是否要调整制动器。如图 7-5、图 7-6 所示，若指针指在黄色区为正常；若指针指在红色区则说明摩擦片磨损过大或调整不当；摩擦片厚度小于 4mm（测量最大磨损位置）应更换摩擦片；摩擦片厚度在 4mm 以上可调整螺母 1，使指针指在黑线上；若指针在蓝色区则说明摩擦片调得过紧。

（4）蓄能器气压的检测　蓄能器内充满氮气，并保持压力 4.9MPa，壳内装有单向阀，以防囊内氮气泄露。若蓄能器内气压低于4.4MPa或高于5.4MPa都会使离合器和制动器工作不正常，容易引起事故。

蓄能器气压的检查方法：停止发动机运转，向前和向后变换离合器手柄，并观察操作室内的压力表，开始压力值慢慢下降，然后从一定的压力值很快降到0，这一定的压力值即为蓄能器的氮气压力。氮气压力不足，可用专用工具充满，但只能用氮气，不能用其他气体代替。

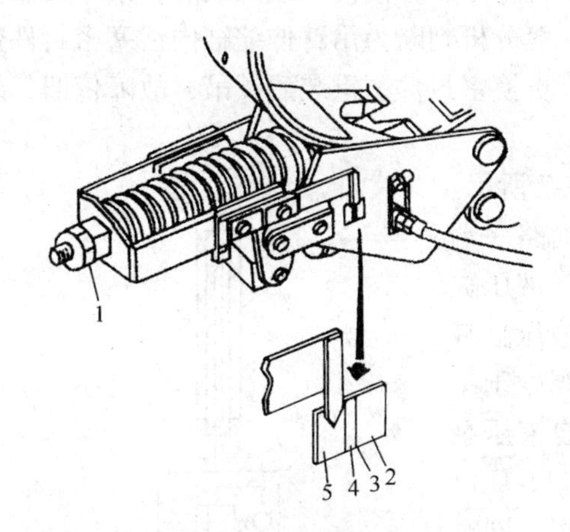

图7-5 制动器调整示意图
1—螺母 2—蓝色区 3—黑线
4—黄色区 5—红色区

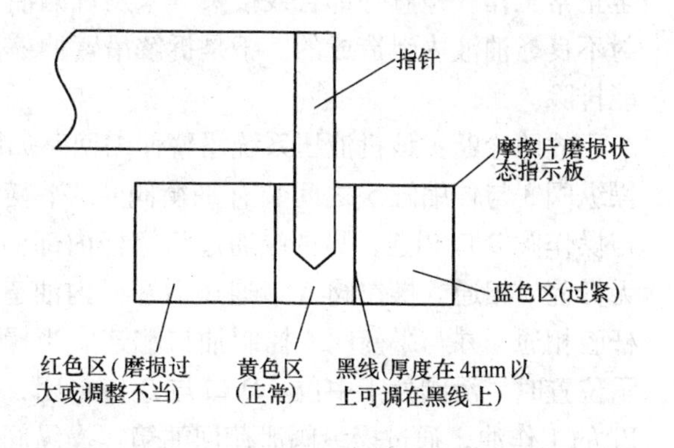

图7-6 卷筒制动器调整指示板示意图

（5）液压系统的放气

1）绞盘鼓制动液压缸放气。起动发动机使液压泵工作，将透明塑料管接到放气塞上，另一端通到机械体外，落下绞盘鼓锁手柄，绞盘手柄移至松开，气泡顺塑料管排除，气泡排净之后上紧放气塞。

2）离合器缸放气。放气时将离合器选择阀手柄放在“ON”的位置上，步骤同上。

3）回转制动放气。放气塞在回转马达下方，放气时先将回转制动手柄上下移动一会，重复变换离合器手柄到“ON”或“OFF”位置，然后拉回转制动手柄，其他步骤同上，重复放气，直到无气泡为止。

4）加速装置动力缸放气。起重机上部机构转到右边，松开放气塞（在动力缸上方）少许，然后每移动一次绞盘手柄压两下加速装置，其他步骤同上，直至无气泡为止。

5）起重臂缸放气。在活塞杆端和活塞端各有一只放气塞，放气时落下起重臂，先松开活塞杆端放气塞，稍推起重臂升降手柄，至气泡排净；再松开活塞放气塞，轻拉起重臂升降手柄，直至气泡排净为止，其他步骤同上。

6）起重臂伸缩缸放气。停止发动机，使液压泵停止运转，前后移动起重臂伸缩手柄，允许液压缸的油液回到油箱。松开液压活塞杆端放气塞（放气塞都在起重臂后端），起动发动机并以怠速运转，使液压泵工作，轻轻拉动重臂伸缩手柄（不要全部拉到底），至气泡排净；再松开液压活塞端放气塞，轻轻推动伸缩手柄至排净空气为止。

7.3　汽车式起重机故障检测与诊断实例分析

【实例1】

加藤 NK—160 型起重机吊臂伸缩缸自动回缩故障的诊断与检测

故障现象：某公司一台加藤 NK—160 全液压汽车式起重机，工作中出现重负荷时吊臂伸出无力，当伸缩控制阀手柄处于中位时，出现吊臂稳不住，慢慢回缩的故障，吊车无法安全正常工作。检查外部管线接头等未发现漏油，一般分析判断为吊臂伸缩缸内活塞密封件密封不良，油液内泄造成的。于是拆解吊臂伸缩包，更换密封件，重装后试吊，故障依旧，未能排除。

故障诊断：该机液压系统吊臂伸缩回路如图 7-7 所示。操纵阀 3 与伸缩缸 5 之间装有平衡阀 4，平衡阀油路一端与操作阀 B 口相连，另两端通过活塞杆内部油道与液压缸无杆腔 a 相通。操作阀 A 口通过活塞杆内油道与液压缸有杆腔相通，并与平衡阀 4 控制油口相连。当操纵阀处于图示位置时，滑阀处于中位。D 口与 B 口封闭，来自液压泵 P_1 的工作油，通过操纵阀泄荷回油箱。操纵阀 A 口、C 口与油箱相通，无控制压力，平衡阀 4 处于关闭状态。同时 B 口也封闭，从而将液压缸无杆腔内的油锁闭，使伸出的吊臂保持在臂长的某一位置，吊臂在重力作用下，不能回缩。

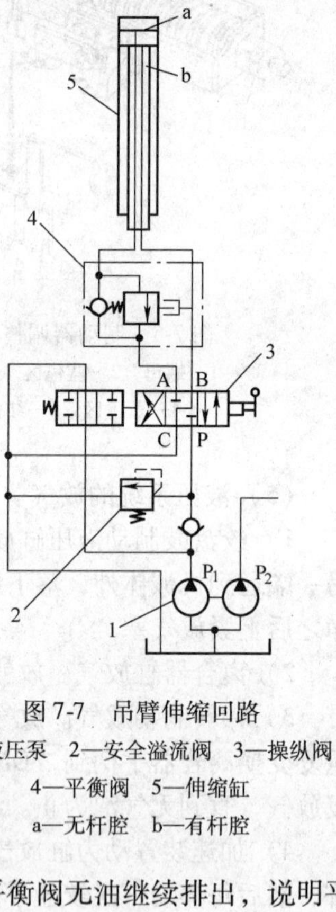

若液压缸活塞密封不良，a 腔压力油可窜入 b 腔，即使平衡阀关闭，也会产生吊臂回缩。现液压缸内新换了密封圈，密封不良应予排除。

若平衡阀内单向阀密封不严，主柱塞滑阀损伤密封不严，或阀卡住不能回位落座等原因不能闭锁，但因操纵阀 B 口关闭，吊臂也不应回缩。若同时 B 口关闭不严，油液内泄，a 腔油将不能闭锁而导致吊臂回缩。

图 7-7　吊臂伸缩回路

1—液压泵　2—安全溢流阀　3—操纵阀
4—平衡阀　5—伸缩缸
a—无杆腔　b—有杆腔

故障检测：按下列方法作进一步检查。将吊臂伸出并负重，使操纵阀处于中位，松开平衡阀至 B 口曲管接头，排出余油后，至不再有油流出。观察吊臂，仍然继续回缩，而平衡阀无油继续排出，说明平衡阀关闭严密，判断故障仍在液压缸内。

再次拆卸吊臂伸缩缸，拉出活塞杆，察看密封圈完好无损。经仔细检查，发现活塞端部有两处裂纹。活塞杆端结构，如图 7-8 所示。B 处裂纹呈现松动下陷趋势。活塞杆端为组焊件，A、B 两处裂纹使无杆腔 a 与有杆腔 b 油路窜通。在液压缸、吊臂及负荷重力作用下，a 腔压力油经 A、B 裂纹进入 b 腔，再经活塞杆内油道流入操作阀入口回油箱。维修人员装配时曾发现 B 处裂纹，因不了解活塞杆油路结构，未作处理，致使换了密封圈后也未能排除故障。

故障排除：将裂纹处焊接修复装配后，吊臂自动回缩，故障得以消除。

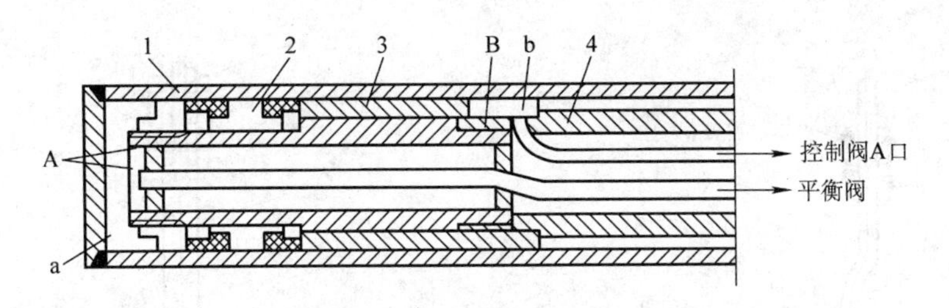

图7-8 伸缩缸结构示意图

1—液压缸 2—活塞密封组件 3—定位套 4—活塞杆

A、B—裂纹 a—无杆腔 b—有杆腔

【实例2】

NK—400型加藤起重机液力转向器故障的诊断与检测

故障现象：某单位使用的两台加腾NK—160吊车，是20世纪90年代从日本进口的全液压吊车，前一段时间，这两台吊车的液力转向系，先后均出现了助力器油箱口处向外溢油，在助力器工作时，出现“嗡嗡”的声音，甚至使助力器回油钢管断裂，液压油漏失，致转向操作力加大，使转向沉重。

该车液力转向系统的结构如图7-9所示。它是由油位助力液压泵、助力器控制阀及助力器、连接管线组成的。

故障诊断：根据上述故障特征，起初维修人员认为，是转向助力泵损坏所致，先更换了助力泵，当时声音有所变小，转向较为轻便，但使用几小时后，又出现了原来的故障。维修人员又认为是助力器工作缸密封件损坏，更换了助力器总成，但故障仍然没有排除。

后经详细检查并分析故障特征，认为是转向助力系液压油内吸进了空气，使助力泵发出“嗡嗡”的声音，正是出于助力液压油中混入了空气，使助力器回油管内压力较大，并使钢管破裂，使油箱中的油压升高，使液压油漏失，使助力性能降低。因此，助力泵进油管接头处的密封性，是造成该故障的主要原因。

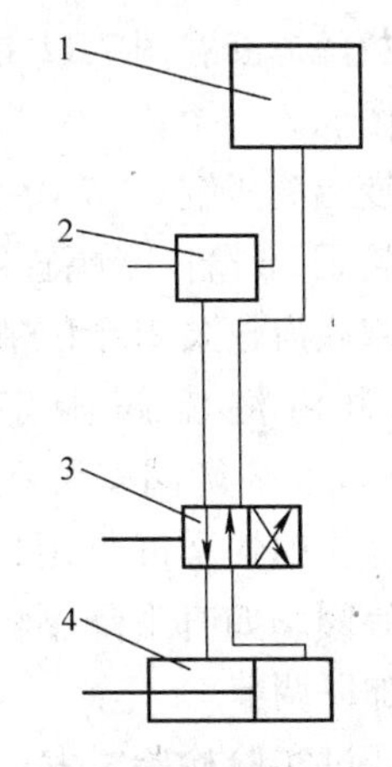

图7-9 转向助力器示意图

1—助力泵 2—助力器

3—油流控制阀 4—液压缸

故障检测：检查该助力泵进油管的结构时，由于该车转向助力泵是由发动机后部驱动的，为便于装配，采用钢管与胶管及胶管卡子的结构，如图7-10所示，系一段具有一定角度的钢管、一个直角弯头、三节连接胶管、六只钢丝卡子所组成的。由于该管线的拆装位置所限，往往使该管线装配不当，发生有漏气之处。

故障排除：根据以上分析，维修人员将助力泵进油管结构由原来的图7-10所示结构改为图7-11所示结构，即利用低压胶管代替原结构中的钢管，利用螺母活接头代替原结构中的胶管及卡子，将原结构中助力泵进油管结构改成图7-11所示结构。

1）采用改进的结构后，使上述故障彻底排除，经使用两年均未出现上述故障。

2）使助力泵拆装方便，泵进油管线具有可靠的密封性。

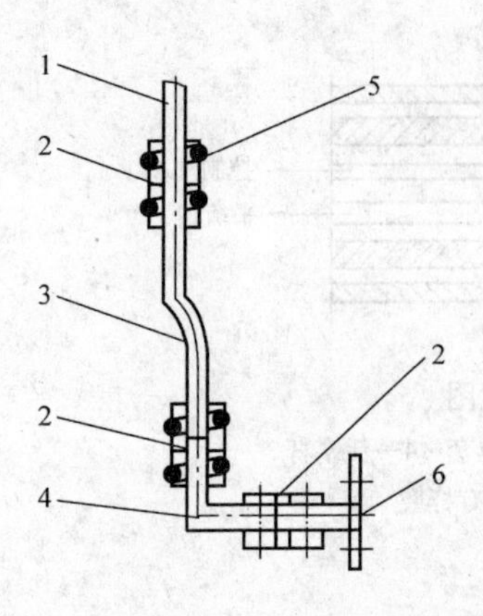

图 7-10 原车助力泵进油管结构示意图
1—液压缸接头 2—连接胶管 3—钢管
4—弯管 5—胶管卡子 6—助力泵接头

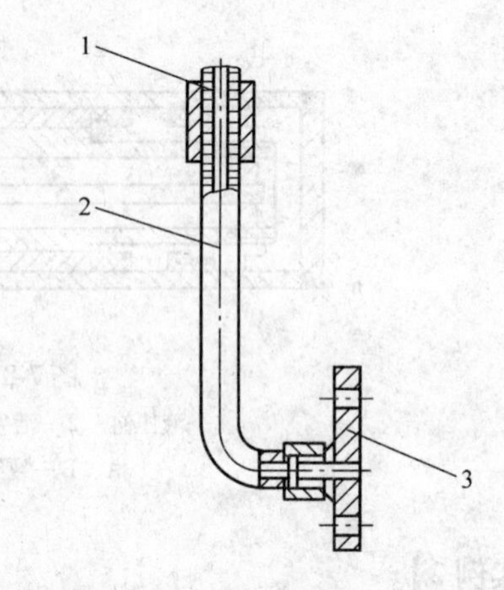

图 7-11 改进后助力泵进油管结构示意图
1—液压缸接头 2—软管总成 3—助力泵接头

【实例 3】

日本多田野 TL—360 型汽车式起重机变幅回路故障的诊断与排除

故障现象：一台日本多田野 TL—360 型汽车式起重机在一次起升作业进行吊臂起升时，突然出现异常声音，吊臂突然下落，以后空载时吊臂虽能少量起升但马上回落。

故障诊断：图 7-12 是该车变幅机构液压回路图。

变幅液压缸 6、7 由手动操纵阀控制。双联齿轮泵 2a 既向变幅缸供油，也向伸缩缸供油，双联齿轮泵 2b 向支腿油路供油。最大工作压力由溢流阀限定，其调定压力为 17.5MPa。平衡阀安装在液压缸底部，起锁紧和防止超速下降作用，其控制油路设有可变节流阀，如有下降不稳时，可对该阀节流开度加以调节。

经过实验检验，发动机运转正常，可断定故障应是变幅液压回路的问题引起的。根据变幅液压回路的原理，结合故障现象分析：一属突发性故障，二属压力不够造成。这是因为吊臂虽能有少量起升，但马上回落，实际上吊臂处在不能抬起的状态。据此，可首先排除平衡阀的故障可能。另外，油箱油量正常，这样，可初步确定故障原因有以下四种可能：

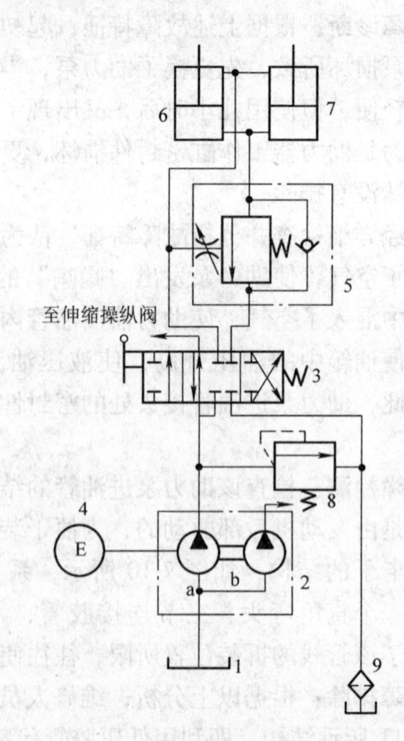

图 7-12 TL—300 汽车式起重机变幅机构液压回路
1—油箱 2—双联齿轮泵 3—手动换向阀
4—发动机 5—平衡阀 6、7—变幅液压缸
8—溢流阀 9—回油滤油器

1）双联齿轮泵磨损，泄漏严重或泵吸油管路吸入空气。

2）溢流阀 8 失效，造成压力上不来。

3）变幅液压缸 6、7 漏油。

4）手动换向阀磨损严重。

通过进一步对该机液压系统图分析发现，齿轮泵 2a 不仅承担向变幅缸供油，而且也承担向伸缩缸供油，同时，伸缩回路和变幅回路的最大压力都由溢流阀 8 限定。为此，操纵伸缩阀实现吊臂伸缩，结果发现伸缩作业能正常进行，这样就排除了 1）和 2）两种可能。

由于手动换向阀磨损是属磨损性故障，相对缸来说，其故障频率要小得多。

故障检测：应首先对缸进行检查。为此，把变幅液压缸 6、7 的上腔油管在管接头处拆开，放掉余油，然后进行吊臂起升作业，此时，发现大量液压油自上胶油管处流出，从而断定故障是由于缸的泄漏造成。为此将两缸卸下，解体检查，发现活塞上的大型 O 形密封圈及活塞杆密封圈皆正常；接着又对缸体进行圆度、锥度检查，结果发现，其中一个液压缸底部不圆度达 3mm，上下锥度最多达 6mm。初步判定作业过程中由于某种原因产生液压冲击，安全阀开启滞后，造成压力瞬时上升过大，加之变幅缸体铸造缺陷，整车年久失修，使得液压缸严重变形，导致密封失效。

故障排除：从同型号无故障的车上拆下变幅液压缸再装到该故障车上，开车作业故障现象消除，说明判断和检查正确。

【实例 4】

QY8 型汽车式起重机回转机构常见故障的诊断分析与排除

故障现象 1：机械方面的故障。

故障诊断与排除：起重机的回转支承在回转机构中起着连接上车和底盘部分的作用，又支承着起重机的整个旋转部分。如果回转支承中的钢球损坏、滚道磨损都将影响回转机构的工作，严重时回转机构将出现回转沉重、发出噪声等现象，同时回转液压系统的压力将超过额定值；在停止回转进行起吊和卸荷时，在一起、一落的瞬间，回转支承向下或向上的振动量将过大，说明回转支承的间隙量已严重超标。此时，应对回转支承进行检修或更换。

造成机械故障的大致原因是，维护保养不够和使用不当。

当起重机在有较强腐蚀性和粉尘较多的环境中作业后，或经过较大的雨水淋过后，都要及时进行擦拭，对滑道内部加注适量符合要求的润滑剂，外部涂些防锈油等。应经常疏通注油嘴，以防堵塞。应经常检查各处螺栓的松紧程度，防止因螺栓松动而使上、下滑道之间的间隙过大，造成钢球、滚道的磨损。

使用不当的情况主要有两点：一是在起吊回转作业时起重机底盘的水平度找得不好，或在较软的地面作业时，四个支腿垫得不一样结实，都将导致在整个回转行程中有上、下坡的情况，致使回转速度和所需的系统压力都不一样，这样容易造成滚道不均匀磨损，同时也容易使滚动体表皮掉渣或产生裂纹，加速磨损；二是斜拉重物，当用起重机的基本臂斜拉、斜吊远处的重物而达不到目的时，往往会错误地用回转机构去斜拉，这样做是违反安全操作规程的，同时也会使回转机构、基本臂都受到损害。

故障现象 2：回转液压系统压力偏低。

故障诊断与排除：当回转液压系统的压力较低时，起重机在空载、轻载的情况下，回转过程的声音、速度等都很正常；重载时就会出现回转困难甚至转不动的现象。产生这种现象的原因是回转液压系统的过载缓冲阀（见图 7-13）的弹簧变软所致。回转液压系统的压力是靠调整过载缓冲阀的螺钉来实现的，这个调整螺钉还有密封油路的作用，为了保证油路的密封性，这个螺钉必须拧紧，但这样也就不能随意调整弹簧的压力了。当出现弹簧压力不够时，就只有用在弹簧端部加垫圈的办法来解决，多数维修厂家也都采用这一方法。

有台 QY8B 型起重机，在空载、轻载时回转正常，当载荷增至 4～5t 时回转就显得很吃力。如加大发动机节气门、增大回转手柄角度，回转速度反而下降，同时液压油路发出刺耳的噪声。分析原因，可能是回转液压系统过载缓冲阀弹簧的压力过低。当在弹簧端部加了两个 5mm 厚的平垫圈后，机器就可以全载回转了，噪声也消失了。原来这台起重机只能干点轻活，驾驶、维修人员一直找不到故障的原因，实在不行就换个非标准弹簧凑合着用。加垫的方法只能是临时的，最好是换一个标准的新弹簧。需要说明的是，过载缓冲阀在回转液压系统上的安装位置因机型、生产厂家和生产批量的不同而异。如锦州重型汽车起重机生产的 QY8A 型、QY8B 型起重机的过载缓冲阀，它们的安装位置就有较大的差别（仅有一小批两者的安装位置相同），应引起维修者的注意。如果过载缓冲阀中的弹簧折断，就会出现只有一个方向回转，而且会出现撞击声，另一个方向则不能回转，这时就必须更换新的标准弹簧。过载缓冲阀的开启压力不得大于 5.5MPa，弹簧的压力过大或过小都会对回转产生不利的影响。

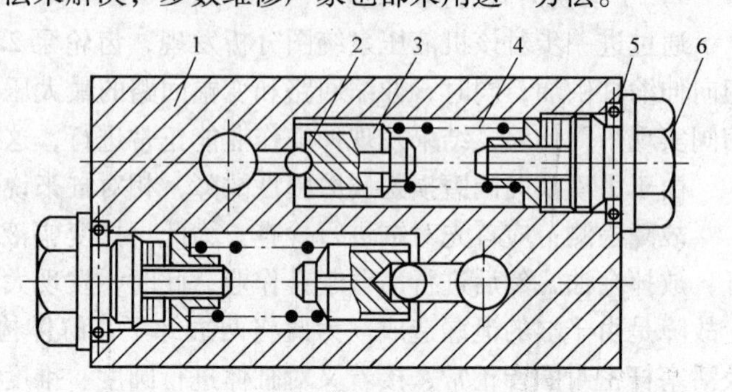

图 7-13 过载缓冲阀

1—阀体 2—钢球 3—钢球压紧座
4—弹簧 5—密封胶圈 6—螺钉

【实例 5】

Q2—8 型汽车式起重机系统压力升不高故障的诊断与排除

故障现象：有一台 Q2—8 型液压汽车式起重机，在使用过程中，液压系统发生故障，系统压力升不高，吊重无力。

故障诊断与检测：其原因可能有以下几点：

1）油箱液面过低或吸油管堵塞。

2）压力管路和回油管路串通或元件泄漏过大。

3）液压系统溢流阀开启压力过低。

4）液压泵排油量不足。

5）液压泵损坏或渗漏过大。

1. 溢流阀开启压力过低分析

根据以上五条，进行了系统检查，经查液面并不低，而且压力能达到 17MPa，说明吸油管路并不存在堵塞现象，该液压系统为开式串联油路，二联阀中的溢流阀分管支腿液压缸油路，防止过载。按技术规定将该系统溢流阀调至 16MPa。四联阀中的溢流阀保护起升、回转、变幅和吊臂伸缩机构等，防止其过载。按规定将动臂液压缸顶至极端位置后，溢流阀的压力应调到 25～26MPa，但将调节螺栓调到底，压力仍升不上去，证明该溢流阀失效。

排除措施：拆下溢流阀，发现阀中弹簧底座钢垫在弹簧回程中卡死，影响了正常的调节范围。后将铜垫整修，重新安装，调试压力提高到 20MPa。

2. 液压泵排量不足分析

该系统中有三只ZM40轴向柱塞定量泵，起升机构的泵在起重吊装过程中工作负担最重，易发生故障。拆除后，发现泵输出轴歪斜，解体后，发现输出轴3506轴承严重损坏，滚动体和支撑架破裂，滚道有一层很深的剥落层。

原因：

1）输出轴有一联轴器背靠轮，内孔均磨损偏斜，当起升机构工作时，液压泵将输出转矩通过联轴器传入减速箱，由于孔偏斜松动，两轴同心度偏差过多，长期在偏扭动载荷状况下工作。

2）由于轴承损坏，滚动体不是按原来的排列正常工作，使输出轴转动困难，转速上不去，转矩减少。

排除措施：更换联轴器弹性圈、轴承，校正输出轴。

3. 四联阀内渗漏分析

滑阀杆O形圈油封损坏或磨损，阀杆间隙超过0.03mm，阀内渗漏量加大，也是造成系统压力上不去的因素之一。

4. 液压泵配流盘表面磨损分析

液压泵因3506轴承磨损的杂质混入液压系统，使油液不清洁，经长久使用，使液压泵配流面发生磨损，该泵是采用轴向配流的，配流盘与端盖用销定位，相对不动，在弹簧和液压力的作用下，缸体紧压在配流盘上，二者相对旋转，而漏油较少。

排除措施：配流面磨损不太严重时，可用研磨砂，在平板玻璃上研磨平面，关键在于调整间隙，应把调节螺钉拧到底，然后再往回旋转少许，使泵能用手轻轻转动为好。

通过以上四个问题分析及处理，针对液压系统故障有普通共性的问题，抓住了产生故障的原因，问题迎刃而解。

故障排除：经过系统压力调整，稳定到24MPa，试吊达到原车的技术指标。

【实例6】

QY16型汽车式起重机主吊钩自动下滑故障的诊断分析与排除

故障现象：徐工产QY16型全液压汽车式起重机，主吊钩起升液压系统使用几年后经常出现下列故障：主吊钩在起吊5t以上重物中途悬停后若再起升时，主吊钩总要自动下滑一段距离，待节气门加大后才能上升，其他工作系统正常。该机主吊钩起升系统原理如图7-14所示。

故障诊断与排除：当该系统工作时，操作操纵阀6和起升手柄（图中未绘出），来自齿轮泵的压力油经减压阀1至蓄能器5使其增压，同时向主卷扬离合器分泵供油；另一路压力油使卷扬马达

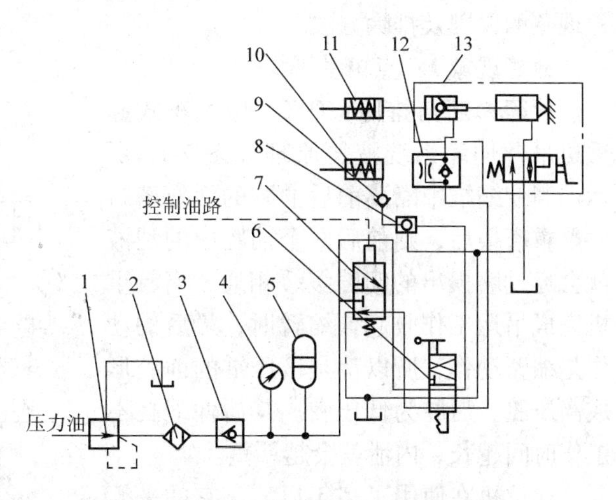

图7-14 主吊钩起升系统原理图

1—减压阀 2—滤清器 3—单向阀 4—压力表 5—蓄能器 6—操纵阀 7—液控换向阀 8—液控单向阀 9—回轴接头 10—卷扬离合器液压缸 11—制动离合器液压缸 12—单向节流阀 13—助力阀组

旋转并使液控换向阀7动作，从而打开主卷扬抱闸，此时主吊钩开始工作。当主吊钩起升中途悬停时，该系统油路应保持着8~10MPa的压力，如果该系统由于压力损失使其压力低于6MPa，此时一旦主吊钩起升操纵杆再次动作，抱闸则迅速打开，卷扬离合器片在瞬间得不到足够的摩擦力使卷筒与马达同步转动，因此重物将下滑，待节气门加大压力补偿到8~10MPa后，重物才能上升。引起该液压系统压力损失或压力不足的原因有：①主卷扬离合器分泵漏油；②单向阀3漏油；③蓄能器氮气压力太低；④减压阀输出压力太低；⑤液控换向阀7、操纵阀6或液控单向阀8轻度内泄。

上述原因中，除离合器分泵漏油可以用眼睛直接看出外，其他原因只有通过起吊重物时才能试出。重物上升时稍加大节气门，如果压力表4的示值能达到8MPa以上，说明蓄能器氮气压力和减压阀输出压力正常；相反，则要分别检测这两项压力。在上述两项压力正常的情况下，停止起升动作，如果压力示值迅速下降到6MPa以下，则极有可能是原因②、③或⑤引起的。若要检查原因②，只要将该单向阀拆下、反过来接于油路中（输出口不接）并操作起升手柄，看单向阀有无油流出，如有则说明此阀泄漏；若要检查原因⑤，只要依次将这几只阀的回油管松开并用堵头堵住，然后操作起升手柄，观察阀体回油口处有无油漏出，如有则说明该阀内泄，若没有则说明其工作正常。对于原因③只需测定氮气压力即可。

维修人员在修理工作中，主要遇到过离合器分泵漏油、蓄能器氮气压力太低以及单向阀和液控单向阀泄漏等几项原因。另外，如果滤清器2堵塞引起供油不畅，也会影响重物起吊。

【实例7】

QY25型汽车式起重机吊臂前窜现象故障的诊断与排除

当汽车式起重机以不低于20km/h速度行驶制动时，吊臂会自动向前窜动，这种窜动有点窜动和线窜动两种情况。下面结合QY25型汽车式起重机吊臂伸缩系统液压原理图分析这种现象的原因及排除方法。

故障现象1：点窜动现象。

故障诊断与排除：QY25型汽车式起重机吊臂伸缩系统液压原理如图7-15所示。当伸缩缸中隔离前后油腔的活塞密封件严重磨损后，则前后两个油腔中的油液就会通过磨损出的间隙缓缓相通。当起重机完成吊运工作收起伸缩臂时，最后的动作是缩臂动作，所以都是液压缸的前腔形成高压腔、后腔为低压腔。其后伸缩缸不工作时间越长，内泄就会越严重。

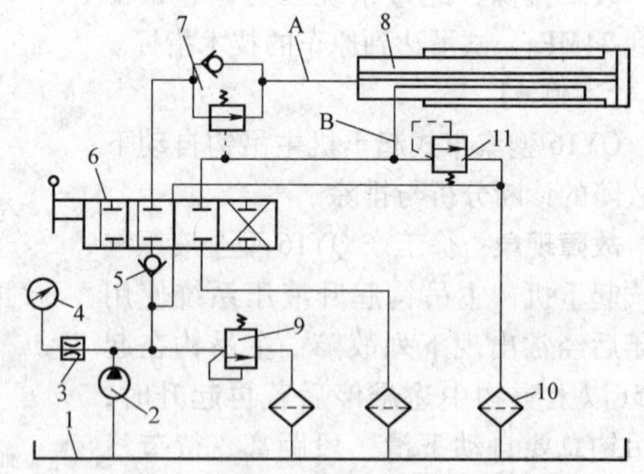

图7-15　QY25型汽车式起重机吊臂伸缩系统液压原理简图

1—油箱　2—泵　3—节流阀　4—压力表　5—单向阀　6—换向阀　7—平衡阀　8—伸缩缸　9—溢流阀　10—滤油器　11—调压溢流阀　A—伸臂油路　B—缩臂油路

起重机在使用了多年以后，它的平衡阀和换向阀的伸臂油路的阀杆部位亦会有所磨损，这样从液压缸活塞经平衡阀至换向阀最后到回油管路，都会有微泄的现象，液压缸前腔的高压油就会缓缓沿着上述路径泄出。如果前腔油压降为零或油液减少，这将使吊臂不能可靠地固定在回缩极限位置，同时因内泄是非常微小的，所以才出现点窜动现象。一般说来，点窜动不会大于 20mm。

点窜动是因为液压缸活塞密封、平衡阀和换向阀三者都有一定的磨损，如这时起重机以大于 20km/h 的速度行走制动时，行驶的惯性就会使起重机的吊臂向前窜出。停机时，觉得上车振动很大，有不平稳的感觉。排除的方法是拆检前面提到的三个部件，修理或更换。

故障现象 2：线窜动现象。

故障诊断与排除：当 QY25 型起重机的吊臂前窜动的距离较大，达 300mm 左右时，称其为线窜动现象，原因有三：

1）从伸缩缸前腔油路接头处起，到换向阀（缩臂油路的接头）和调压阀之间管路及其接头处有泄漏现象，造成油液减少，液压缸前腔压力降低或失去。遇到这种情况时，应仔细擦拭、检查、紧固接头，排除泄漏。

2）调压阀压力降低。调压阀的压力应为 10MPa，当调压阀内部元件磨损或密封件损坏时，回油油路就会过早地打开溢流，造成前腔油量减少，压力降低。如此时起重机像前述情况行驶并制动时，其惯性就使吊臂向前窜出一段距离。

遇到这种情况，可以调整调压阀压力，如调压不能解决问题，可能是阀内零件损坏或阀芯密封处有污物，应拆检、修理或更换。

3）换向阀内部缩臂油路通口处的阀杆与阀体磨损严重，造成液压缸前腔油量减少、油压降低。遇到这种情况则应更新阀杆、重新研磨或者更换阀片或整个换向阀。

需要说明一点，换向阀对应液压缸两腔出口处的阀杆与阀体的磨损，对吊臂窜动的影响是不一样的。如对应伸缩缸伸臂出油口的阀杆与阀体磨损后，如活塞密封完好，则不产生窜动；如对应伸缩缸缩臂出油口处的阀杆和阀体磨损后，则产生线窜动。

复习与思考题

1. 汽车式起重机用途是什么？
2. 汽车式起重机如何分类？起重机分类和型号分类是怎样表示的？
3. 汽车式起重机的特点是什么？
4. 汽车式起重机由几部分组成？
5. 起升、变幅、回转、吊臂伸缩和支腿各由什么部件组成？
6. 支腿收放不动如何诊断与检测？
7. 双节臂不能同步伸缩如何诊断和检测故障？
8. 吊重变幅时，伸缩液压缸自动回缩怎样诊断和检测？
9. 起升机构不能起吊重物怎样诊断与检测？
10. 回转机构突然转不动怎样诊断与检测？

第8章　平地机故障检测与诊断

8.1　概述

1. 平地机的用途

平地机是一种以铲刀刮土为主，配以其他多种可换作业装置，进行公路、机场、农田等大面积的地面平整和挖沟、刮坡、推土、除雪、松土等工作的铲土运输施工机械。平地机的铲刀比推土机的铲刀具有较大的灵活性，能连续改变铲刀的平面角和倾斜角，并可使铲刀向任意一侧伸出。因此，平地机是一种多用途的连续作业式的机械，广泛用于国防工程、矿山开采、道路构筑、场地平整、机场修建等土方工程中。

2. 平地机的分类

平地机通常可按下列几种方法进行分类。

（1）按行走方式分为拖式和自行式平地机　拖式平地机因机动性差、操纵费力，已逐步被淘汰。自行式平地机根据车轮数目分为四轮、六轮两种；根据车轮的转向情况分为前轮转向、后轮转向和全轮转向；根据车轮驱动情况分为后轮驱动和全轮驱动。自行式平地机车轮对数的表示方法是：转向轮对数×驱动轮对数×车轮总对数，共有5种形式，即1×1×2，1×2×3，2×2×2，1×3×3，3×3×3。如1×2×3表示转向轮1对，驱动轮2对，车轮总数3对，其余依此类推。

驱动轮对数越多，在工作中所产生的附着牵引力越大；转向轮对数越多，平地机的转向半径越小。因此，上述5种形式中以3×3×3型平地机的性能最好，大、中型平地机多采用这种形式；2×2×2和2×1×1型均用在轻型平地机中。目前，前轮装有倾斜机构的平地机得到了广泛应用。装设倾斜机构后，在斜坡上工作时，车轮的倾斜可提高平地机工作的稳定性；在平地上转向时能进一步减小转向半径。

（2）按机架结构形式分为整体机架式和铰接机架式平地机　整体机架式平地机的机架具有较大的整体刚度，但转向半径较大。传统的平地机多采用这种机架。

铰接机架式平地机的优点是转向半径小，一般比整体式机架的小40%左右，可以容易地通过狭窄地段，能快速调头，在弯道多的路面上作业尤为适宜；可以扩大作业范围，在直角拐弯的角落处，铲刀刮不到的地方极少；在斜坡上作业时，可将前轮置于斜坡上，而后轮和机身可在平坦的地面上行进，提高了机械的稳定性，作业比较安全。因此，目前的平地机采用铰接式机架的越来越多。

3. 平地机技术性能参数

常用平地机的主要技术性能见表8-1。

4. 平地机结构与特点简介

早期生产和使用的拖式平地机，由于机动性差、操纵费力，已被淘汰。目前使用的平地机为自行式，按铲刀的长度和发动机的功率大小可分为轻型、中型和大型三种。自行式平地机按工作装置的操纵方式分为机械操纵和液压操纵两种，目前自行式平地机的工作装置基本上都采用液压操纵。图 8-1 所示为国产 PY-160A 型平地机的构造示意图。这种平地机是后轮驱动，前轮转向，在前后轮之间安装着主车架，在主车架上安装平地机的工作装置和液压操纵机构。

表 8-1　平地机的主要技术性能

参数名称 \ 机型			PY160A	PY160B	PY160C
整机质量/kg			14700	14200	13650
轴荷分配/kg	前桥		4700	3900	3850
	后桥		10000	10300	9800
最小离地间隙/mm	前桥		620	620	620
	后桥		380	380	380
最小转弯半径/mm			8200	8200	7500
最大爬坡能力(°)			20	20	20
前桥(°)	转向角(左右)		50	50	铰接角度左右各 25
	倾斜角(左右)		18	18	
	桥架摆角(共)		32	32	
后桥转向角(左右)/(°)			14	14	
外形尺寸/mm	长		8146	8146	8305
	宽		2575	2575	2595
	高		3258	3340	3330
轴距/mm	前后桥		6000	6000	5985
	中后桥		1520	1520	1542
轮距/mm			2200	2200	2150
行驶速度/(km/h)	前进	Ⅰ挡	4.3	4.3	0~5.5
		Ⅱ挡	7.1	7.1	0~11
		Ⅲ挡	10.2	10.2	0~19.5
		Ⅳ挡	14.8	14.8	0~35.1
		Ⅴ挡	24.3	24.3	
		Ⅵ挡	35.1	35.1	
	倒退	Ⅰ挡	4.4	4.4	0~5.5
		Ⅱ挡	15.1	15.1	0~11
		Ⅲ挡			0~19.5
		Ⅳ挡			0~35.1
柴油机	型号		6135K—10	6135K—10(6130ZG)	6135K—10
	额定功率/kW		117.7	117.7	118
	额定转速/(r/min)		2000	2000	2000
轮胎	型号		14.00-24	14.00-24	14.00-25

（续）

参数名称		PY160A	PY160B	PY160C
铲刀	长×高/mm×mm	3705×555	3660×610	3660×610
	回转角度/(°)	360	360	360
	倾斜角度/(°)	90	90	90
	铲土角度/(°)	30~65	30~65	30~66
	最大离地高度/mm	540	550	480
	最大入土深度/mm	500	490	500
	侧伸距离(相对轮缘)/mm	1245	700	1120
松土器	齿数/个	5	6	6
	疏松宽度/mm	1240	1145	1100
	最大入土深度/mm	180	185	120
制造厂家		天津工程机械厂		

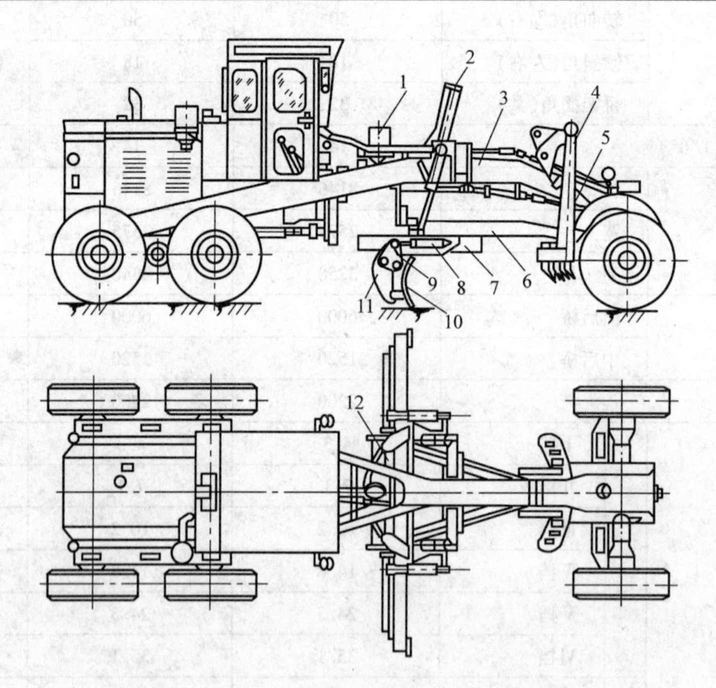

图 8-1 PY160A 型平地机

1—倾斜液压缸 2—升降液压缸 3—主车架 4—耙松装置 5—耙松装置及铲刀调节液压缸 6—牵引架 7—回转圈 8—改变铲土角液压缸 9—上滑套 10—铲刀 11—耳板 12—铲刀引出液压缸

PY160B 型平地机除具有作业范围广、操纵灵活、控制精度高等特点外，作业时空驶时间少（只占总时间的15%左右），因此，有效作业时间明显高于装载机和推土机，是一种高效的土方施工作业机械。PY160B 型平地机（见图 8-2）为 PY160A 型（见图 8-1）平地机改进型。

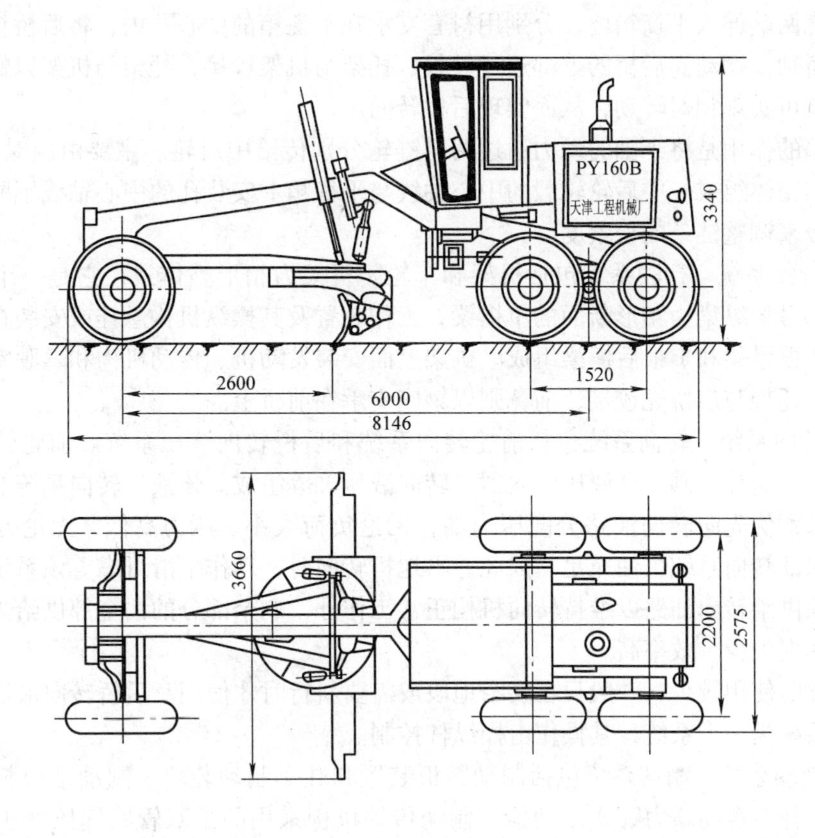

图 8-2　PY160B 型平地机外形图

PY160B 型平地机由发动机、传动系统、行驶系统、转向系统、制动系统、工作装置及液压操纵系统、电气设备和驾驶室等组成。

（1）发动机　发动机为 6135K—10 型四冲程、水冷、直喷式柴油机。

（2）传动系统　传动系统为液力机械传动式，主要由液力变矩器、离合器、变速器、万向传动装置、中后驱动桥和平衡箱等组成。

变矩器为四工作轮单级三相综合式变矩器。离合器安装在变矩器和变速器之间，结构形式为弹簧压紧单盘干式常结合式。变速器为定轴式、常啮合、滑动啮合套、机械换挡式变速器，由主变速器和副变速器串联而成。主变速器有 3 个前进挡、1 个倒退挡；副变速器有高低两个挡；本机共有 6 个前进挡和 2 个倒退挡。

前桥为转向从动桥，通过“山”形桥架与机架铰接，前桥可在水平位置上、下摆动，以保证在高低不平的地形上作业时，铲刀基本保持水平状态。前轮在倾斜液压缸的作用下还可左、右倾斜，以防止前轮的侧向滑移，减小转向半径，增加平地机在斜坡上作业的横向稳定性。

后桥为转向驱动桥，其功用是支承机架，利用铰接装置使平地机转向，将变速器传来的动力进一步减速增扭，改变方向，经平衡箱传至中后车轮，主要由桥壳和减速器组成。

主传动装置为两级齿轮传动，即一对螺旋锥齿轮和一对圆柱齿轮。该驱动桥没有差速器，当一侧车轮打滑时，另一侧车轮仍有动力，但转向阻力大，轮胎磨损严重。

后桥壳两端伸入平衡箱内，分别用衬套支承在平衡箱的中心孔内，将后桥抬起，又可使平衡箱绕桥轴线摆动。后桥的上部通过导板、托架与机架铰接，托架与机架以螺栓紧固，后桥相对托架可实现相对转动，从而实现后桥转向。

平衡箱的作用是将半轴的动力通过两对链轮分别传给中后轮。主要由两对主从动链轮、链条和平衡箱体组成。中后轮轮毂的中心轴线与平衡箱上安装孔的中心轴线不同心，故可通过转动轮毂来调整链条的松紧度。

（3）行驶系统　行驶系统包括机架和车轮。机架为箱形整体式，它是一个弓形的焊接结构。前端弓形纵梁为箱形断面的单桁梁，工作装置及其操纵机构悬挂或安装在此梁上。机架后部由2根纵梁和1根后横梁组成。机架上面安装发动机、传动机构和驾驶室。机架后部通过导板、托架与后桥壳铰接，前鼻则以钢座支承在前桥上。

（4）转向系统　转向系统包括前轮转向系统和后桥转向液压系统。前轮转向系统主要由液压泵、流量控制阀、全液压转向器、转向液压缸等组成。该液压转向系统能够按照转向油路的要求，优先向转向油路分配压力油，无论负荷大小、压力高低，无论方向盘转速高低，均能保证转向系统供油充足。因此，平地机转向时，动作平滑可靠。该系统液压泵输出的油液，除供给转向油路以维持转向机构正常工作外，剩余部分的油全部供给工作装置液压系统，功率损失少、效率高。

后桥转向使用较少，一般只在狭窄地段或需要斜行时才使用。后桥转向液压系统与工作装置液压系统为一个系统，其操作由操纵杆控制。

（5）制动系统　制动系统包括制动踏板装置和驻车制动装置。制动踏板装置的制动器采用液压张开、自动增力蹄式制动器，制动传动机构采用的是双管路气压液压式（从制动总泵分成两路，分别到中后轮）。驻车制动装置的制动器为凸轮张开、自动增力蹄式制动器，制动传动机构采用机械式。

（6）工作装置及其液压操纵系统　工作装置包括刮土装置和松土器。刮土装置主要由刮刀、牵引架、回转圈等组成；刮刀由刀体和刀片组成；牵引架的前端是个球形铰，与机架前端铰接，因而牵引架可以绕球铰在任意方向转动和摆动。回转圈支承在牵引架上，可在回转驱动装置的驱动下绕牵引架转动，从而带动刮刀在360°内任意回转。刮刀的背面有上下两条滑轨支承在两侧角位器的滑槽上，可以在刮刀侧移液压缸的推动下侧向滑动。角位器与回转圈耳板下端铰接，上端用螺母固定；当松开螺母时，可以调整铲土角。

松土器主要用于疏松坚硬土壤，清除土壤中的树根和石块，以及翻修碎石、砾石路面。松土器安装在刮刀的背面，主要由耙齿、杆轴、安全弹簧等组成。耙齿共有6个，装在杆轴上。不作业时，耙齿尖朝上，并由安全弹簧定位。当需要松土器工作时，将安全弹簧拆下，通过手柄将杆轴拉出后，可以将耙齿放置在工作位置。耙齿放下后，把杆轴推回，如需减少耙齿时，中间需放隔套。松土作业时，利用刮刀升降液压缸，使松土器得到合适的入土深度。

液压系统主要由油箱、液压泵、多路阀、液压缸、刮刀回转液压马达等组成。

（7）电气设备　电气设备由蓄电池、发电机及调节器、起动机、仪表及照明装置等组成。电路采用单线制，负极搭铁，额定电压为24V。

8.2　平地机各系统常见故障检测与诊断

国产 PY160B 型平地机主要由发动机、传动系统、行驶系统、转向系统、制动系统、工作装置及液压操纵系统组成。其常见故障现象、故障诊断分析、检测工艺和排除故障分别见表 8-2、表 8-3。

表 8-2　传动系统常见故障检测与诊断工艺

常见故障现象	故障诊断分析	检 测 工 艺	排 除 故 障
变矩器出口压力过低（PY160 正常值：0.28MPa；PY180：正常值 1.5～1.7MPa）	1）油位过低 2）变矩器出口压力阀卡死在打开位置 3）液压泵泄漏磨损 4）液压泵补偿系统漏油或堵塞 5）大负荷工作时间过长	1）检测变矩器，油箱油位置（PY160 型），变速箱油池的油位（PY180 型） 2）检测出口压力阀，是否阀芯卡死或损坏 3）检测液压泵是否磨损 4）检测液压泵补偿系统是否漏油或堵塞 5）改变操作工况	1）添加油 2）修复或更换 3）检修或更换 4）清洗油路或修复 5）停机冷却
变矩器闭锁操纵压力过低(1.5～1.7MPa)	1）油箱油位过低 2）操纵压力阀芯卡死在打开位置 3）液压泵有泄漏 4）油路堵塞	1）检测油箱油面位置 2）检测压力阀并调整压力 3）检测压力 4）检测油路系统	1）加至标定位置 2）重新调整 3）检修或更换 4）疏通
换挡困难	1）停车换挡困难：变速箱小制动器间隙太小，制动太死 2）行驶中换挡困难：小制动器间隙太长，制动不灵	1）检测变速箱内小制动器间隙是否太小 2）检测变速箱内小制动器间隙是否过大	1）重新调整 2）重新调整
制动无力或失灵	1）制动油数量不足 2）制动油路中混入空气 3）制动油路堵塞 4）轮边制动器阀带与制动鼓间隙过大 5）制动鼓或闸带表面在油污 6）制动管破裂，接头松动	1）检测制动液面高度 2）检测分泵和主缸上的放气帽，反复踩制动器板排气，直至无气泡为止 3）检视油路，清洗和疏通油路 4）检测间隙是否过大或尖圆 5）检视闸路带与鼓 6）检视油管及接头	1）添加 2）排出空气 3）清洗和疏通 4）重新调整 5）清洗油污 6）修复或更换

（续）

常见故障现象	故障诊断分析	检测工艺	排除故障
制动器不能松开	1）制动气路堵死，造成放气困难（PX160型制动踏板系统为气推油综合式制动系统） 2）制动油路阻塞，造成回油困难 3）轮边制动器闸带与制动鼓间隙太小	1）检测气压系统是否堵塞 2）检测油路系统是否阻塞 3）检测制动间隙	1）修复 2）修复 3）重新调整
手制动器失灵	1）制动蹄表面有油污 2）手制动空行程太大 3）制动钢丝绳断裂 4）制动摩擦片磨损过甚	1）检测制动蹄和制动鼓表面 2）检测和消除手制动传动部分的松动和空余现象 3）检视钢丝有无断裂 4）检测摩擦片	1）用汽油清洗干净 2）调整消除松动 3）更换 4）更换

表8-3　工作装置常见故障检测与诊断

常见故障现象	故障诊断分析	检测工艺	排除故障
液压系统流量太小或压力失常	1）工作液压油数量不足 2）液压泵磨损或损坏 3）过滤器堵塞 4）流量阀、安全阀调整不当 5）液压系统管路阻塞	1）检测液压油位置 2）检测液压液压泵 3）检视过滤器是否堵塞 4）检测压力，重新调整 5）检测系统管路	1）添加液压油 2）修复或更换 3）清洗 4）调整 5）清洗，疏通
液压系统漏油	1）管路接头松脱 2）液压件密封环损坏	1）检测管路各接头是否松动 2）检查各液压件密封是否损坏	1）拧紧接头 2）更换新密封环
铲回转不灵（PY160A回转液压缸驱动）（PY160B）	1）回转阀位置不对，不能正确为回转液压缸配油 2）回转阀与回转液压缸的连接管路接错 3）回转液压缸内密封圈损坏，内泄严重，推力不够 4）回转马达内部零件损坏 5）回转马达油管接头漏油 6）蜗杆、蜗轮损坏咬死 7）驱动小齿轮卡滞	1）检测调整回转阀工作位置 2）检测管路位置，重新连接 3）检测回转液压缸密封圈 4）拆检回转马达 5）检视油管接头是否漏油 6）拆检调整 7）拆检修复	1）重新调整 2）重接 3）更换 4）更换零件 5）更换密封件 6）修复 7）修复或更换

（续）

常见故障现象	故障诊断分析	检测工艺	排除故障
方向盘操纵沉重	1）前轮转向（方向盘转向） ①液压系统流量不足 ②流量阀芯卡住 ③全液压转向器损坏 2）后轮转向（操纵杆转向） ①多路阀位置不对 ②转向液压缸油管接错 ③转向液压缸密封圈损坏	1）前轮 ①检测流量 ②检测修复 ③检查转向 2）后轮 ①检测多路阀位置 ②检视油管 ③检视液压缸器密封圈是否损坏	1）前轮 ①加油 ②修复 ③更换 2）后轮 ①调整 ②重接 ③更换
行驶时前轮产生不正常噪声	1）轴承调整不当，磨损或损坏 2）主销及轴套间的间隙太大	1）检测磨损和损坏程度 2）检测磨损间隙	1）修复或更换 2）更换
前轮在行驶时摆动	1）轴承调整不当，磨损或损坏，套间隙太大 2）前轴的倾斜主销和转向主轴与销套间隙太大 3）转向横拉杆间隙太大 4）轮辋变形或安装不当	1）检测轴与套间隙和磨损程度 2）检测主销和主轴间隙太小 3）检测横拉杆间隙 4）检测轮辋有无变形和安装不当	1）调整、修复或更换 2）调整或修复 3）修复 4）更换
作业时铲刃上不振动	1）铲刀升降拉杆球节间隙太大 2）环轮与牵引架的球节间隙太大 3）液压缸连接支承架的销子间隙太大 4）铲刀移动液压缸一层层架的连接销间隙太大 5）铲刀支承杆与导架的间隙太大 6）升降液压缸叉节轴套磨损	1）检测升降拉杆球节间隙 2）检测球节间隙太小 3）检测支承架与销子间隙太小 4）检测导架连接销间隙太小 5）检测支承杆与导架的间隙 6）检测叉节轴套磨损状态	1）减少调整垫片 2）调整水平间隙 3）更换修整销子 4）更换销子 5）调整，更换 6）更换

8.3　平地机故障检测与诊断实例分析

【实例 1】

PY160B 平地机作业装置液压系统检测与诊断

PY160B 型平地机的工作装置的动作由液压传动系统来操纵，包括：刮刀左右升降、刮刀回转、前轮倾斜、后轮转向、刮刀倾斜、刮刀引出和其他选装机构。其中左刮刀升降、刮刀回转、前轮倾斜和后轮转向由双联齿轮泵的左泵通过左侧四联多路换向阀供油，而其他三个工作机构由右泵通过另一组四联多路换向阀供油，而该多路阀中有一联用于选装其他作业机构，也可作备用。两组多路阀的入口处都装有安全阀以对两个独立液压系统起安全保护作用。

故障现象： 在施工作业中突然出现左侧刮刀升降动作失灵，进而操纵其他动作时，发现由左侧多路换向阀控制的刮刀回转、前轮倾斜和后轮转向等功能也全部丧失。

故障检测与诊断：在左侧多路换向阀进油路上接一块压力表，起动发动机，操纵该阀控制的四个动作，供油压力始终很低（不超过1MPa），而另一组多路阀控制的动作可以正常工作，再对双联齿轮泵进行检查，通过听、摸、看等发现液压泵的噪声和振动情况正常，可断定液压泵工作正常，因此判定故障出现在多路阀进油口处的主安全阀上。拆下此安全阀检查，看到阀上有一O形密封圈及挡圈损坏，其他零件正常。

故障排除：主安全阀为一先导控制溢流阀，其结构如图8-3所示，其工作原理为：液压泵输出的压力油经顶杆4中间的阻尼孔进入B腔，进而作用在先导阀1上。在正常情况下，液压系统的压力小于调定压力，先导阀关闭，顶杆4内阻尼孔中无液体流动，主阀芯3上、下A，B两腔压力相等，在B腔又有弹簧力作用于主阀芯3上，所以主阀芯关闭。当系统压力高于调定压力时，先导阀首先开启，高压油从A腔经阻尼孔→B腔→先导阀→油箱，此时主阀芯上、下两腔产生压力差，在此压差作用下主阀芯提起，系统溢流，对系统起安全保护作用。在故障状态下，由于O形密封圈5和挡圈6损坏，造成B腔压力油在较低压力时即可通过阀套的缝隙泄漏回油箱，使顶杆4内阻尼孔中有液体流动，在主阀芯A、B腔过早产生压差，使主阀芯在压力很低时即抬起，系统在低压状态溢流，这样必然导致执行元件无法克服负载力完成预定的动作。

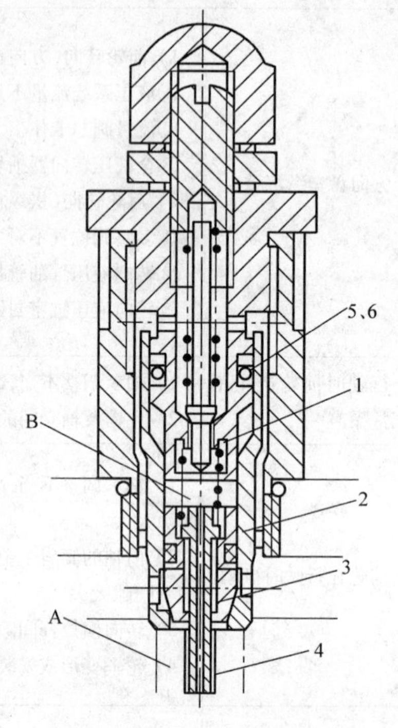

图8-3　先导控制的主溢流阀
1—先导阀　2—阀体　3—主阀芯
4—顶杆　5—密封圈　6—挡圈

更换O形密封圈5、挡圈6及其他密封件，重新装配后试车，各动作恢复正常。

【实例2】

PY160平地机变速器出现换挡困难

故障现象：当PY160平地机变速器出现换挡困难，主离合器分离不彻底，换挡产生较大的齿轮冲击（尤其是在重新安装的离合器上），或者发生打滑等现象。

故障诊断与检测：一般是由于主离合器的分离盘与分离轴承之间的间隙不合适造成的。主离合器故障往往是由于调整不当引起的。

在调整主离合器过程中，除保证单向推力轴承到分离盘之间距离为2.5mm外，还应注意以下几点：

1）在测量主离合器分离盘的外端面与摩擦盘毂的外端面间的距离L时，应同时测量分离盘的端面摆差，其摆差应控制在0.15~0.20mm之间。最好用百分表测量，如没有百分表，可用一段较细的铁丝，一端固定在变矩器的外壳上，另一端磨尖，并使其指向靠近分离盘外端面的最大直径处，然后旋转主动盘观察分离盘的端面摆差，如超差，则应与L相互配合调整，使L和端面摆差都在规定值之内。

2）由于该车主离合器由4个分离爪支撑分离盘，在调整过程中就有可能出现1个或2个分离爪与分离盘之间存在间隙，即“缺腿”现象。因此，在调整完L和端面摆差后，应用手在各个方向上按压分离盘，如发现有“缺腿”现象应及时消除。既使手压无“缺腿”现象，也要用木棒或手锤轻轻敲击分离盘，再用手作手压检查看其有无“缺腿”现象，最后再测量一次 L 和端面摆差，如无变化，即可安装离合器外壳及附件。这样做的目的是为了使分离杆受力均匀，避免摩擦盘翘曲变形或早期磨损。

3）该机摩擦盘由钢片芯板在其两面浇结铜基粉末冶金材料制成，如摩擦盘发生烧损需更换新品时，必须将主动盘和压盘上摩擦表面粘着的铜基粉末冶金打磨干净，以防止与新盘的摩擦材料产生粘着现象。

【实例 3】

PT165 型平地机液压系统油温偏高故障的诊断与检测

故障现象：有一台 PY165B 型平地机在调试、使用过程中，液压系统出现液压泵、液压油箱等元件表面烫手的现象。

故障诊断：为保证平地机液压系统有良好的工作性能，液压油的温度最好在 55℃左右，连续作业时最高温度不应超过 85℃。而液压泵、液压油箱等元件表面很烫手，说明系统的油温偏高，这样会引起一系列故障：

1）液压油粘度下降，使系统的泄漏明显增加。

2）油液的润滑性能下降，导致元件内各运动副间的摩擦力增大，又进一步促使油温升高。

3）油温高将加速系统中的非金属元件老化，使油液变质。那么，油温偏高的原因是什么呢？PY165B 型平地机是小松 GD623A—1 型平地机国产化后的机型，其液压系统与原系统的主要区别在于转向器、阀、马达、硬管和软管等选用了国产元件。可是，国产液压元件与进口液压元件相比，在质量上有一定差距。例如：型号相同的液压阀，因为加工手段、加工工艺等达不到相关的技术要求，所以国产阀的通流能力仅为国外产品的 60% ~80%，相应的内部压力损失也较国外元件大得多，产生的热量也就多得多。因此，在将国外设备的液压系统进行国产化设计时，不能简单地选用型号完全相同的液压元件，否则会由于通流能力不足，引起局部压力损失过大，导致液压系统发热量过大，达不到原系统设计要求的热平衡。另外，从该平地机的液压系统得知，其工作液压系统和转向系统的液压油没有经过冷却器，主要依靠油箱表面散热，因而也加剧了液压系统油温的升高。

故障检测与排除：通过以上分析，针对该平地机油温偏高的现象可以采取如下措施：

1）适当增大油箱的表面积和容积，合理设计油箱内部结构，增加隔板，扩大散热面积，使液压油在从回油管的出口流向吸油管的行程尽可能地长，并延长液压油在油箱内的停留时间，这样不仅有利于散热而且便于气泡析出，还可以有效地发挥箱壁的散热作用；若因空间有限无法实现时，应该通过安装冷却器来强制散热。

2）液压系统中管路设计及安装不合理也会加大压力损失。该平地机上各种管路较长，所以要合理地设计和布置管路，正确选择管路直径，以及尽量减少钢管的弯曲度，从而减少因管路不合理而增加的热量。

3）对液压转向器和液压阀特别是多路换向阀中的溢流阀进行测试，按该平地机液压系统的工作压力、流量等要求，参照测试的数据，合理地选择阀的规格大小；溢流阀应依据液压油的最大流量来选择，节流阀还应考虑阀的最小稳定流量，其他阀应按其接入的回路所需的最大流量选取，但通过阀的最大流量不应超过其额定流量的 120%，同时合理地调节好各阀的压力。

4）认真清洗整个系统中的各个零部件，减少因各种杂质造成元件的不正常磨损及其产生的热量。

【实例4】

PY160A 型平地机行驶无力和后桥转向失控故障的诊断与检测

有一台 PY160A 平地机，在使用过程中出现了行驶无力和后桥转向失控的故障，使该机无法正常作业和行驶。

1. 行驶无力

故障现象：打开操纵阀后，挂Ⅰ挡时勉强起步，且行驶无力；挂Ⅱ挡时则无法起步行驶。

故障诊断：由动力传动系统的结构和控制原理可知，行驶时动力由发动机输出，通过与弹性板连接的液压离合器将动力传递给涡轮齿片，直接带动涡轮旋转，经涡轮轴直接将动力输出至主离合器，经传动轴而传入变速器，其液压离合器的控制油路如图 8-4 所示。当发动机起动以后，液压油由油箱经滤清器被吸入齿轮泵；由齿轮泵输出的压力油经管路被输送至传动齿轮箱壳体上安装的调压阀，调压阀将压力油分为三路：第一路，压力油经传动齿轮箱壳体和导轮座上的油道进入变矩器，经循环后由变矩器出口压力阀排出，经管路流回油箱。第二路，压力油经管路被送至控制阀 P 口，此时有两种工作情况，第一种工作情况是当控制阀打开时，P 口与 A 口接通，压力油经 A 口输出并经传动齿轮箱壳体上的油道进入变矩器涡轮轴中心油道至液压离合器活塞腔，推动活塞压紧摩擦片使离合器结合，将发动机的动力直接传递给涡轮轴，由涡轮轴将动力输出；第二种工作情况是当控制阀关闭时，P 口被关闭，A 口与 B 口接通，此时，液压离合器活塞腔的压力油回流至 A 口，再经 B 口和管路流回油箱，液压离合器因失去压力而分离，动力改为由变矩器传递。第三路，当油压超过调定压力时压力阀开启，多余的液压油经管路直接流回油箱。

根据上述结构和原理并经分析后认为，产生行驶无力的原因可能有：发动机动力不足；主离合器打滑；液压泵磨损严重，液压油压力不足；调压阀调整不当，油压过低；液压离合器密封失效或摩擦片磨损过甚；离合器液压管路堵塞，液压离合器无法工作。

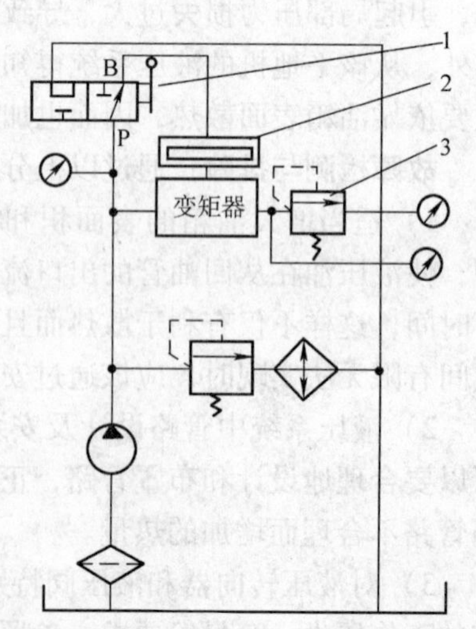

图 8-4　液压离合器的控制油路图

1—控制阀　2—离合器　3—出口压力阀

故障检测：在现场，对机器的故障情况进行了详细的了解和实地检查。从操作人员那里得知，该机在关闭操纵阀时，行驶和作业正常，而打开操纵阀时，操纵压力表的读数下降，挂Ⅰ挡起步行驶都很困难。在对机器进行检查时，发现变矩器出口压力表指示压力为 0.25MPa，操纵压力表指示压力为 0.8～1.2MPa，均属正常，据此可以排除发动机、主离合器、液压泵和调压阀方面的原因；然后，拆下由操纵阀 A 口至传动齿轮箱壳体油管的接头，打开操纵阀，油管出油正常，由此也排除了离合器液压管路堵塞的原因；最后，判断产生故障的最大可能原因是液压离合器密封失效或摩擦片磨损过甚。

拆检变矩器上的液压离合器时发现：离合器后端盖

被磨出约 0.5mm 深的沟槽；摩擦片上粉末冶金的厚度不足 1mm，且钢片已经发蓝（因离合器打滑使温度过高而烧蚀）；活塞可很轻松地从离合器壳中取出，密封圈无弹性而失效。由此可以推断，故障的原因是由于活塞密封圈失效，造成离合器漏油，致使离合器压力不足、打滑严重，进而造成温度升高而引起摩擦片烧蚀；而温度的升高进一步造成了密封圈严重失效，使漏油的情况越来越严重，从而进一步加快了故障的发展速度。

故障排除：对磨损的离合器后盖进行了磨削以消除沟槽；更换了摩擦片和活塞密封圈。经上述修理后，装复试机表明，该机行驶恢复正常，故障现象消失。

2. 后桥转向失控

故障现象：当平地机行驶中转向时，在不扳动后桥转向操纵杆的情况下随之发生偏转而失去控制。

故障诊断：PY160 平地机的后桥为液压转向驱动桥，两个转向缸的尾部分别用销轴固定在机架的后部，活塞杆端分别用销轴固定在后桥的两端。后桥转向由分配阀控制，分配阀与控制工作装置的多路阀组合为一体，两者的液压油路同为一个液压系统，后桥转向油路如图 8-5 所示。后桥转向主要适用在作业场地狭窄和转弯半径较小的情况下，配合前轮转向实现较小半径的转弯。后桥转向失控会造成平地机无法直线行驶，严重影响行驶和作业。根据液压系统油路的分析得知，造成后桥转向失控的原因可能有：分配阀阀杆磨损严重，造成分配阀窜油；液压缸油封失效，造成液压缸内漏。

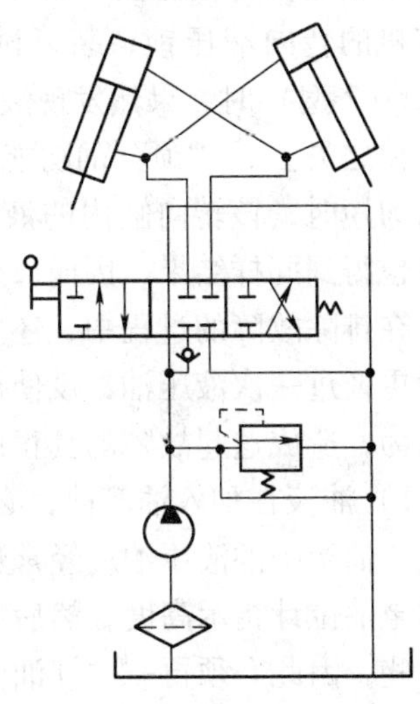

图 8-5　后桥转向油路图

故障排除：一般情况下平地机工作时后桥转向是很少使用的，因而基本上可以排除分配阀阀杆磨损造成窜油的可能性，而初步判定引起后桥转向失控故障的原因是液压缸内漏。对液压缸内漏情况进行检查的具体做法是：用千斤顶将机架顶起，使轮胎离开地面；起动发动机、扳动操纵杆，使后桥朝一个方向转动至极限位置；分别松开两个液压缸的回油腔油管接头，并将拆下的油管口堵住；继续扳动操纵杆，观察液压缸出油口，结果发现回油腔的出油口有大量的液压油溢出。由此可以断定，后桥转向失控是由液压缸内漏引起的。最后，对两个液压缸进行了拆检，结果发现两个液压缸的密封圈均有破损。将液压缸分解，取下活塞上的旧油封，将新油封按要求装到活塞上；将缸套口上的卡键槽用铅丝填平，以防止组装时卡键槽的台阶将油封唇刮坏，然后按技术要求对液压缸进行组装。

将组装好的液压缸装到机架上后，连接好油管并起动发动机，前后扳动后桥转向操纵杆，使后桥来回转动几次，以排除液压缸和管路里的空气；然后撤掉千斤顶，将机器放至地面。再起动发动机，行驶和转向试机表明，后桥转向恢复正常，故障现象消失。

【实例 5】

PY160B 型平地机后轮自动转向故障的诊断与检测

故障现象：有一台天津产 PY160B 型平地机，施工中出现异常现象：当后轮转向操纵杆位于中间位置的情况下，在转动转向盘使前轮左转向时，后轮就会同时自动向右转动；在转动转向盘进行前轮右转时，后轮就会同时自动向左转动，即后轮始终跟随前轮但向相反方向自动转向。

故障诊断：经分析，认为影响后轮转向的液压元件只有后轮转向液压缸和后轮转向液压油路上的液压锁两者。本着"由外向里、先易后难"的原则先查找外漏，即检查后轮转向液压缸和后轮转向液压油路的液压锁，但均没有发现任何漏油痕迹。初步认为，故障是由内漏所造成，产生的原因可能有两方面：一是后轮转向液压缸活塞磨损、密封不严而发生内漏；二是后轮转向液压油路上的液压锁失效。

故障检测与排除：排查时，先从第一种情况着手，即拆检后轮转向缸，发现两个液压缸活塞上 Yx45 密封圈均已破裂；更换新密封圈后装复试机，故障仍未能排除。看来故障也涉及到第二种情况，因为当时现场没有现成的液压锁，为尽快修复机器以恢复工作，维修人员决定采用"换件修理法"来排除故障。即先拆下另一平地机的后轮转向液压锁，并用其替换该机的转向液压锁；装复试机时，机器转向恢复正常。最后，拆检该机的转向液压锁（S0160-2 型）时，果然发现液压锁控制活塞已锈死。分析认为，正因为活塞锈死而不能回位，使之失去了"锁"的功能，致使锁内两个单向阀同时处于开启状态。当左侧后轮受到转向力矩时，该转向缸内的液压油受压，自动流回油箱；反之，当右侧后轮受到转向力矩时，也得到同样结果，因而产生上述故障现象。更换新件后，故障得以彻底排除。

在排除故障的过程中，还发现该机的液压油太脏且已变质。据了解，该机使用了三年多但没更换过一次液压油，没使用过一次后桥转向，且有人曾擅自调过转向液压锁的压力。可以认为，造成这起故障的真正原因就在于此，因而建议使用人员注意以下几点：

1）油液在加入油箱前，必须经过 120 目的滤网过滤，严禁将不经过滤的油液直接加入油箱。油箱中的液压油应经常保持正常油面高度。最初加油或维护后补充油液时，首先将油液加至油位计指示高度，然后起动发动机，使液压油进入管路和液压缸，此时油箱油面会下降一些，因此必须再一次补油液，将油液加至油位计的指示高度。

2）定期清洗液压系统、更换液压油。一般累计工作 1500h 后，应更换一次液压油。

3）按照该机的使用要求，定期磨合机器的各部件，尤其是要注意磨合不常用的部件。

4）严格按照机器的使用说明书进行维护保养，禁止非专业维修人员擅自调定液压系统的压力。

复习与思考题

1. 平地机的用途是什么？
2. 平地机如何分类？
3. 平地机由哪些系统组成？
4. 平地机的常见故障有哪些？
5. 变矩器出口压力过低怎样诊断与检测？
6. 变矩器闭锁操纵压力过低怎样诊断与检测？
7. 平地机制动无力或失灵如何诊断与检测？
8. 制动器制动后不能松开如何诊断与检测？
9. 液压系统流量太小或压力失常怎样诊断与检测？
10. 平地机铲刀回转不灵如何诊断与检测？
11. 平地机前轮在行驶时摆动怎样诊断与检测？
12. 平地机作业时铲刀上下振动怎样诊断与检测？

第 9 章　工程机械电气设备故障检测与诊断

工程机械电气设备包括蓄电池、发电机与调节器、起动系统、充电系统和各种用电设备。工程机械的发展趋势是自动化、机电一体化与微电子化，对工程机械电气设备故障检测及发生故障后进行准确迅速地诊断，是工程机械能处于完好状态进行高效工作的保证，也是非常重要且紧迫的问题。这就对工程机械维修技术人员提出了新的要求，即具有机械、液压、电器与电子等方面综合专业知识和技能，才能更好地胜任工程机械维修工作。

9.1　工程机械电气设备故障检测与诊断的基本步骤与方法

电气设备中，电气故障发生的部位和形式千变万化，而电气故障又往往与机械、液压等其他系统交织在一起，难以区分。这就是我们常说的工程机械电气设备故障诊断难、修理易的原因。电气元件的失效形式多以突出性质的较多，这就要求对电气设备采取相应的监测保护措施，并备足备件，降低因电气故障而造成工程机械设备的停机损失。

9.1.1　工程机械电气设备的特点

工程机械电气设备系统主要由电源（蓄电池、发电机及调节器，电压为 12V 或 24V）、用电设备（起动机、灯光、信号等）以及电气控制装置等组成。系统中绝大部分元器件属于模拟电路，采用各种分立元件构成子系统，以完成预定功能。具有低压、直流、单线制和负极搭铁等特点。

工程机械电气系统在性质上属于模拟电路，模拟电路故障诊断具有多样性。因信号的连续性、非线性、容差和噪声以及检测的有限性，使诊断问题变得十分复杂，故难度大、精度低、稳定性差，从而导致检测诊断的效益低。目前模拟电路故障诊断尚未建立完整的理论，还没有通用的诊断方法。

诊断模拟电路故障，一般借助于相似产品的使用经验或通过电路模拟得到的故障特征集，然后，通过主动或被动的测试，将测试结果与故障特征比较，以发现和定位故障。

工程机械电子系统也采用低压、直流、单线制。它一般由传感器、微机控制器和执行装置等组成，电子控制系统总体上采用的是数字电路，它集成度高，采用模块化结构。

数字电路仅有两种状态，即 0 和 1。列出其输入、输出关系真值表，可以很方便地找出原因—结果对应关系。数字电路的故障诊断具有规范性、逻辑性和可监测性的特点，故障诊断理论发展迅速，并日趋成熟。目前已经有相当多的诊断程序和诊断设备投入实际使用。

9.1.2　工程机械电气设备检测与诊断的基本步骤

1. 熟悉电气系统

电气维修人员在进行电气设备检测与诊断前，应掌握该电气设备的结构组成，了解各电气设备的工作原理，熟悉电路的动作要求和顺序，明了各个控制环节的电气过程。除此之外，还应学习和掌握有关机械部分、液压部分的知识，帮助分析故障原因，从而迅速而准确地判断、分析和排除故障。

2. 详细了解电气故障产生的经过

电气系统发生故障后，应向现场操作人员了解故障发生前有关机械的运行情况，询问故障发生时的各种现象，如有无火花和冒烟、有无响声、有无异味以及在哪些部位发生等，以帮助判断故障类型及寻找故障点。

3. 仔细进行故障部位的外表检查

寻找故障时，应从外部开始仔细检查，可通过嗅、听、看、摸等感觉检验对电气故障进行初步判断。

4. 运用测量与诊断技术，确定故障部位及元件

在外表检查中没有发现故障点时，就必须依靠一些测量与诊断技术来发现问题，确定故障所在。

（1）采取正确的测量技术　由于故障发生前后，电气系统中的有关参数会发生变化，通过直接或间接地测量各种参数，与额定值进行对照，可帮助判断故障性质。常用测量设备有：电流表、电压表、功率表、万用表等仪表。

1）测量电压　用交直流电压表或万用表的电压挡对各种电磁线圈、有关控制电路的关联分支电路两端电压进行测量，如果发现电压与规定要求不符时，则是故障的可能部位。

2）测量电流　用电流表或万用表的电流挡测量电路中的电流，使之与标准工作电流比较。

3）测量电阻　先将电源切断，用万用表的电阻挡测量线路是否通路、触点的接触情况、元件的电阻等。也可采用试灯检验回路是否通路，灯泡亮，则通；否则就不通。

上述用仪表测量参数的准确性是分析判断故障的重要依据，由于每种仪表都有其特定的性质和用途，选用时若选择不当，就有可能使所测得的数据或者达不到规定的精度，或者是错误的数据，从而影响测量质量。所以，在进行测量前，先要正确选用测量仪表；其次，要采用正确的测量电路和方法。因为不同的测量电路和测量方法对测量结果也会有影响，从而影响最后结果。

（2）采取正确的诊断技术　有些故障，仅仅依靠测量参数是远远不够的，还必须采取一些诊断技术。如：电气设备的绝缘预防性试验、绝缘特性试验、温度监测和老化试验等。依靠这些技术，可以较全面、科学、正确地判断故障发生性质，找到故障部位及元件。

5. 对发生故障的机械进行维修

故障部位及元件确定之后，可针对具体机械制订维修计划。维修时间长的机械，最好先投入备用机械。

维修时，应严格遵守安全规程，采取必要的安全措施，正确使用电工工具。

9.1.3　电气系统检测与诊断的基本方法

工程机械电气设备故障率较高，同时引起电气设备发生故障的因素也很多，但归纳起来也不外乎是电气元件损坏或调整不当、电路断路或短路、电源设备损坏等。为了较准确迅速地查找出故障部位，可采用以下检测与诊断方法。

1. 感觉诊断法

电气设备发生故障多表现为发热异常，有时还冒烟、产生火花；线圈烧毁其漆包线变成紫色；有时发出焦糊臭味；工程机械工况突变等。这些现象通过人的眼看、耳听、手摸或鼻子闻，就可直观地发现故障所在部位。

2. 试灯检查法或刮火检查法

试灯检查或刮火检查法，是用来检查电路的断路故障。

（1）试灯检查法　试灯检查法是指用一试灯检查某电路的断路情况，如图 9-1 所示。用试灯的一根导线搭铁，另一根导线搭接电源接点，若试灯亮，表示由此至电源线路良好，否则表明由此至电源断路。

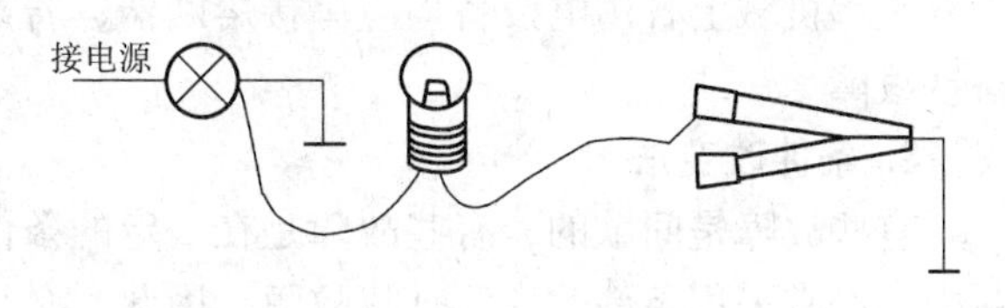

图 9-1　试灯检查法

（2）刮火检查法　刮火检查法与试灯检查法基本相同，即将某电路的怀疑接点用导线与搭线处刮碰，若有火花出现，表明由此至电源线路良好，否则表明此至电源断路。

用刮火的方法检查电器绕组（如电动刮水器定子绕阻）好坏时，使绕组一端搭铁，另一端与电极刮火，根据火花的强烈程度和颜色来判断故障。若刮火时出现强烈的火花，多数是电器绕组匝间严重短路；若刮火时无火花，表明电器绕组匝间断路；若刮火时出现蓝色小火花，表示电器绕组良好。

3. 置换法

置换法就是将认为损坏的部件从系统中拆下，换上一个质量合格件代替怀疑部件进行工作，以此来判断机件是否有故障的一种方法。诊断时，系统换上一个新件后，查看该系统是否能工作。如果能正常工作，说明其他器件性能良好，故障在被置换件上；如果不能正常工作，则故障在本系统的其他构件上。置换法在工程机械电气系统故障诊断中应用十分广泛。

4. 仪表检查法

仪表检查法也叫直接测试法、仪表诊断法。它是利用测量仪器直接测量电器元件的一种方法。如怀疑转速传感器故障，可用万用表或示波器直接测试该器件的各种性能指标。再如，用万用表检查交流发电机激磁电路的电阻值是否符合技术要求，若被查对象电阻值大于技术文件规定，说明激磁电路接触不良；若被测电路电阻值小于技术文件规定值，说明发电机的电磁绕组有短路故障。此外，还可通过测量某电气设备的电压或电压降来判断故障。

采用这种方法诊断故障，应首先了解被测电器件的技术文件规定值，然后再测得当前值与技术文件规定的标准值进行比较，即可查明故障。

5. 导线短路试验与拆线试验法

短路试验法是指用一根良好的导线，由电源直接与用电设备进行短接以取代原导线，如果用电设备工作正常，说明原来线路连接不好，应再继续检查电路中串接的关联件，如开关、熔断器或继电器等。

拆线试验法是将导线拆下来，以判断电路中的短路搭铁故障，即将某系统的导线从接线点拆下，若搭铁现象消除，表明此段线路有搭铁。

6. 跟踪法

跟踪法实际上是顺序查找法，在电器系统故障诊断中，通过仔细观察和综合分析，跟踪故障，一步一步地逼近故障的真实部位。例如，检查汽油机的点火系低压电路断路故障时，可先打开点火开关，查看电流表是否有电流显示；若没有，再查看保险是否断路，最后查看蓄电池是否有电等。由于工程机械电气系统属于串联系统，跟踪法实际上是顺序查找法。

查找电路故障有顺查法和逆查法两种。查找电路故障时，由电源用电设备逐段检查的方法称为顺查法。所谓逆查法是指查找电路故障时，由用电设备至电源逐段检查的方法。

7. 熔断器故障诊断法

工程机械上各用电设备均应串接熔断器，若某熔断器常被烧断，说明此用电设备多半有搭铁故障。

8. 条件改变法

有些故障是间歇的，有些故障是在一定的条件下才明显地显示出来。在电气系统故障诊断中，经常采用条件改变法查找故障。因此，必须弄清故障表现的最明显的条件。

条件改变法包括条件附加法和条件去除法。条件附加法是指在一些条件下，故障不明显，而此时，诊断该机件是否有故障必须加上一些条件。条件去除法则正相反，正因为有这些条件，故障现象不明显，必须设法将该条件除去。例如，许多电子元器件在低温时工作良好，但当温度稍高，不能可靠地工作，此时，可采用一个附加环境温度的方法，促使该故障明显化。常用的电子系统条件改变法有下列几种：

（1）振动法　当振动可能是导致故障的主要原因时，模拟试验时可将连接器在垂直和水平方向轻轻摆动；将电路的配线，在垂直和水平方法轻轻摆动。试验时，包括连接器的接头、支架、插座等，都必须仔细检查。用手轻拍装有传感器的零件，检查传感器是否失灵。注意不要用力拍打继电器，否则可能会使继电器开路。进行振动试验时，可用万用表检测输出信号，观察振动时输出信号有无变化。

（2）加热法　当怀疑某一部位是受热引起的故障时，可用电吹风或类似的工具加热可能引起故障的零件，检查此时是否出现故障。注意加热时不可直接加热电子集成块中的元件，且加热的温度不得高于60℃。

（3）水淋法　当怀疑故障可能是雨天或高温潮湿环境所引起时，可采用水喷淋在机械上，检查是否有故障产生。注意此时不要将水直接喷淋在机械零件上，而应间接改变温度与湿度。试验时，不可将水喷淋在电子元器件上，尤其应防止水渗漏到电子集成块内部。

（4）电器全部接通法　当怀疑故障可能是电负荷过大而引起故障时，可采用接通全部电器，增大负荷，检查此时故障是否产生。

（5）工作模拟试验法　通过工作试验来模拟故障出现时的工况，以检查故障是否存在。

9. 分段查找法

分段查找法是把一个系统根据结构关系分成几段，然后在各段的输出点进行测量，可以迅速确定故障在某一段内。由于分段查找是在一个缩小的范围内查找故障，它能使故障诊断效率大大提高。

10. 利用电的特性来诊断故障

检查电气设备的电磁线圈是否断路，有时不必拆开电气设备，可接通被检查对象的电源，然后用螺钉旋具在电磁线圈的支持部分的周围，看是否对螺钉旋具有吸力感觉，如果有吸力感觉，说明此电磁线圈没有断路。如果对采用这种方法诊断有较丰富的经验时，还可根据吸力的大小来判断电磁线圈损坏的程度。

以上是工程机械电气系统故障诊断经常采用的方法。每一种方法都有它的应用条件。当遇到具体故障时，仔细分析，选择一种合适的方法，迅速而准确地找出故障。

9.2　蓄电池的故障检测与诊断

电源是为工程机械提供电能的能源。在工程机械上一般有两套电源设备，即蓄电池和发电机及调节器。

蓄电池为第一电源设备，它是在发动机不工作时，为工程机械的用电设备提供能源。其特点是能供给较大的电流，如起动发动机时，起动机所需的电能就是由蓄电池来提供的。发电机为第二电源设备，它是在发动机起动后，才能产生电能，除向用电设备提供电能外，还将多余的电能充入蓄电池，以补充起动发动机时的用电消耗。同时，以储备以后再用。

工程机械电气设备的特点是：单线制、低电压、直流电流以及并联电路。

电气设备使用过久、使用不当或维修不当，以及其他方面原因，多数会使电气设备发生故障，常表现为工作质量差，甚至不工作等。

9.2.1　铅蓄电池检测方法

铅蓄电池是铅酸蓄电池的简称，其内阻极小，能在短时间内输出大电流，起动性能好，且结构简单，价格便宜。使用寿命一般为两年左右，如果合理地使用并经常保持其良好的技术状况，还可以延长使用寿命。几种常用蓄电池外形图如图 9-2 所示。

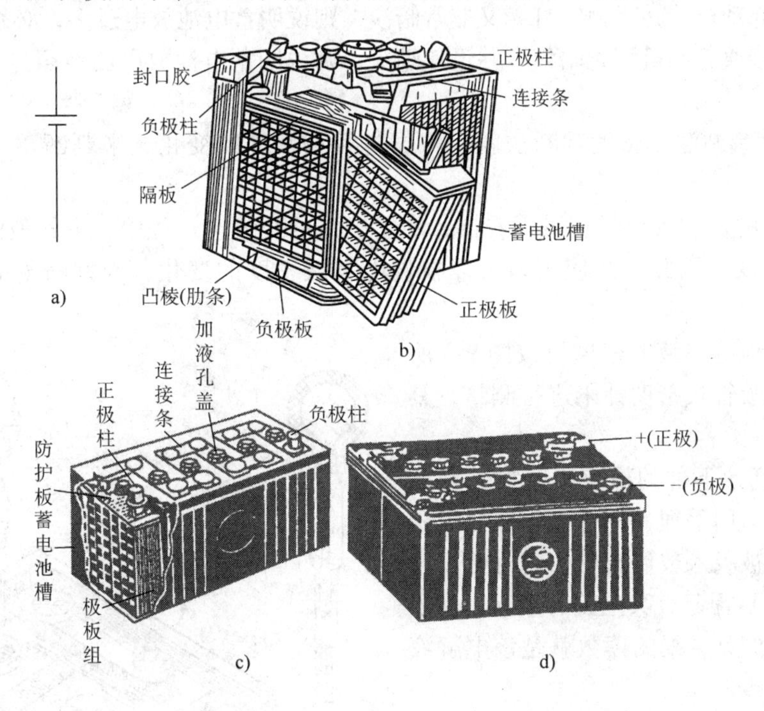

图 9-2　几种常用蓄电池外形图

a）符号　b）6V 蓄电池　c）12V 蓄电池　d）24V 蓄电池

1. 外观检查法

1）检查蓄电池外壳有无裂纹、破损及泄漏。

2）检查蓄电池安装架夹紧情况，有无腐蚀，连接导线有无破损。

3）检查蓄电池正负极柱是否氧化及腐蚀，电线夹头是否腐蚀，连接导线有无破损。

4）检查蓄电池表面是否清洁，加液孔盖的通气孔是否通畅。

2. 蓄电池放电程度判断方法

蓄电池放电程度（即存电量）通常可采用以下方法来进行判断：

（1）在车测压法　所谓在车测压法，就是在工程机械上用电压表在一定状态下测量蓄电池电压，根据测得值可判断蓄电池存电量。

1）在发动机正常温度下，将一只电压表接在蓄电池的正负极上，拔出分电器盖上的中央高压线并搭铁。

2）起动发动机连续运转15s左右，观察电压表的读数，在起动机和线路连接良好的情况下，对于12V蓄电池，如电压为9.6V或高于9.6V（6V蓄电池，等于或高于4.8V），说明蓄电池技术状态良好；如果电压低于上述值，即说明蓄电池技术状况不好，应进行检查和修理。

（2）灯光判断法　在夜间开大灯的情况下，接通起动机，通过灯光的减暗程度也可以判断出蓄电池的存电量。

1）如果起动机转动很快且灯光虽有稍许变暗，但仍有足够的亮度，则说明蓄电池能够保持一定的电压，技术状态良好而且充电较足。

2）如果起动机旋转无力，灯光又非常暗淡，则说明蓄电池放电过多，必须立即充电。

3）如果接通起动机灯光暗红，并迅速熄灭，则说明蓄电池放电已经超过了允许限度或者已严重硫化。

（3）密度判断法　密度判断法就是根据电解液密度的变化，来判断蓄电池的放电程度。

从蓄电池的化学反应过程可以看出，在蓄电池的充放电过程中，电解液的密度随充放电的程度而改变，因此，在使用中可以根据电解液密度的变化，来判断蓄电池的放电程度。

测量蓄电池电解液的密度可按图9-3所示的方法，用吸管式密度计来进行测量，具体方法如下：

1）将密度计下部的橡皮吸管插入蓄电池单格电池内，用手捏一下橡皮球，然后松开，电解液就被吸入玻璃管中。此时密度计的浮子（芯子）浮起，其上刻有数字，浮子与液面相平行的刻度线的读数就是该电解液的密度。

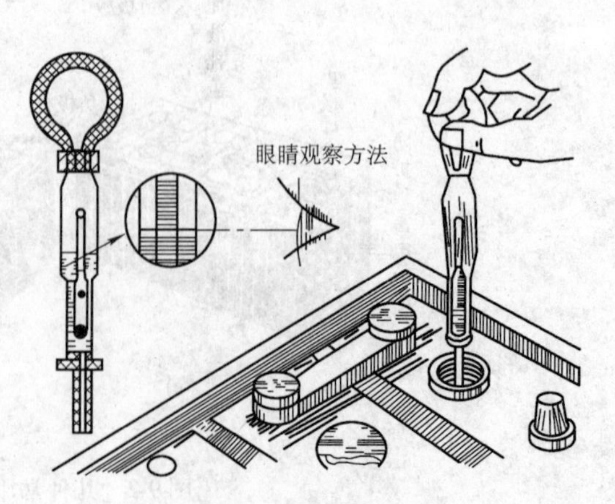

图9-3　用密度计测量电解液密度方法示意

读数时，应该提起密度计，设法使浮（芯）子垂直于液面，即不得依靠玻璃管，视线与液面平行才能读准，否则读数不准确。

2）在测量电解液密度的同时，还应用温度计测量电解液的温度，然后根据所测得的密度再换算出25℃时的密度才是实际的电解液密度。这主要是因为当温度变化时，电解液密度也在变化，它随温度的升高而降低。温度每上升1℃，电解液密度减少0.0007g/cm^3，因此必须先定个温度标准。我国是以25℃为标准的（美国和日本分别以25℃和20℃为标准）。因此，不论是新配制的电解液还是旧蓄电池中的电解液，其密度值一律按表9-1所列数据换算到25℃加以修正。

表9-1　不同温度下电解液密度读数值的修正值

电解温度/℃	密度修正数值	电解温度/℃	密度修正数值
+45	+0.0140	-5	-0.0102
+40	+0.0105	-10	-0.0245
+35	+0.0070	-15	-0.0280
+30	0.0035	-20	-0.0315
+25	0	-25	-0.0350
+20	-0.0035	-30	-0.0385
+15	-0.0070	-35	-0.0420
+10	-0.0105	-40	-0.0455
+5	-0.0140	-45	-0.0490
0	-0.0175	—	—

3）如果利用公式换算，也可得到25℃时的电解液密度值。

电解液密度为

$$\rho_{25℃} = \rho_1 + 0.0007(t - 25) \tag{9-1}$$

式中　$\rho_{25℃}$——25℃时电解液密度（g/cm^3）；

ρ_1——在温度为t℃时所测得的密度（g/cm^3）；

t——测量密度时的实际温度，℃；

0.0007——温度系数，定值。

如测得某一蓄电池的电解液密度为1.28g/cm^3，此时测得电解液温度为30℃，则25℃时电解液密度由（9-1）计算得

$$\rho_{25℃} = [1.28 + 0.0007(30 - 25)]\text{g/cm}^3 = 1.2835\text{g/cm}^3$$

若测得电解温度为20℃，则25℃时电解液密度为

$$\rho_{25℃} = [1.28 + 0.0007(20 - 25)]\text{g/cm}^3 = 1.2765\text{g/cm}^3$$

实践经验表明，电解液密度每减少0.01，相当于蓄电池放电6%，或者粗略认为电解液密度每减少0.04g/cm^3，蓄电池放电25%，蓄电池放电程度与电解密度及温度的关系见表9-2。

表 9-2 蓄电池放电程度与电解液密度及温度间的关系

地　区	全充蓄电池电解液密度/(g/cm³)	放电程度 25%	50%	75%	100%	季节
		电解液密度(g/cm³)				
冬季气温低于 -40℃的地区	1.31	1.27	1.23	1.19	1.15	冬季
	1.27	1.23	1.19	1.15	1.12	夏季
冬季气温在 -40℃以上的地区	1.29	1.25	1.21	1.17	1.13	冬季
	1.26	1.22	1.18	1.14	1.10	夏季
冬季气温在 -30℃以上的地区	1.28	1.24	1.20	1.16	1.12	冬季
	1.25	1.21	1.17	1.13	1.10	夏季
冬季气温在 -20℃以上的地区	1.27	1.23	1.19	1.15	1.11	冬季
	1.24	1.20	1.16	1.12	1.09	夏季
冬季气温在 0℃以上的地区	1.24	1.20	1.16	1.12	1.09	冬季
	1.23	1.19	1.16	1.12	1.09	夏季

需要注意的是：在大量放电和加注蒸馏水后，不应立即测量电解液密度，因为此时电解液混合不均，测得的值可能不准确。

一般规定冬季放电达 25%，夏季放电达 50% 时，就应将蓄电池拆下补充充电，严禁继续使用。

如某工程机械用铅蓄电池充足电时的标准相对密度为 1.28g/cm³，在电解液温度为 -5℃时，实测相对密度为 1.24g/cm³，问放电程度如何？

相对密度换算：

$$\rho_{25℃} = [1.24 + 0.0007(-5-25)]\text{g/cm}^3 = 1.219\text{g/cm}^3$$

相对密度降低值：

$$(1.28 - 1.219)\text{g/cm}^3 = 0.061\text{g/cm}^3$$

放电程度（因电解液密度每减小 0.01g/cm³，相当于蓄电池放电 6%）：

$$\frac{0.061}{0.01} \times 6\% = 36.6\%$$

已经超过冬季放电程度的规定，必须拆下进行充电。

（4）高率放电计测量判断法　高率放电计的结构及测单格电池电压的方法如图 9-4 所示。

高率放电计是按工程机械起动时蓄电池向起动机提供大电流（12V 电为 200 ~ 600A）的情况设计制造的一种检测仪表。

高率放电计主要由一只 3V 电压表和一个分流电阻（约 0.01Ω 左右）组成，如图 9-4a 所示。测量时，应将高率放电计两叉尖紧压在单格电池的正负极柱上，经历时间约 5s，以模拟接入起动机（负

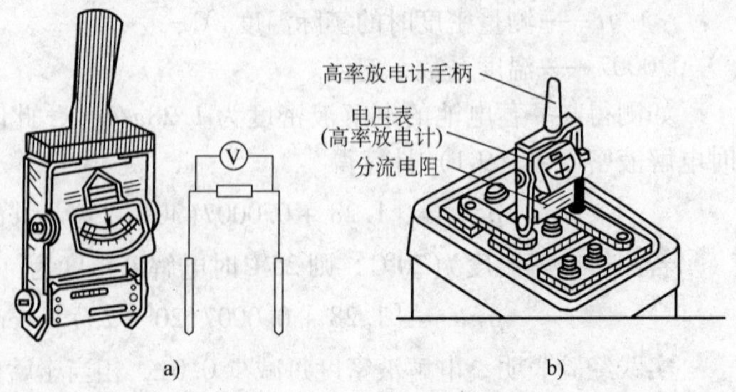

图 9-4　高率放电计结构及测单格电池示意
a）高率放电计　b）测单格电池示意

载）时的情况。通过观察大电流放电条件下蓄电池所能保持的端电压，以此来判定蓄电池的存放电情况，见表 9-3。

表 9-3　蓄电池单格电池电压与放电程度的对照

用高率放电计（100A）测得的单格电压/V	蓄电池的放电程度（%）	备　注
1.7～1.8	0	电压上限值适用于新的容量较大的蓄电池
1.6～1.7	25	
1.5～1.6	50	
1.4～1.5	75	
1.3～1.4	100	

一般技术状态良好的蓄电池，单格电池电压应在 1.5V 以上，且在 5s 内保持稳定；若其电压在 5s 内迅速下降，或某一单格电池电压比其他单格要低 0.1V 以上时，说明该单格电池有问题，应查明原因进行修理。

如某工程机械的铅蓄电池，在夏季用 100A 高率放电计测得单格端电压值为 1.45V，查表 9-3 可得放电程度为 75%，已超出允许范围（一般规定冬季放电达 25%，夏季达 50%），必须拆下进行补充充电。

在进行上述检测时，通常还应注意以下几点：

1）高率放电计的型号不同，其分流电阻值可能不同，测量时其放电电流和电压值也就不同，使用时应参照原厂使用说明书的规定。

2）刚充完电的蓄电池，在电解液温度未降至常温、充电所析出的气体未消散之前以及周围有易燃气体时，不能用高率放电计检查，否则易造成火灾或发生蓄电池爆炸事故。

3）在上述测量时，若某个单格电池电压迅速下降，指针不稳，说明该单格接触不良或极板硫化；若对某单格测量时，指针指在零位不动，可能是其内部断路或短路。这时，可以在整个蓄电池的正、负极之间接一试灯加以判别；如果试灯可以点亮，则说明那个单格内部严重短路；如果试灯不能点亮，则说明那个单格电池内部断路。

如果测得蓄电池各单格的电压均为零，则说明该蓄电池已严重损坏，不能再使用。

3. 蓄电池电解液液面高度检测方法

蓄电池电解液高度过高或过低，都会影响蓄电池的技术状况。如果液面过高则容易外溢、腐蚀周围机件；液面过低则极板上部容易露出，不但会使蓄电池容量降低，并且外露的极板会很快硫化。因此，蓄电池液面应保持适当的高度。蓄电池每个单格电池的电解液液面应高出极板 10～15mm。

（1）玻璃管测量法　电解液液面高度可用内径为 3～5mm，长 100～150mm 的玻璃管进行测量。测量时，将玻璃管竖直插入蓄电池加液孔内，且与极板防护片相抵，另一端用手指堵住，利用其真空度，当把玻璃管提起（取出）时，就把电解液吸入。管内的电解液高度即为电解液高出极板的数值，如图 9-5 所示。

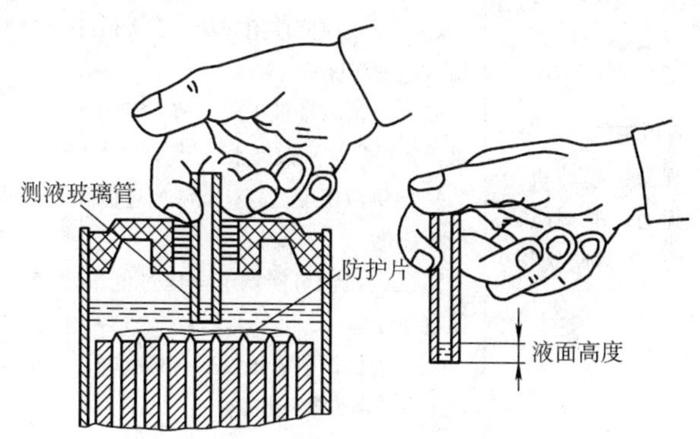

图 9-5　用玻璃管测量电解液液面高度示意

（2）竹片或木条测量法　若没有玻璃管，也可用清洁的竹片或木条进行液面高度测量，但不得用金属棍棒插入蓄电池内进行测量。

用竹片或木条测量液面高度的方法较简单，只要将竹片或木条垂直插入蓄电池加液孔与极板防护片抵住，然后拿出，其液体浸入竹片或木条上的痕迹高度即为液面高度。

若查得液面偏低，应添加适当的蒸馏水，但不能加注硫酸与蒸馏水配制好的电解液（但若液面降低是由于外壳开裂使电解液外漏所造成的，则应加注配好的电解液）。因为造成液面过低的主要原因多是由于蓄电池在使用过程（充放电）中已蒸发掉部分水分，若再加注电解液将会使蓄电池电解液密度增加，即硫酸成分增多，易使极板损坏。

查得液面过高，可用密度计吸出，否则电解液容易外溢，腐蚀极板和连接件，易造成短路等。

9.2.2　蓄电池常见故障检测与诊断

铅蓄电池的技术状况好坏，对工程机械用电设备工作可靠性影响很大。如果铅蓄电池发生故障，会使用电设备工作质量下降。铅蓄电池常见故障有外部故障和内部故障。铅蓄电池外部故障系指壳体或盖板裂纹、封口胶干裂、极柱松动或腐蚀等；内部有极板硫化、活性物质脱落、自行放电、极板拱曲等故障。蓄电池常见故障检测及诊断见表9-4。

表9-4　蓄电池常见故障检测及诊断

常见故障现象	故障诊断分析	检 测 工 艺	排 除 故 障
自动放电 现象：先充足电一天后，存放到第二天电压明显降低	1. 极板或电解液中杂质过多 2. 电池盖上洒有电解液使正负极短路 3. 极板活性物质脱落 4. 电池外壳隔板壁破裂，单格电解液沟通，极板短路	1. 检测电解液 2. 检视擦净盖上电解液 3. 检测极板充放电法，查看脱落状态 4. 检测外壳有无裂纹	1. 清洗，更换原液 2. 消除短路 3. 严重时更换 4. 用万能胶水或沥青粘补
存电不足 现象：起动机运转无力，电喇叭声音弱，车灯暗淡	1. 充电不足，或长时间没充电 2. 经常长时间使用起动机，大电流放电损坏极板 3. 电解液密度低于规定值，电解液渗漏后只加了蒸馏水 4. 电解液密度过高，或液面过低极板硫化 5. 发电机调节器调节电压过低，使电池亏电 6. 调节器调节电压过高，充电电流大，使活性物质脱落	1. 用万用表检测电压值 2. 检测极板损坏情况 3. 检测密度 4. 检测液面高度 5. 检测调节器 6. 检测调节器或充电过高	1. 充电 2. 更换极板 3. 添加电解液 4. 添加 5. 调解电压 6. 重调

（续）

常见故障现象	故障诊断分析	检测工艺	排除故障
电解液损耗过快 现象：电解液消耗过快，需经常加蒸馏水	1. 蓄电池池槽和壳体破裂 2. 充电电流过大，使蒸馏水蒸发 3. 电池极板硫化或短路	1. 检测极板是否有活性物质脱落严重造成短路 2. 检测是否有断路 3. 检测极板硬化程度	1. 更换极板 2. 更换断格极板 3. 更换硬化极板
充不进电 现象：电池充电，但电流很小	1. 电池疲劳损伤或内部短路 2. 极板活性物质脱落 3. 极板硫化或负极板硬化	1. 检测极板是否有活性物质脱落严重造成短路 2. 检测是否有断路 3. 检测极板硬化程度	1. 更换极板 2. 更换断格极板 3. 更换硬化极板

9.3 交流发电机及调节器故障检测与诊断

发电机是工程机械电气系统的主要电源，由发动机驱动，它在正常工作时，对除起动机以外的所有用电设备供电，并向蓄电池充电以补充蓄电池在使用中所消耗的电能。

工程机械上用的发电机有直流发电机和交流发电机两大类。调节器可分为机械触点振动式、晶体管式和电子式，前两项电气件前者基本淘汰，现代工程机械上使用的基本都属于后者。

9.3.1 发电机的检测

交流发电机通常在运转 750h 后，应拆开检查电刷和轴承情况，其检查方法如下：

1. 解体前的检测

（1）用万用表测量交流发电机各线柱之间的电阻值　正常时其电阻值应符合表 9-5 的规定。

表 9-5　交流发电机各接线柱之间的电阻值　（单位：Ω）

发电机型号	“F”与“-”之间的电阻	“+”与“-”之间的电阻		“+”与“F”之间的电阻	
		正　向	反　向	正　向	反　向
JF11 JF13 JF15 JF21	5～6	40～50	>1000	50～60	>1000
JF12 JF22 JF23 JF25	19.5～21	40～50	>1000	50～70	>1000

（2）在试验台上对发电机进行发电试验　测出发电机在空载和满载情况下发出额定电压时的最小转速，从而判断发电机的工作是否正常。

试验时，将发电机固定在试验台上，并由调速电动机驱动，按图9-6所示接线。合上开关 S_1（由蓄电池供给磁场电流进行他激），逐渐提高发电机转速，并记下电压升高到额定值时的转速，即空载转速。然后打开开关 S_1（由发电机自激）逐渐升高转速，并合上开关 S_2，同时调节负荷电阻，记下额定负载情况下电压达到额定值时的转速，即满载转速。试验结果应符合规定。

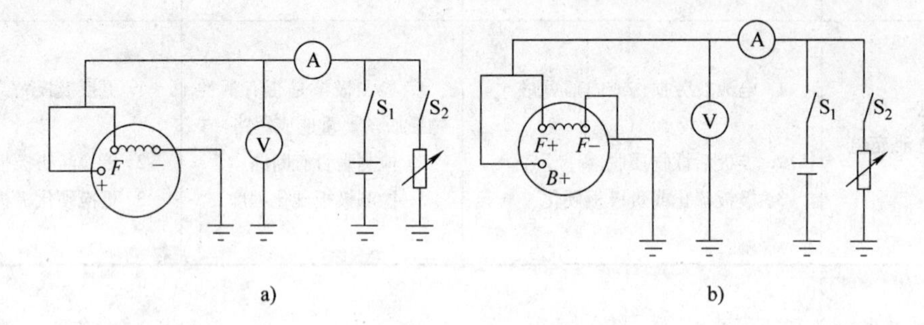

图9-6　交流发电机空载和满载发电试验

a）内搭铁发电机接线　b）外搭铁发电机接红

如开始转速过高，或在满载转速下，发电机的输出电流过小，则表示发电机有故障。

2. 解体后的检测

（1）硅二极管的检查　拆开定子绕组与硅二极管的连接线后，用万用表（R×1）挡逐个检查每个硅二极管的性能。其检查方法和要求如图9-7所示。

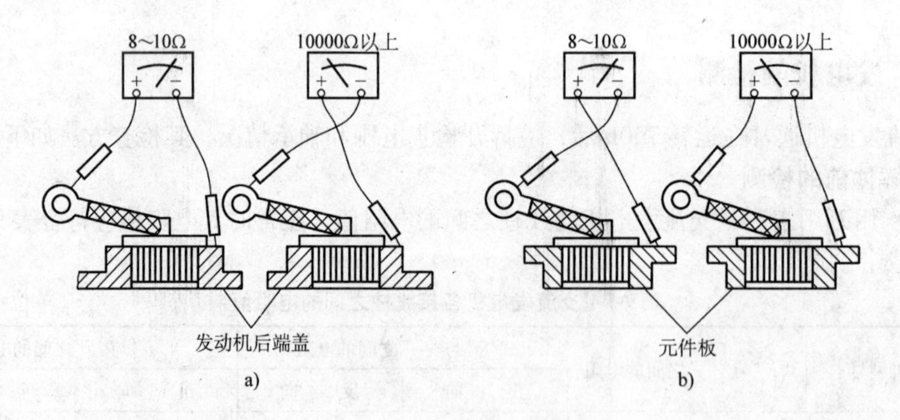

图9-7　用万用表检查硅整流二极管

a）正向　b）反向

测量装在后端盖上的二极管时，将万用表（－）测试棒（黑色）搭端盖，（＋）测试棒（红色）搭二极管的引线（见图9-7a），电阻值应在8～10Ω范围内。然后将测试棒交换进行测量，电阻值应在1000Ω以上。压在散热板上的三个二极管是相反方向导电的（见图9-7b），测试结果也应相反（上述数值是使用500型万用表测试的结果，若万用表规格不同则测试结果将有变化）。若正、反向测试时，电阻值均为零，则二极管短路；若电阻值均为无限大，则二极管断路。短路、断路的二极管均应更换。

（2）磁场绕组的检查　用万用表检查磁场绕组，如图 9-8 所示。若电阻符合规定，则说明磁场绕组良好；若电阻小于规定值，说明磁场绕组短路；若电阻无限大，则说明磁场绕已经断路。然后按图 9-9 所示的方法，检查磁场绕组的绝缘情况，灯亮说明磁场绕组和滑环搭铁。磁场绕组若有断路、短路和搭铁故障时，一般需要更换整个转子或重绕磁场绕组。

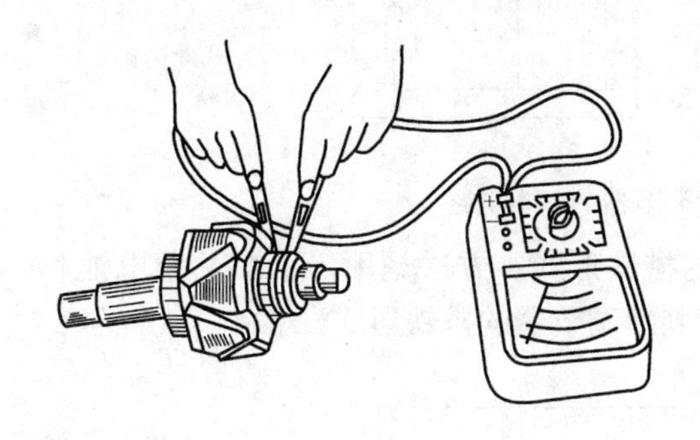

图 9-8　用万用表测量磁场绕组的电阻值

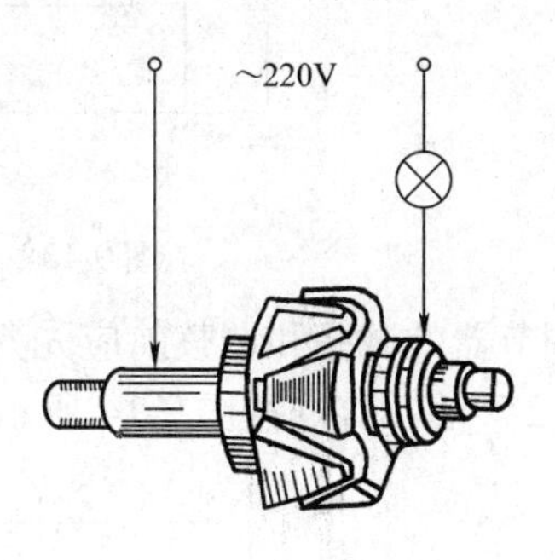

图 9-9　磁场绕组的搭铁检查

（3）定子绕组的检查　用万用表按图 9-10 所示方法，检查定子绕组是否断路；按图 9-11 所示方法，检查定子绕组是否搭铁。

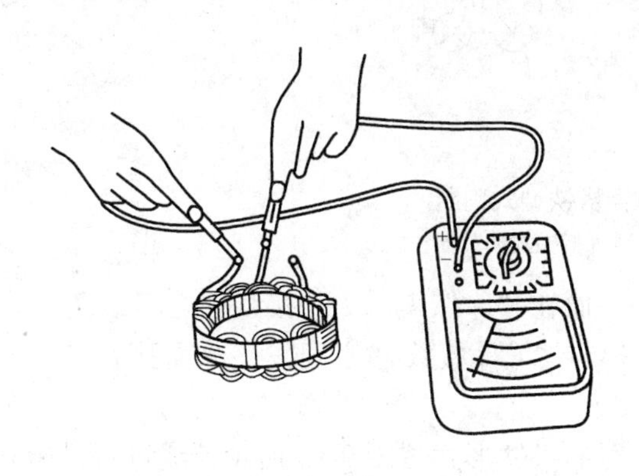

图 9-10　定子绕组断路检查

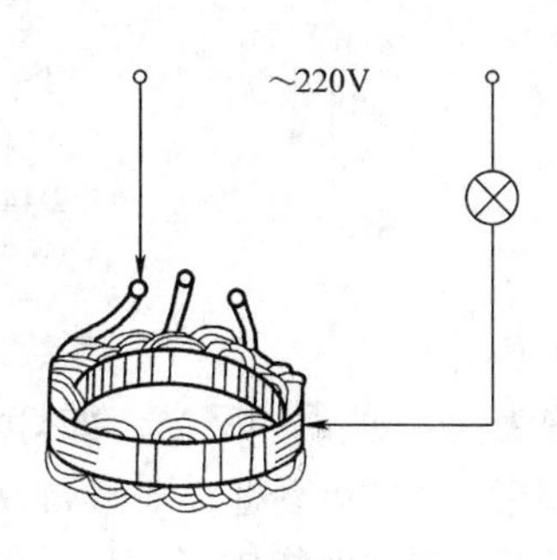

图 9-11　定子绕组搭铁检查

定子绕组若有断路、短路和搭铁等故障，而无法修复时，则需重新绕制。

发电机装复后，需进行空载和满载试验，如性能符合规定，即可交付使用。

9.3.2　调节器的检测

1. 晶体管调节器的检测与调整

由于发电机有内搭铁与外搭铁之分，与之匹配的晶体管调节器也有内搭铁式和外搭铁式之分。内搭铁式的磁场绕组的一端与发电机壳相连接，如图 9-12 所示。

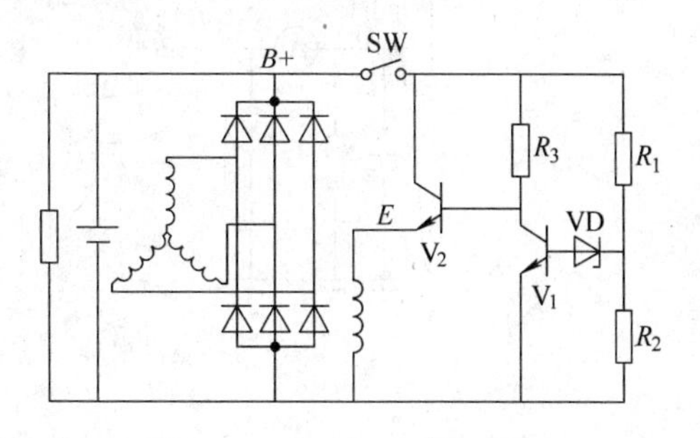

图 9-12　由 NPN 型管组成的内搭铁调节器基本电路

外搭铁的磁场绕组的一端经调节器后搭铁，如图 9-13 所示。

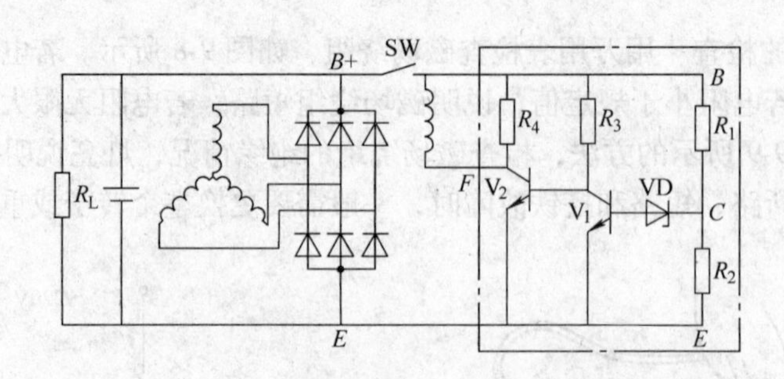

图 9-13 外搭铁晶体管调节器的基本电路

在调节器的试验和调整前应先判断调节器的搭铁形式。方法是用一个 12V 蓄电池和一只 12V、2W 的小灯泡按图 9-14 所示接线，即可判断调节器的搭铁形式。

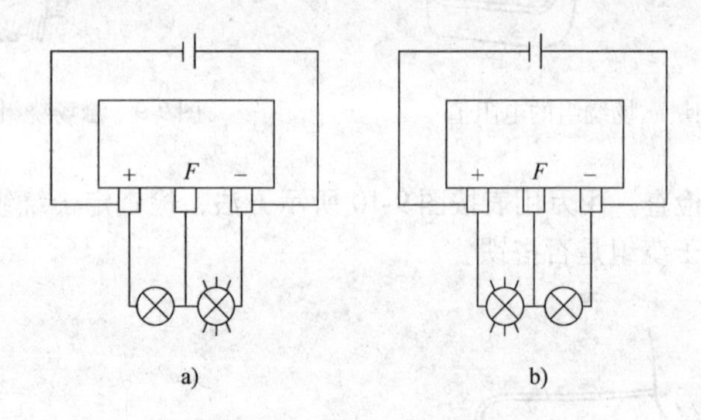

图 9-14 晶体管调节器搭铁型式判断

a）内搭铁式调节器 b）外搭铁式调节器

如灯泡接在“－”与“*F*”接线柱之间发亮，而在“＋”与“*F*”接线柱之间不亮，则该调节器为内搭铁式；反之，如灯泡接在“＋”与“*F*”接线柱之间发亮，而接在“－”与“*F*”接线柱之间不亮，则该调节器为外搭铁式。

判断出调节器的搭铁形式后，便可根据调节器的搭铁形式按图 9-15 所示接线进行试验。

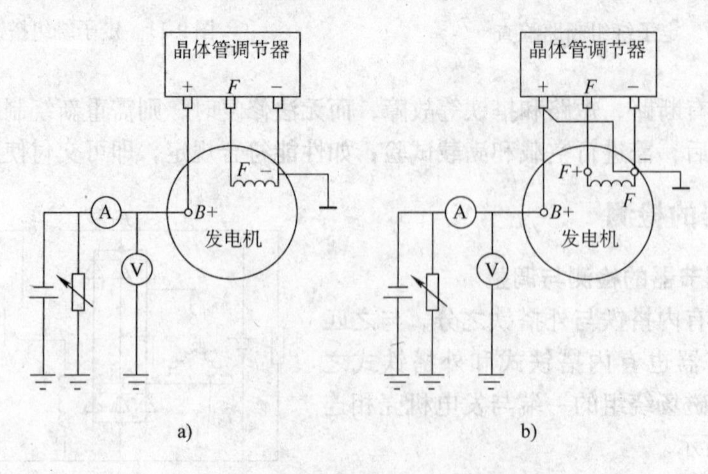

图 9-15 晶体管调节器测试接线图

a）内搭铁调节器试验 b）外搭铁调节器试验

试验时将发电机转速控制在3000r/min，试验方法用调节可变电阻，使发电机处于半载时，记下调节器所维持的电压值，该电压值应符合规定。

若调节电压值不符合规定，应予以调整。当调节器有调整电位器时，可利用电位器进行调节使调节电压符合规定。如调节器中无调整电位器，但调节器电路可拆出的话，可通过调整分压器电阻使之符合规定。目前，大多数厂家为了提高晶体管调节器的防潮、耐振性能，大多将调节器用树脂封装为不可拆式结构，这类调节器如调压值不符合规定则应报废。

若怀疑晶体管调节器有故障，可将调节器从车上拆下进行检查。方法是用一电压可调的直流稳压电源（输出电压0～30V、电流3A）和一个12V（24V）、20W的车用小灯泡代替发电机磁场绕组，按图9-16所接线后进行试验（注意：内搭铁和外搭铁式晶体管调节器灯泡的接法不同）。

调节直流稳压电源，使其输出电压从零逐渐增高时，灯泡应逐渐变亮。当电压升到调节器的调节电压（14±0.2V或28±0.5V）时，灯泡应突然熄灭。再把电压逐渐降低时，灯泡又点亮，并且亮度随电压降低而逐渐减弱，则说明调节器良好。电压超过调节电压值，灯泡仍不熄灭或灯泡一直不亮，都说明调节器有故障。

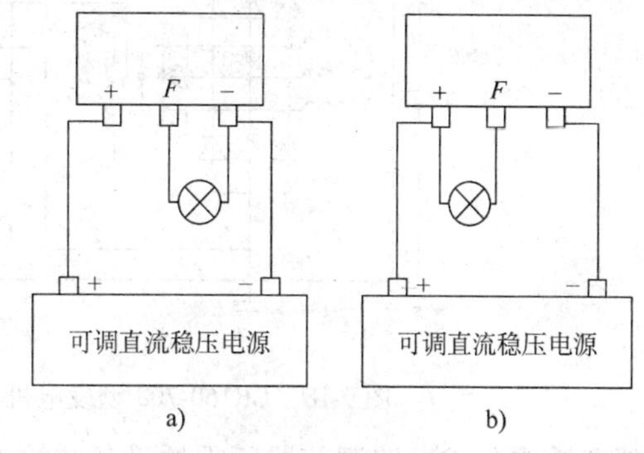

图9-16 利用可调直流电源检测晶体管调节器
a）内搭铁调节器 b）外搭铁调节器

如果没有可调直流稳压电源时，也可用两个12V蓄电池串联，按图9-17所示接线。再将调节器的“+”端逐级接触蓄电池单格电池的正端，使电压逐级变化来代替可调直流电源，同样可进行试验。

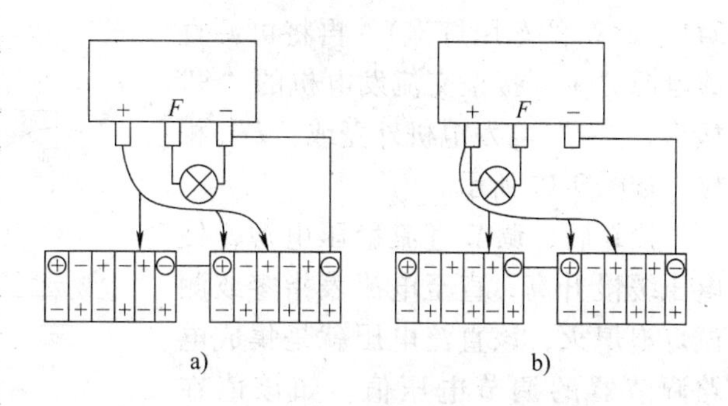

图9-17 利用蓄电池和灯泡检查晶体管调节器
a）内搭铁调节器 b）外搭铁调节器

2. 内装集成电路调节器的检测

由于集成电路调节器都是用环氧树脂或塑料模压而成的全密封结构，因此，损坏或失调后，只能更换新品而无法修复或调整，故只需检查出调节器好坏即可。

判断集成电路调节器好坏的最简单的方法是就车检查。检查之前，应首先搞清楚发电机、集成电路调节器与外部连接端子的含义。

带有集成电路调节器的整体式交流发电机与外部（蓄电池、线束）连线端子通常用“B+”（或“+B”、“BAT”）、“IG”、“L”、“S”（或“R”）和“E”（或“−”）等符号表示（这些符号通常在发电机端盖上标出），其代表的含义如下：

“B+”（或“+B”、“BAT”）：为发电机输出端子，用一根很粗的导线连至蓄电池正极或起动机上。

“IG”：通过线束接至点火开关，但有的发电机上无此端子。

“L”：为充电指示灯连接端子，该导线通过线束接仪表板上的充电指示灯或充电指示继电器。

“S”（或“R”）：为调节器的电压检测端子，通过一根稍粗的导线通过线束直接连接蓄电池的正极。

“E”：为发电机和调节器的搭铁端子。

上述端子的含义也可参考图 9-18 所示集成电路调节器的电路。

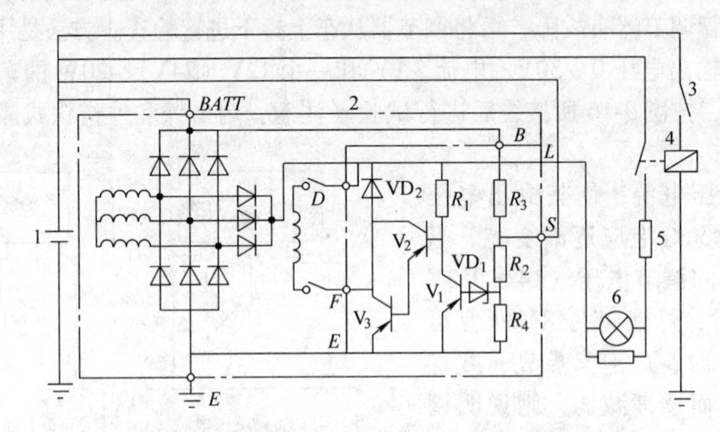

图 9-18　CR160-708 型发电机与集成电路调节器电路原理

就车检查集成电路调节器所需的设备与检查晶体管调节器时相同。

首先拆下整体式发电机上所有连接导线，在蓄电池正极和交流发电机“L”接线柱之间串联一只 5A 电流表，如无电流表，可用 12V、20W 车用灯泡代替（对 24V 调节器可用 24V、25W 的车用灯泡），再将可调直流电源“+”接至交流发电机的“S”接头，“-”与发电机外壳或“E”相接，如图 9-19 所示。

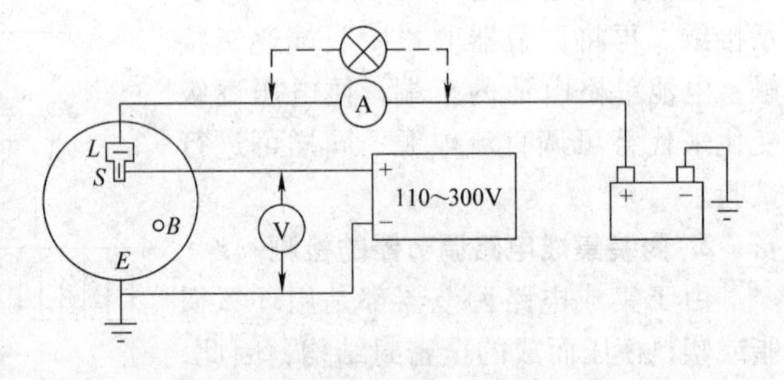

图 9-19　集成电路调节器的检查

接好后，调节直流稳压电源，使电压缓慢升高，直至电流表指零或测试灯泡熄灭，该直流电压就是集成电路调节器的调节电压值。如该值在 13.5 ~ 14.5V 的范围内，说明集成电路调节正常。否则，说明该集成电路调节器有故障。

集成电路调节器也可从发电机上拆下进一步检查，其检查方法基本上同检查晶体管调节器的方法相同。但要注意：接线时应搞清楚调节器各引脚的含义，否则，会因为接线错误而损坏集成电路调节器。

9.3.3　交流发电机和调节器故障的诊断

充电系统常出现的故障有不充电、充电电流过小、过大或充电不稳定等。故障原因可能是多方面的，因此，当发现故障时，应根据故障现象、结合充电线路特点认真分析、查找故障原因，及时排除故障。

1. 不充电或充电电流很小

（1）现象　发动机起动后并提高转速，观察电流表指针指示值过小或为零，充电指示灯亮，蓄电池有放电现象，夜间作业时光红暗。

（2）原因　①发电机转速下降或不转；②磁通量减小；③调节器的故障；④发电机常数值的减小；⑤整流器的影响；⑥发电机输出电路不良等。

（3）故障诊断与排除　诊断时，可先观察电流表指针指示情况或充电指示灯指示情况，以及工程机械照明灯的亮度等几方面，大致确定充电系统是否有故障和故障范围。

工程机械作业时，提高发动机转速观察电流表指针指示情况。若电流表指针指示为零，表明发电机不发电；夜间作业时打开前照灯，若灯光强度随发电机转速变化很小，说明充电电流过小；若灯光强度不随发电机转速变化而变化，且电流表指针指示放电位置（或充电指示灯不熄），表明不充电。

根据故障特征和范围，以先易后难的程序进行检查。

1）观察仪表。如果提高发动机转速，电流表指针指向放电位置，同时观察水温表，若水温表指示水温很高，表明风扇传动带打滑或松脱、断裂。

2）听异响。发电机工作时能听到异常响声，可能是发电机“扫搪”，应进一步检查轴承是否有损坏和轴是否弯曲等。检查电枢“扫搪”的方法是：拆下风扇传动带，用手拨转发电机带轮，若能听到发电机内有不均匀的摩擦声，且手感有阻力，径向扳动带轮时手感有松旷，表明电枢“扫搪”；如无松旷感，表明“扫搪”是因轴弯曲所致。

3）短路检查。起动发动机并将转速控制在略高于怠速，用螺钉旋具将调节器的火线接柱与磁场接柱搭接，此时观察电流表，若指针指示充电，表明故障在调节器；若不指示充电，表明故障在发电机或激磁电路。

用螺钉旋具搭接调节器触点，若发电，说明是调节器触点过脏、触点间隙、气隙不合适，应用砂纸打磨触点调整相关间隙。

发电机的激磁电路正常可采用此方法确定大致故障范围，当无激磁电流时采用此方法无效。采用此方法检查是否充电时，发动机转速不宜过高，时间不宜过长，否则会烧坏电气设备。

4）试灯检查。拆下发电机电枢接柱上的导线，将试灯夹在搭铁良好处，起动发动机并提高转速，用试灯触针搭接发电机电枢接柱，若试灯亮，表明故障在发电机电枢接柱至电流表这段输出线路接触不良或折断，造成充电电流过小或不充电，应进而查明导线接触不良处或折断处，并对症排除；若试灯不亮，表明故障在发电机或激磁电路。

5）检查激磁电路。激磁电路的检查程序如下：

a. 观察发电机激磁电路中的导线连接情况。若连接有松动处或锈蚀现象，便可能是故障所在，应予以排除。如果排除后充电还是不正常，应再进一步检查。

b. 接通点火开关，用螺钉旋具接触发电机带轮感觉是否有吸力感，若无吸力感，表明激磁电路有故障。

c. 逆查激磁电路。接通钥匙开关，将试灯夹在良好的搭铁处，用试灯带导线的触针搭接发电机磁场接柱，试灯亮，表明故障在发电机；若试灯不亮，再将触针移至调节器的磁场接柱，试灯亮，表明故障在发电机至调节器这段线路中有断路；试灯不亮，应再将触针移至调节器前的火线接柱，若试灯亮，表明故障在调节器；若试灯仍不亮但发动机能起动，则表明点火开关至调节器这段线路断路，应进而查明原因并排除。

d. 检查调节器高速触点（下触点）是否与活动触点粘合，若粘合就会引起无激磁电流而不充电的故障。

6）用万用表检查。用万用表测量发电机各接柱之间电阻值（见表9-5）来判断故障。

如果发电机磁场接柱“*F*”与搭铁接柱“－”之间电阻值小于规定值，说明磁场线圈有短路（线圈匝间短路或搭铁短路）应重新绕制；若大于规定值，说明电刷与滑环接触不良，应进一步检查电刷与滑环的接触力（弹簧弹力和电刷长度）和滑环表面的清洁与光滑程度；若电阻无穷大，说明磁场线圈断路，应重新连接或重绕线圈。

如果测量发电机磁场接柱（＋）与搭铁接柱（－）之间的电阻值小于规定值，则表明整流二极管短路；若大于规定值，则表示整流二极管断路。

如果以上均属正常，发电机发出的电流过小或不发电，故障原因在于定子绕阻（短路或断路）。

发电机和调节器故障判断也可按图9-20所示步骤进行。

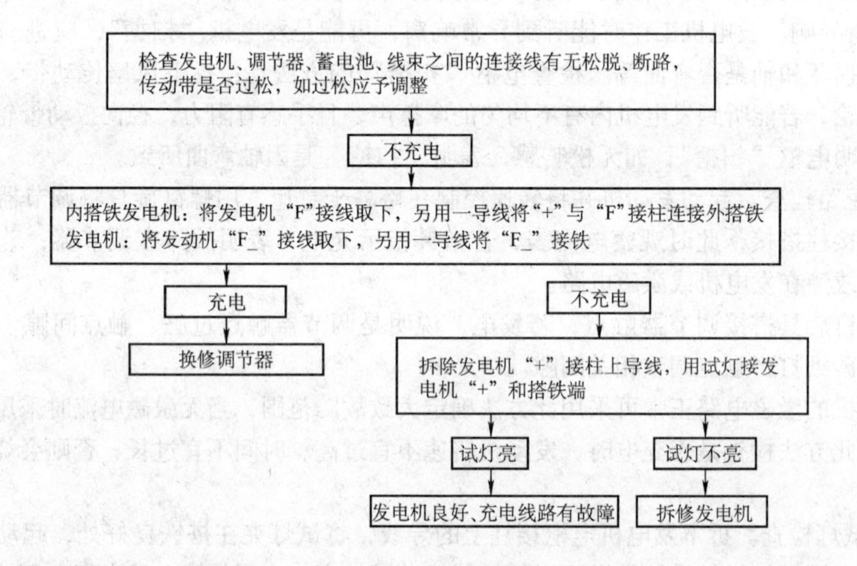

图9-20 发电机和调节器故障诊断流程

2. 充电电流过大

（1）原因 发电机输出电流的大小取决于其端电压的高低，而发电机端电压的高低又取决于发电机的转速与磁通量。如果发电机的转速在规定范围内，发电机输出电流过大的主要原因是激磁电流过大所致。能引起发电机的激磁电流过大的因素有调节器控制不良和激磁电路短路。

（2）诊断与排除

1）检查激磁导线短路情况。将调节器上的火线或磁场线任意拆下一根，如果充电电流过大，说明激磁线路短路，应查明短路部位，采取绝缘措施或要换破损导线。

2）检查调节器气隙应符合要求。

3）用手将调节器活动触点臂强行按下，使之与上触点断开，若充电电流减小，表明充电电流过大是因触点烧结所致。若触点表面无烧蚀现象，可能是平衡弹簧弹力过大所引起的充电电流过大，对弹簧拉力进行调整。

4）检查调节器铁心线圈。用万用表测量线圈电阻值，铁心线圈电阻值应符合规定要求。若电阻值为无限大时，表明线圈断路；若小于规定值时，表明线圈短路。若有上述两种情况中的其中一种，都能引起充电电流过大。

5）检查调节器高速触点和发电机励磁电路是否短路。发动机中速运转时充电电流过大，说明发电机励磁电路短路；发电机只在高速运转时充电电流过大，表明高速触点电阻过大。

如果发电机有励磁电路短路故障，应拆下线束查出短路部位，并采取绝缘措施或更换导线，若高速触点表面过脏，应用砂条或细砂纸打平磨光，并除去附在触点表面的砂粒。

3. 充电电流不稳

（1）现象　充电电流不稳是指充电电流忽大忽小或充电时断时续、电流表指针来回摆动或充电指示灯闪烁。

（2）原因　发电机工作时，充电电流不稳大致有两种情况：一种是无规律的充电不稳，且与转速无关；另一种是有规律的充电不稳，与转速有关。

1）无规律的充电不稳。无规律的充电不稳的原因多数是充电系统线路连接松动，发动机工作时使充电系统导线连接处接触不良，时通时断，从而引起充电系统不稳。此外，风扇传动带打滑造成发电机转速不稳也会引起充电不稳。

2）有规律的充电不稳。有规律的充电不稳表现在各种转速时充电不稳，其原因有：发动机怠速稍高时充电不稳，多数是由于调节器铁心与活动触点臂气隙调节不当或弹簧弹力调整过小所致；发动机高速运转时充电不稳，多数是因高速触点脏污造成供给发电机的励磁电流时断时续；发动机在各种转速下均充电不稳，其多数是因调节器调整不当、触点接触不良，或发电机缺相所引起；调节器附加电阻断路，造成发电机激磁电流不连续，产生明显的脉冲电流；发电机转子滑环表面过脏、电刷弹力不足造成激磁电流不稳，也可使充电电流不稳。

（3）诊断与排除

1）无规律充电不稳，应检查充电系统线路的接头或插接件等是否有松动处，并拉动导线，看是否有充电显示，若有好转，表明线路松动。

也可用一根导线分段短接励磁线路，即短接由发电机至调节器和调节器至点火开关，如果短路某段，充电正常，表明此段导线接触不良，应紧固导线接头或更换导线。另外，应检查风扇传动带的张紧力。

2）有规律充电不稳。发电机低速时充电不稳，可在发动机怠速稍高运转时，用螺钉旋具搭接调节器触点，若电流表指示正常，说明调节器气隙或弹簧调整不当，应重新调整；高速时充电不稳，应检查调节器高速触点，若表面脏污，便是故障所在，用砂条打磨光洁即可；发动机在各种转速时均充电不稳，用螺钉旋具搭接调节器上触点，若充电良好，表明是触点接触不良，应用砂条打磨光洁；检查发电机转子滑环工作面的清洁程度，电刷长度以及滑环径向跳动等。

充电不稳故障也可用如图 9-21 所示步骤检查。

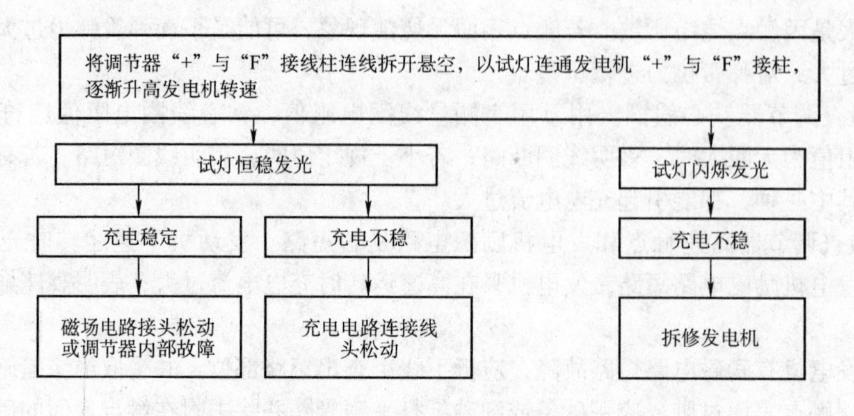

图 9-21 充电不稳故障检查步骤

9.4 起动系统故障检测与诊断

电力起动机由于操作轻便，起动迅速、可靠，又具有重复起动的能力，所以目前工程机械上普遍采用它来起动发动机。

起动系统包括蓄电池（与充电系共用）、起动机、继电器、连接导线等。

电力起动机一般由直流串励式电动机、传动机构（也称啮合机构）和控制装置所组成。

起动系统的故障有电器方面的，也有机械方面的。

9.4.1 起动机不转动或转动无力

1. 故障分析

起动机不转动或转动无力与电枢电流强度、电动机常数、内摩擦阻力的变化及电枢“扫搪”等因素之一有关。

（1）影响电枢电流强度的大小的因素

1）接触电阻和导线电阻的影响。起动机开关触盘与触点因烧蚀而接触不良、电刷换向器接触不良、电刷弹簧弹力弱使电刷与换向器接触不良，以及导线连接不紧，多股导线因振动、腐蚀有部分折断而使导电横截面减小，导线过长等，均会引起电动机电路中的电阻值增大，电枢电流会随电路中的电阻增大而减小。

2）蓄电池的影响。蓄电池有故障使输入起动机的电流小、电能少，起动机输出的功率就会减小。

3）温度的影响。当环境温度过低时，蓄电池会因温度过低而使电解液浓度增大，蓄电池内化学反应速度缓慢，影响起动电流，起动机转矩也减小。

（2）电动机磁通量的影响　直流起动机的磁极对数、电枢绕组和磁场绕组的匝数等在已定型号的起动机上均已成为定值。如果电机磁场中的磁极对减少或线圈匝数减少，均会使磁通量减少，起动机转动无力。起动机中的绕组匝数减少的主要原因有：起动机超期使用或使用维护不当，引起电枢线圈绕组和磁场线圈线组绝缘老化，绝缘性能变差，易导致线圈绕组短路；起动机遇有阻力转矩过大时，转速降低甚至为零，蓄电池的电流就会大量流入起动机，并产生很高的热量，破坏电动机各绕组的绝缘性能，造成匝间短路或断路。

（3）起动机摩擦阻力的影响　起动机的电枢轴承在维护时由于铰削衬套不当、装配过紧、使用失效等造成的内摩擦阻力过大时会大量消耗电动机所产生的磁转矩，对外输出的有效转矩就会相应减小甚至为零，轴承卡死时起动机不转动。

（4）起动机“扫搪”　电枢轴衬套磨损或轴弯曲等原因，均会引起电枢转子“扫搪”，阻力增大；“扫搪”时铁心距各磁极的间隙不等，径向大磁阻增大，这都会造成磁通量减小，磁转矩减小。

2. 诊断与排除

（1）检查　首先检查电源电路连接情况和电源总开关技术状况，其方法是通过观察和手动。如果发现线卡与蓄电池接柱松动、蓄电池接柱有棱角或极柱氧化腐蚀严重、起动机上的接柱与导线接触不良、蓄电池与起动机连接的导线过细、蓄电池与机架连接的搭铁线过细等，便是接触不良的原因所在，均会使电阻增大，致使起动机电枢电流减小，起动机转动无力，应予以排除。

（2）检查蓄电池电压　将放电叉与蓄电池某格正负极搭接，观察电压表，如果在5s内电压迅速下降低于1.5V，表明蓄电池内部有故障。没有放电叉时，也可用导线在蓄电池的正负极柱上做刮火试验，若出现微弱红火花，表明是蓄电池有故障或充电不足。

（3）检查起动机开关　接通起动机开关起动机不转动时，用金属棒搭接开关两个接线柱（将开关隔出），若起动机转动正常，表明开关有故障。

（4）检查直流电动机　拆下起动机，并用手扳转驱动齿轮，应能轻易扳动，若扳动时感到费力或电枢转子不转，表明起动机内摩擦阻力过大。如果是刚修复的起动机，可能是轴与轴承套装配过紧、电枢轴弯曲或电动机中三个轴承套不同轴等造成；若是使用过久则可能是电动机“扫搪”。

若用手转动转子手感轻松自如，则故障多在转子、定子绕组或电刷接触不良，应再做下列（5）、（6）项检查。

（5）检查电枢绕组　观察电枢外圆柱面有无明显的擦痕、导线脱焊、搭铁或短路等，如有其中之一则应进一步查明原因，其检查方法如前所述。

（6）检查磁场绕组　检查方法如前所述，也可用2V直流电与磁场绕组两端接通，用螺钉旋具靠近磁极检查吸力，并进行相互比较，手感吸力小的表明此绕组有匝间短路，应进而查明绕组的短路部位，并进行绝缘处理。

9.4.2　起动机控制电路故障

1. 起动机控制电路故障原因分析

引起起动机电磁开关故障是多方面的。分析故障时，可按起动机控制电路工作程序和控制电路中各装置职能进行故障分析。

（1）第一层控制电路的影响　第一层控制电路主要控制起动继电器触点的开闭，如果第一层控制电路中的起动开关起动档的触点器接触不良、导线折断或接头处氧化、锈蚀、松脱等，引起电路中的电阻值增大或断路，起动继电器线圈因电流过小或无电流，不能将触点吸合，则起动机电磁开关不工作。

起动继电器线圈断路或烧毁同样也不会产生吸力，起动机电磁开关无法正常工作。

起动继电器的铁心与活动触点臂的空气间隙和触点间隙（正常的空气间隙一般为0.8～

1.0mm，触点间隙有一般为0.6～0.8mm）不合适，会造成起动机电磁开关工作不正常。如空气间隙过大，继电器触点不易吸合，则起动机电磁开关不工作；触点间隙小于规定值时，触点断开电压高，当起动机开关接通后，蓄电池电压下降较快，加在继电器线圈两端的电压也迅速下降，触点断开，造成起动机刚开始转动，第二层控制电路已被继电器断开，电磁开关及起动机不能正常工作。

（2）第二层控制电路的影响　第二层控制电路导线连接处松动、氧磁锈蚀等，均会使电路中的电阻增大或断路，从而使电磁开关线圈得到的电流变小，甚至为零，电磁开关线圈因此不能吸动引铁，电磁开关不工作。电路短路也会造成同样后果。

电磁开关线圈由吸拉线圈和保持线圈组成，这两个线圈的作用不完全相同，搭铁点不同。吸拉线圈只是与保持线圈共同完成吸拉引铁的任务，而保持线圈除完成吸拉引铁任务外，还需将引铁保持在起动位置。电磁开关线圈中任何一个线圈断路或短路，吸不动引铁，则电磁开关不工作。保持线圈损坏后，只有吸拉线圈来吸动引铁，但它没有保持引铁的能力，引铁被吸动、释放，又吸动、又释放，周而复始地形成振动并发出“嗒、嗒”的撞击声，使起动机电磁开关工作不正常；吸拉线圈损坏，保持线圈的吸力不足以吸动引铁，不能保证电磁开关的正常工作。

（3）第三层控制电路的影响　第三层控制电路中的主电路开关（触盘与触点）如存在触点与触盘接触不良，会使起动机工作不良。

（4）蓄电池的影响　蓄电池充电不足，各线圈会因电压过低通过电流强度很小，吸力减小，难以使控制的触点闭合。即使起动机的第一层和第二层控制电路均能勉强闭合，但因起动机起动时蓄电池电压还会继续下降，电磁开关线圈中因蓄电池电压下降而电流减小，磁场强度减弱，保持线圈产生的吸力小难以保持引铁位置，引铁在复位弹簧的作用下复位，触盘与触点断开；起动机的主电路断开后蓄电池的电压回升，这时吸拉线圈又与保持线圈共同吸动引铁接通起动机的主电路，蓄电池的电压又下降，如此周而复始地吸动、释放，再吸动、再释放引铁，使电磁开关出现“嗒、嗒”的振动声，起动机无法正常运转。

2. 控制电路故障诊断

（1）检查电源电路　接通点火开关起动挡，若起动机不工作，可通过开灯或鸣喇叭，检查蓄电池充电情况。如果灯光红暗或喇叭音量小或不响，说明蓄电池电压不足、起动机的导线接触不良或导线过细。

（2）检查第一层控制电路　接通起动开关起动挡后观察电流表，若电流表指针指示在放电极限位置，表明第一层控制电路有搭铁，应用拆线法检查搭铁故障，并进行绝缘处理。如怀疑第一层控制电路有断路，可用螺钉旋具按图9-22a所示搭接起动继电器电源接线柱与起动机开关接线柱，若电磁开关工作正常，表明第一层控制电路有断路。如果搭接后仍不工作，表明是继电器线圈有故障，如果能听到继电器触点有闭合的撞击声，但电磁开关不工作，表明故障在触点。

（3）对第二层控制电路的检查　接通起动开关起动挡，若能听到起动继电器触点闭合声响，但电磁开关不动作，可用螺钉旋具按图9-22b所示做搭接试验。若起动机转动，表明故障是因继电器触点接触电阻过大所致，否则，将是第二层控制电路断路，即故障在第二层控制电路至起动机电磁开关。

检查起动机的控制电路时，应事先检查起动继电器触点间隙与磁化线圈气隙是否符合规定要求。调整方法如图9-23所示，用尖嘴钳别动调整钩，使气隙符合要求，再用尖嘴钳别动固定触点来改变其高低，使触点间隙符合要求。

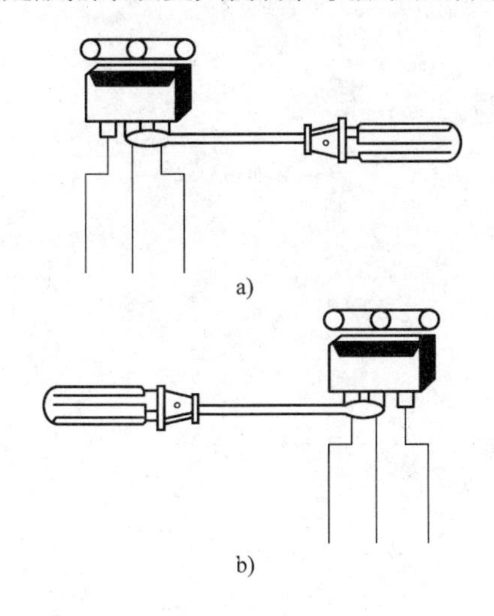

图9-22　用螺钉旋具搭接检查法
a）检查第一层控制电路　b）检查第二层控制电路

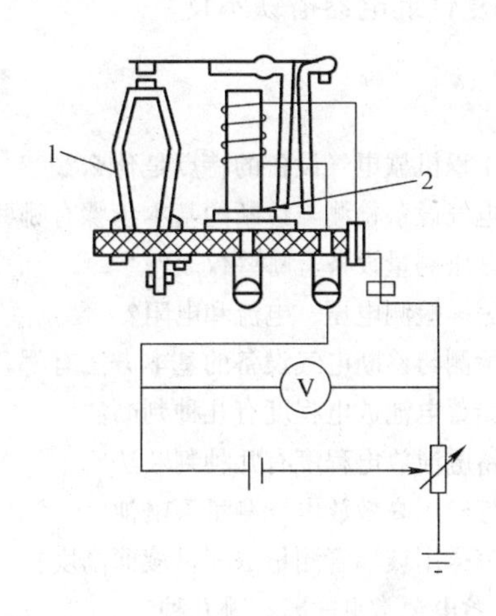

图9-23　继电器调整示意图
1—固定触点支架　2—调整钩

（4）对第三层控制电路的检查　用一导线搭接起动机开关主接线柱的电源接柱和电磁开关线圈接柱，若起动机不工作，说明电磁开关线圈有故障，可用万用表测量线圈电阻值是否符合规定。若能听到电磁开关内有吸动引铁声响，表明开关的触盘与触点严重接触不良（接触电阻过大）或触盘未吸到位。触盘接触不良，应用砂纸打磨，以保证接触良好；触盘未到位与触点的压紧力过小或未接触时，予以调整触盘行程，使之有效行程增大。

用万用表测量起动继电器线圈和电磁开关线圈电阻来诊断故障时，若电阻值过大，可能是线圈接头接触不良；电阻值为无穷大时，说明电磁线圈断路；电阻值小于规定值时，表明线圈短路，电阻值越小，线圈匝间短路越严重。

9.4.3　起动系其他故障诊断分析

（1）起动机驱动齿轮与飞轮不能啮合且有撞击声　引起此故障的原因有：起动机驱动齿轮或飞轮齿环磨损过甚或损坏；吸盘与触点闭合过早，起动机驱动齿轮尚未与齿圈啮合起动机就已高速旋转。

（2）起动机驱动齿轮周期地敲击飞轮，发出“哒哒”声　电磁开关中的保持线圈断路、短路或搭铁不良。

（3）起动机空转　单向离合器打滑或电磁开关的吸盘与触点闭合过早。

（4）单向离合器不回位　原因：①复合继电器中的起动继电器触点烧结；②电磁开关中触点和触盘烧结；③复位弹簧失效；④蓄电池电量不足，起动机齿轮与飞轮齿圈啮合后不运转；⑤起动机安装不牢，电动机轴线倾斜。

（5）失去自动保护性能　发动机起动后，操作人员不松开钥匙，起动机不能自动停止运转，充电指示灯也不熄灭；发动机运转过程中，若误将点火开关扭至起动档位，有齿轮撞击声。这两种情况均说明自动保护功能失效。

原因：①充电系发生故障，发电机中性点无电压；②发电机接线柱至复合继电器接线柱的导线断路或连线不良；③复合继电器中保护继电器的触点烧结或磁化线圈断路、短路、搭铁；④复合继电器搭铁不良。

复习与思考题

1. 工程机械电气设备的特点是什么？
2. 电气设备检测与诊断的基本步骤有哪些？
3. 常用测量设备有哪些仪表？
4. 怎样检测电压、电流和电阻？
5. 检测与诊断电气设备的基本方法有哪几种？
6. 铅蓄电池放电程度有几种判断法？
7. 蓄电池放电程度有几种判断法？
8. 怎样用高效放电计测量蓄电池？
9. 怎样用玻璃管测量法测量液面高度？
10. 蓄电池常见故障有哪几种？
11. 怎样诊断与检测自动放电故障？
12. 怎样诊断与检测充不进电故障？
13. 解体发电机前怎样检测？
14. 定子绕组怎样检测？
15. 起动机不转动或转动无力怎样检测与诊断？
16. 起动机控制电路如何检测？

参 考 文 献

[1] 焦福全，刘红兵. 工程机械故障剖析与处理［M］. 北京：人民交通出版社，2001.

[2] 高秀华，姜国庆，王力群，等. 工程机械结构与维护检修技术［M］. 北京：化学工业出版社，2004.

[3] 陈新轩，许安. 工程机械状态检测与故障诊断［M］. 北京：人民交通出版社，2004.

[4] 鲁冬林. 工程机械使用与维护［M］. 北京：国防工业出版社，2009.

[5] 杨国平. 现代工程机械故障诊断［M］. 北京：机械工业出版社，2009.

[6] 林履光. 进口工程机械液压系统维修问答［M］. 广州：广东科技出版社，2004.

[7] 中国机械工程学会设备与维修工程分会. 工程机械维修问答［M］. 北京：机械工业出版社，2006.

[8] 成凯，吴守强，李相锋. 推土机与平地机［M］. 北京：化学工业出版社，2007.

[9] 高忠民. 工程机械使用与维修［M］. 北京：金盾出版社，2002.

[10] 郑洲，张铁，黄厚宝，等. 工程机械通用总成［M］. 北京：机械工业出版社，2001.

[11] 刘朝红，徐国新. 工程机械运用基础［M］. 北京：机械工业出版社，2009.

[12] 宋福昌，宋萌，等. 康明斯 ISBe 高压共轨柴油机维修手册［M］. 北京：机械工业出版社，2008.

[13] 朱齐平. 进口挖掘机维修手册［M］. 沈阳：辽宁科学技术出版社，2006.